高等职业教育"十二五"精品课程规划教材

应用数学基础

主　编　张　耘
副主编　付春茹

北京邮电大学出版社
·北京·

内 容 简 介

本书可作为高职高专院校理工类、经济管理类等各专业适用的"应用数学基础"课程的教材。该书在编写过程中,结合了作者多年来为工科类、经管类等高职高专学生讲授微积分、线性代数与概率论课程积累的经验,并总结出一套适用于高职数学试验课程的一些试验案例编写而成。全书共分9章,内容主要包括:函数、极限与连续;导数、微分及应用;不定积分;定积分及应用;常微分方程;矩阵及线性方程组;随机事件及概率;随机变量及分布;随机变量的数字特征;数学软件使用及数学试验举例。全书的每小节均配备有足够数量的习题,且每章还配备一套综合练习题供学习者练习。书后附录给出了数学基本公式表、常见分布数值表、常用 Mathematica 命令分类检索以及各章习题与综合练习题答案。

本书针对高职高专学生的接受能力和理解程度,在符合教学大纲和满足教学最基本要求的前提下讲授"微积分、线性代数与概率论、数学试验"课程的基本内容,在叙述上通俗易懂,例题选取贴切,同时注重渗透数学思想,注重从"知识、能力、素质"三方面培养学生,强调基础知识的训练和综合能力的培养。

本书可作为高等职业教育,高等专科工科类、经济管理类或其他类各专业选用的教材,也可作为自学考试、成人教育、专升本复习辅导书或自学参考书。

图书在版编目(CIP)数据

应用数学基础/张耘主编. --北京:北京邮电大学出版社,2012.7(2015.8 重印)
ISBN 978-7-5635-3079-3

Ⅰ.①应… Ⅱ.①张… Ⅲ.①应用数学—高等职业教育—教材 Ⅳ.①O29

中国版本图书馆 CIP 数据核字(2012)第 108906 号

书　　　名:	应用数学基础
主　　编:	张　耘
责任编辑:	王晓丹
出版发行:	北京邮电大学出版社
社　　址:	北京市海淀区西土城路 10 号(100876)
发 行 部:	电话:010-62282185　传真:010-62283578
E-mail:	publish@bupt.edu.cn
经　　销:	各地新华书店
印　　刷:	北京鑫丰华彩印有限公司
开　　本:	787 mm×1 092 mm　1/16
印　　张:	14.25
字　　数:	351 千字
版　　次:	2012 年 7 月第 1 版　2015 年 8 月第 2 次印刷

ISBN 978-7-5635-3079-3　　　　　　　　　　　　　　　　定　价:29.80 元

前　言

　　本教材是结合当前高职院校应用数学的教学现状、特点,以及编者长期从事高职数学课程的教学与教研工作的经验进行编写的。本着"重基本知识、重应用能力、重数学素养"的总体思路,在内容阐述上,把握"简明扼要、条理清楚、深入浅出、通俗易懂"的总体方针,在习题编排上,本着"难易适度、贴近实际、与例题呼应、容易上手"的原则,着力满足高职数学课程的教学要求。

　　本教材的编写思路及主要特点如下。

　　1. 突出解决高职高专数学"内容多,课时少"的特点,在不违背科学性的前提下,将高等数学、线性代数、概率论基础以及数学试验等基本内容进行有机整合,采取"模块化"思路,便于教师根据教学时数和专业需求选择教学内容,实现教材内容的弹性化。

　　2. 打破传统数学教材中对教学内容的描述方式,用"通俗、直观、易懂"的叙述代替"严谨、缜密、推导"的套路,避免理论的抽象性,增强了理论的实用性。从实际背景出发推出理论知识,并能借助直观实例展现出来,从而达到"看得懂、学得来、记得下、用得上"之目的。

　　3. 力求体现"必须、够用"的教学要求,凸显数学"工具性"作用,并不主张一味删减理论知识,要把握知识的系统性和连贯性,注重揭示和体现数学本身固有的文化内涵和思想方法,其目的在于培养学生的思维品质和学习数学的兴趣,消除学生"反感数学"的情绪。

　　4. 贯彻"理解概念、强化应用"的教学原则,注重"从实际中来,到实际中去",以问题为引线,进行数学概念的介绍、数学原理的佐证、数学思想的挖掘,用大量的实例反映数学的应用,并在应用中逐步引入数学建模的思想。对学生的"知识、能力、素质"的三方面培养需求进行了有益尝试。

　　5. 本教材所配备的习题、练习题一般都不偏不难,并注意选取与专业教学联系密切的基本应用题。充分注意到与中学教改、专业课程教学需求的协调与配合。

　　6. 本教材内容精简实用、叙述通俗易懂、知识覆盖面广、习题资源丰富,数学试验例题选取均出自实际教学经验总结,非常适用于作为高职高专院校各专业数学课程的选用教材。

　　本教材由张耘任主编,付春茹任副主编。参加本书编写工作的还有陈玉花、陈艳燕、玲玲、王新苹。

　　本教材的编写和出版,吸取了同行专家提出的宝贵意见,编者在此一并表示感谢!

　　本教材在编写过程中虽经过反复推敲与修改,但受编者水平与时间仓促所限,难免会出现纰漏和错误,不足之处恳请同行教师不吝赐教,批评指正。

编　者

目　　录

第1章 函数、极限与连续

【导学】 函数是微积分学的主要研究对象,极限是微积分学的理论基础,连续则是函数的一个重要性态.本章在总结中学已有函数的基础上,进一步阐述函数的概念及性质,理解初等函数和分段函数的概念.介绍极限的概念及运算,讨论函数的连续性及连续函数的性质,为后续知识的学习奠定坚实的基础.

1.1 函 数

【教学要求】 函数是描述事物变化过程中变量相依关系的数学模型,是数学的基本概念之一.本节要求掌握函数的基本概念、基本初等函数的图像和性质,理解初等函数的概念,会建立简单的函数关系.

1.1.1 函数的概念及性质

在研究自然的、社会的以及工程技术领域中的某些现象时,人们经常会遇到各种不同的量,如时间、速度、质量、温度、成本和利润等.这些量一般可以分为两类,其中一类在所研究的过程中保持不变,这样的量称之为常量,而另一类在所研究的过程中是变化的,这样的量称之为变量.

在同一过程中,往往会有几个变量同时变化,但是它们之间的变化不是孤立的,而是按照一定的规律相互联系、相互制约着,即它们之间存在着相互依赖的关系,举例如下.

例1 自由落体规律

$$h = \frac{1}{2}gt^2.$$

式中,h 表示下落的距离,t 表示下落的时间,g 表示重力加速度(视为常量).

此公式给出了一个物体在自由降落的过程中,距离 h 与时间 t 之间的相互依赖关系,它描绘的是自然现象中的某种变化规律.

例2 某手机品牌产量与成本之间的规律

$$C = 7\,000 + 100x.$$

式中,C 表示总成本,x 表示产量,其中固定成本为 $7\,000$(常量).

此公式给出了一个手机品牌在生产经营活动中,其总成本 C 与产量 x 之间的相互依赖关系,它描绘的是生产经营活动中的某种变化规律.

上述两例中这种变量与变量之间的相依关系,用数学的语言描述出来就得到函数的定义.

1. 函数的概念

定义 1 设 x,y 是两个变量,若对非空数集 D 中每一个值 x,按照一定的对应法则 f,总有唯一确定的数值 y 与之对应,则称变量 y 是 x 的**函数**,记为

$$y = f(x), \quad x \in D.$$

式中,x 为**自变量**,y 为**因变量**,数集 D 为**定义域**,f 是**函数符号**,它表示 y 与 x 的**对应法则**. 函数符号也可由其他字母来表示,如 g,h,F,G 等.

当自变量取定 $x_0 \in D$ 时,与 x_0 对应的数值称为函数在点 x_0 处的**函数值**,记为 $f(x_0)$ 或 $y|_{x=x_0}$. 当 x 取遍 D 中的每一个值时,对应的函数值组成的集合称为**函数的值域**,通常用 Z 表示.

由函数的定义可知,定义域和对应法则是函数的两个要素,如果两个函数具有相同的定义域和对应法则,那么它们就是同一个函数.

例 3 求下列函数的定义域.

(1) $y = \dfrac{x-4}{x^2-3x-4}$;   (2) $y = \sqrt{2-x} + \ln(x+2)$.

解 (1) 要使 $y = \dfrac{x-4}{x^2-3x-4}$ 有意义,则分母

$$x^2 - 3x - 4 \neq 0,$$

解得 $x \neq -1$ 且 $x \neq 4$,所以函数的定义域为 $(-\infty, -1) \bigcup (-1, 4) \bigcup (4, +\infty)$.

(2) 要使 $y = \sqrt{2-x} + \ln(x+2)$ 有意义,则有

$$\begin{cases} 2-x \geqslant 0 \\ x+2 > 0 \end{cases},$$

解得 $-2 < x \leqslant 2$,所以函数的定义域为 $(-2, 2]$.

例 4 已知函数 $f(x) = \dfrac{x-1}{x+1}$,求 $f(0), f(1), f(-x), f(x^2+1)$.

解 这是已知函数的表达式,求函数在指定点的函数值. $f(0)$ 是当自变量 x 取 0 时函数 $f(x)$ 的函数值,需将 $f(x)$ 表达式中的 x 换为数值 0,即 $f(0) = \dfrac{0-1}{0+1} = -1$. 同理可得:

$f(1) = \dfrac{1-1}{1+1} = 0$; $f(-x) = \dfrac{-x-1}{-x+1} = \dfrac{x+1}{x-1}$; $f(x^2+1) = \dfrac{x^2+1-1}{x^2+1+1} = \dfrac{x^2}{x^2+2}$.

例 5 研究下列各对函数是否相同?为什么?

(1) $f(x) = \dfrac{x^2-4}{x-2}$,$g(x) = x+2$.

(2) $f(x) = \sqrt{1-\cos^2 x}$,$g(x) = \sin x$.

解 (1) 因为 $f(x)$ 的定义域为 $D_f = (-\infty, 2) \bigcup (2, +\infty)$,而 $g(x)$ 的定义域为 $D_g = \mathbf{R}$,显然两个函数的定义域不同,所以 $f(x)$ 与 $g(x)$ 不相同.

(2) 虽然两个函数的定义域都是 $(-\infty, +\infty)$,但 $f(x) = |\sin x|$,对应法则不同,所以 $f(x)$ 与 $g(x)$ 不相同.

2. 函数的表示法

函数的表示法有三种:解析法、列表法、图像法.

(1) 解析法

函数的对应法则用数学表达式表示.这在高等数学中是最常见的函数表示法,它便于我们进行的理论研究.

例如:函数 $y = \sin\left(x + \dfrac{\pi}{3}\right)$ 就是用解析法表示的函数,当 x 在其定义域 $(-\infty, +\infty)$ 内取任意值时,可由该式计算出相应的 y 值.

(2) 列表法

将一系列自变量 x 的值与对应的函数值 y 列成表格的形式.

例如:某超市前三个季度每月某洗衣机的零售量 s(单位:台)如表 1-1 所示.

表 1-1

月份 t	1	2	3	4	5	6	7	8	9
零售量 s	60	78	64	88	95	66	49	53	55

表 1-1 给出了该超市洗衣机零售量 s 随月份 t 变化而变化的函数关系,这个函数关系是用表格表示的,它的定义域 $D = \{1,2,3,4,5,6,7,8,9\}$.当月份 t 在其定义域 D 内取任意值时,从表格中都可查到零售量 s 的一个对应值.

(3) 图像法

函数的对应法则用建立在平面直角坐标系上的几何图形来表示.

例如:气象台每天用自动记录仪把一天中的气温变化情况自动描绘在记录纸上,如图 1-1 所示,这是用图形表示的函数,气温 y 与时间 x 的函数关系由曲线给出.

它的定义域为 $D = [0,24]$.当时间 x 在其定义域 D 内取任意值时,在曲线上都可以找到一个与之对应的气温值 y.

3. 函数的性质

(1) 函数的奇偶性

定义 2 设函数 $y = f(x)$ 在关于原点对称的区间 I 内有定义,若对于任意的 $x \in I$,恒有 $f(-x) = f(x)$,则称 $y = f(x)$ 为**偶函数**;若 $f(-x) = -f(x)$,则称 $y = f(x)$ 为**奇函数**.

从几何特征来看,偶函数的图形关于 y 轴对称,奇函数的图形关于原点对称,如图 1-2 所示.

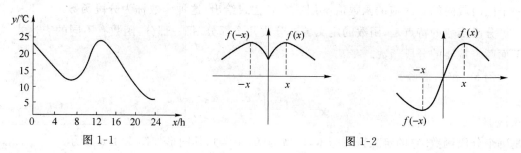

图 1-1

图 1-2

例如：$y=x^2$，$y=x^4$，$y=\cos x$ 都是偶函数；而 $y=x^3$，$y=\sin x$ 都是奇函数.

（2）函数的单调性

定义 3 设函数 $y=f(x)$ 在区间 I 内有定义，对于区间 I 内的任意两点 x_1,x_2，若当 $x_1<x_2$ 时，有 $f(x_1)<f(x_2)$，则称函数 $f(x)$ 在区间 I 内是**单调增加的**；对于区间 I 内的任意两点 x_1,x_2，当 $x_1<x_2$ 时，有 $f(x_1)>f(x_2)$，则称函数 $f(x)$ 在区间 I 内是**单调减少的**.

在几何上，单调增加（减少）函数的图形是沿 x 轴的正向渐升的（或渐降的），如图 1-3 所示.

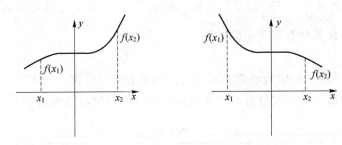

图 1-3

例如：函数 $y=x^2$ 在区间 $[0,+\infty)$ 内是单调增加的，在区间 $(-\infty,0]$ 内是单调减少的，而函数 $y=x^2$ 在整个定义域区间 $(-\infty,+\infty)$ 内无单调性可言.

（3）函数的周期性

定义 4 设函数 $y=f(x)$ 在区间 I 内有定义，如果存在一个不为零的实数 T，对于任意的 $x\in I$，有 $(x+T)\in I$，且恒有 $f(x+T)=f(x)$，则称 $y=f(x)$ 是**周期函数**，实数 T 称为**周期**. 通常所说的周期函数的周期指的是函数的最小正周期.

例如：$\pm2\pi,\pm4\pi,\cdots$ 都是函数 $y=\sin x$ 的周期，而 2π 是它的最小正周期，故 $y=\sin x$ 的周期是 2π. 函数 $y=\sin x$，$y=\cos x$ 都是以 2π 为周期的周期函数；$y=\tan x$，$y=\cot x$ 都是以 π 为周期的周期函数.

（4）函数的有界性

定义 5 设函数 $y=f(x)$ 在区间 I 内有定义，如果存在一个正数 M，对于任意的 $x\in I$，恒有 $|f(x)|\leqslant M$，则称 $f(x)$ 在 I 上**有界**；否则称为**无界**.

例如：函数 $y=\sin x$ 的图形介于两条直线 $y=-1$ 和 $y=1$ 之间，即有 $|\sin x|\leqslant 1$，这时称 $y=\sin x$ 在 $(-\infty,+\infty)$ 内是有界函数.

4. 分段函数

定义 6 函数定义不是用一个表达式完成的，而是把整个定义域分成若干个区间段，每一个区间段内的 x 对应的函数值 y 用一个表达式给出，这种函数称为**分段函数**.

分段函数的特点是，函数的定义域被分成几个部分，每一部分，函数有不同的表达式，如下面两个重要的分段函数.

例 6 绝对值函数

$$y=|x|=\begin{cases}x, & x\geqslant 0\\ -x, & x<0\end{cases}$$

是一个分段函数.它的定义区域为 **R**，值域为 $[0,+\infty)$，其图形如图 1-4（a）所示.

例7 符号函数

$$y=\operatorname{sgn} x=\begin{cases} 1, & x>0 \\ 0, & x=0 \\ -1, & x<0 \end{cases}$$

也是分段函数. 它的定义区域为 **R**, 值域为 $\{-1,0,1\}$, 图形如图 1-4(b)所示. 对任何实数 x 都有下列关系式: $x=\operatorname{sgn} x \cdot |x|$ 成立, 所以它起着一个符号的作用.

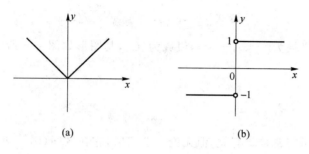

图 1-4

1.1.2 反函数

函数反映的是因变量随着自变量的变化而变化的规律, 用另一种语言来说就是: **有两个变量, 一个是主动变量(自变量 x), 另一个是被动变量(因变量 y), 主动变量一旦取定了, 被动变量也相继唯一确定.** 但是变量之间的制约是相互的, 在研究的不同领域里, 经常需要更换这两个变量的主次关系, 当这种主次关系对换后, 仍然成为函数关系, 这就是下面所要介绍的反函数.

定义7 设函数 $y=f(x)$ 的定义域是 D, 值域是 **Z**, 若对每一个 $y\in Z$, 都有唯一的一个 $x\in D$, 使得

$$f(x)=y,$$

这就定义了 **Z** 上的一个函数, 此函数称为 $y=f(x)$ 的反函数, 记为

$$x=f^{-1}(y), \quad y\in Z.$$

这时 $y=f(x)$ 称为**直接函数**.

由反函数的定义不难发现, $y=f(x)$ 存在反函数当且仅当 f 是 D 到 **Z** 的一一对应关系, 并且反函数的定义域是直接函数的值域, 反函数的值域是直接函数的定义域.

在数学上总习惯用 x 表示自变量, 用 y 表示因变量, 为了满足习惯记法的需要, 最后会把反函数 $x=f^{-1}(y)$ 记为 $y=f^{-1}(x)$. $f(x)$ 与 $f^{-1}(x)$ 称为互为反函数, 它们在同一直角坐标系下是关于直线 $y=x$ 对称的.

例如, 函数 $y=f(x)=x^2, x\in[0,+\infty)$ 与 $y=f^{-1}(x)=\sqrt{x}, x\in[0,+\infty)$ 互为反函数, 如图 1-5 所示, 它们的图形关

图 1-5

于 $y=x$ 对称.

1.1.3 基本初等函数

基本初等函数是中学已经学过的函数,在此仅对它们及它们的图形、性质作以简要复习. 基本初等函数分为以下六类.

1. 常量函数

$$y=C \quad (C \text{ 为常数}).$$

常量函数的定义域为 $(-\infty,+\infty)$,值域为 $\{C\}$,其图形如图 1-6 所示,是一条平行于 x 轴的直线.

2. 幂函数

$$y=x^a \quad (a \text{ 为实数}).$$

幂函数的定义域与常数 a 有关,但无论 a 取何值,它在区间 $(0,+\infty)$ 内总有定义. 常见的幂函数如下(见图 1-7).

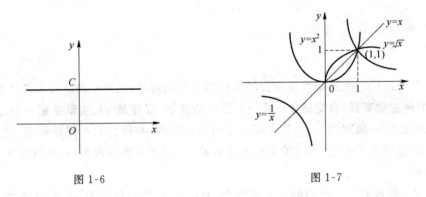

图 1-6   图 1-7

$y=x$,在其定义域 $(-\infty,+\infty)$ 上,它是奇函数,在其定义区间上为增函数.

$y=x^2$,在其定义域 $(-\infty,+\infty)$ 上,它是偶函数,单调增区间为 $(-\infty,0)$,单调减区间为 $(0,+\infty)$.

$y=\sqrt{x}$,其定义域为 $[0,+\infty)$,在其定义区间上为增函数.

$y=\dfrac{1}{x}$,在其定义域 $(-\infty,0)\bigcup(0,+\infty)$ 上,它是奇函数,$(-\infty,0)$ 与 $(0,+\infty)$ 都是它的单调减区间.

容易从图 1-7 得到幂函数的如下特征:

(1) 幂函数的图形过 $(1,1)$ 点,即幂函数在 $x=1$ 时的函数值为 1;

(2) 幂函数 $y=x^a$ 的图形与 $y=x^{\frac{1}{a}}$ 的图形关于直线 $y=x$ 对称.

3. 指数函数

$$y=a^x \quad (a>0 \text{ 且 } a\neq 1)$$

指数函数的定义域为 $(-\infty,+\infty)$,其函数性质与常数 a 有关,图形如图 1-8 所示.

当 $0<a<1$ 时,它是单调减函数,如图 1-8(a);当 $a>1$ 时,它是单调增函数,如图 1-8(b).

指数函数 $y = a^x$ 的函数值恒大于 0,无论 a 为何值,指数函数 $y = a^x$ 恒过点 $(0,1)$.

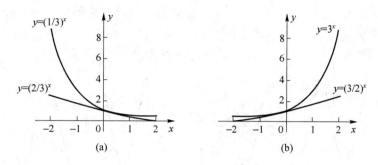

图 1-8

常用的指数函数是 $y = e^x$,其中,$e = 2.718\,28\cdots$.

4. 对数函数

$$y = \log_a x \quad (a > 0 \text{ 且 } a \neq 1)$$

对数函数的定义域为 $(0, +\infty)$,其图形如图 1-9 所示. 从图 1-9 中可以看到,当 $0 < a < 1$ 时,对数函数 $y = \log_a x$ 为单调减函数,当 $a > 1$ 时,其为单调增函数. 无论 a 为何值,对数函数 $y = \log_a x$ 恒过点 $(1,0)$.

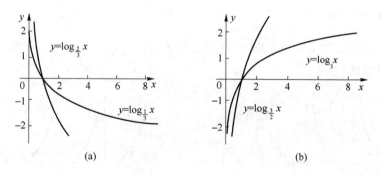

图 1-9

对数函数 $y = \log_a x$ 与指数函数 $y = a^x$ 的图形关于直线 $y = x$ 对称,因此它们互为反函数.

常用的对数函数有 $f(x) = \lg x$ 和 $f(x) = \ln x$. 前者是以 10 为底的对数函数,称为**常用对数函数**,后者是以 e 为底的对数函数,称为**自然对数函数**. 自然对数函数将是本课程中更为常见的对数函数.

5. 三角函数

三角函数包括以下六种.

(1) 正弦函数:$y = \sin x$

如图 1-10 所示,定义域为 $(-\infty, +\infty)$,值域为 $[-1,1]$. 它的特性是:有界、奇函数、周期函数(周期为 2π).

（2）余弦函数：$y=\cos x$

如图 1-11 所示，定义域为 $(-\infty,+\infty)$，值域为 $[-1,1]$. 它的特性是：有界、偶函数、周期函数（周期为 2π）.

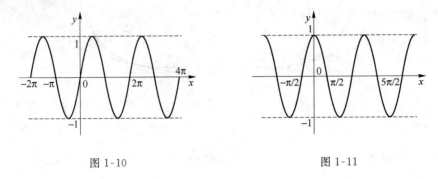

图 1-10　　　　　　　　　　　　　　图 1-11

（3）正切函数：$y=\tan x=\dfrac{\sin x}{\cos x}$

如图 1-12 所示，定义域为 $x\neq k\pi+\dfrac{\pi}{2}(k\in\mathbf{Z})$，值域为 $(-\infty,+\infty)$. 它的特性是：无界、奇函数、周期函数（周期为 π）.

（4）余切函数：$y=\cot x=\dfrac{\cos x}{\sin x}$

如图 1-13 所示，定义域为 $x\neq k\pi(k\in\mathbf{Z})$，值域为 $(-\infty,+\infty)$. 它的特性是：无界、奇函数、周期函数（周期为 π）.

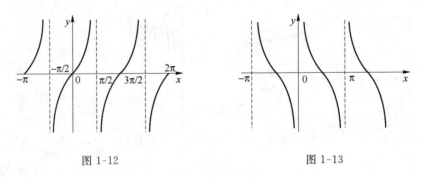

图 1-12　　　　　　　　　　　　　　图 1-13

（5）正割函数：$y=\sec x=\dfrac{1}{\cos x}$

如图 1-14 所示，定义域为 $x\neq k\pi+\dfrac{\pi}{2}(k\in\mathbf{Z})$，值域为 $|y|\geqslant 1$. 它的特性是：无界、偶函数、周期函数（周期为 2π）.

（6）余割函数：$y=\csc x=\dfrac{1}{\sin x}$

如图 1-15 所示，定义域为 $x\neq k\pi(k\in\mathbf{Z})$，值域为 $|y|\geqslant 1$. 它的特性是：无界、奇函数、周期函数（周期为 2π）.

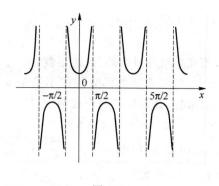

图 1-14 图 1-15

6. 反三角函数

常用的反三角函数如下.

（1）反正弦函数：$y = \arcsin x$

如图 1-16 所示，定义域为 $[-1,1]$，值域为 $\left[-\dfrac{\pi}{2}, \dfrac{\pi}{2}\right]$. 它的特性是：有界、奇函数、增函数.

（2）反余弦函数：$y = \arccos x$

如图 1-17 所示，定义域为 $[-1,1]$，值域为 $[0,\pi]$. 它的特性是：有界、减函数.

图 1-16

图 1-17

（3）反正切函数：$y = \arctan x$

如图 1-18 所示，定义域为 $(-\infty, +\infty)$，值域为 $\left(-\dfrac{\pi}{2}, \dfrac{\pi}{2}\right)$. 它的特性是：有界、奇函数、增函数.

（4）反余切函数：$y = \operatorname{arccot} x$

如图 1-19 所示，定义域为 $(-\infty, +\infty)$，值域为 $(0,\pi)$. 它的特性是：有界、减函数.

图 1-18

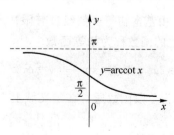

图 1-19

1.1.4 复合函数

在日常生活或生产实践中,事物之间的关系往往是错综复杂的,因此用数学表示自然规律、生产规律的函数结构也是复杂的. 在通常情况下,我们遇到的函数往往不是基本初等函数,而是由这些基本初等函数所构造的较为复杂的函数,即需要把两个或两个以上的函数组合成另一个新的函数.

例如,设 $y=\sqrt{u}$, $u=1-x^2$,用 $1-x^2$ 代替 $y=\sqrt{u}$ 中的 u,得到 $y=\sqrt{1-x^2}$. 这就是说,函数 $y=\sqrt{1-x^2}$ 是由 $y=\sqrt{u}$ 经过中间变量 $u=1-x^2$ 复合而成的.

定义 8 设 y 是 u 的函数 $y=f(u)$, u 是 x 的函数 $u=g(x)$,若 $u=g(x)$ 的值域的全部或部分能使 $y=f(u)$ 有意义,则称 y 是通过中间变量 u 构成的 x 函数,即 y 是 x 的**复合函数**,记为 $y=f[g(x)]$. 其中,x 是自变量,u 是中间变量.

注意 并不是任何两个函数都可以构成一个复合函数. 例如,$y=\ln u$, $u=-x^2$ 就不能构成复合函数,因为 $u=-x^2$ 的值域是 $u\leqslant 0$,而 $y=\ln u$ 的定义域是 $u>0$.

例 8 设 $f(x)=\dfrac{2}{2-x}$,求 $f[f(x)]$.

解 $f[f(x)]=\dfrac{2}{2-f(x)}=\dfrac{2}{2-\dfrac{2}{2-x}}=\dfrac{2-x}{1-x}$.

它的定义域是 $(-\infty,1)\bigcup(1,2)\bigcup(2,+\infty)$.

例 9 写出下列函数的复合过程.

(1) $y=\tan(3^x)$; (2) $y=e^{\sin x}$;

(3) $y=\sqrt{4-x^2}$; (4) $y=\sqrt{\lg(x^2-3)}$.

解 (1) $y=\tan(3^x)$ 是由 $y=\tan u$, $u=3^x$ 复合而成的;

(2) $y=e^{\sin x}$ 是由 $y=e^u$, $u=\sin x$ 复合而成的;

(3) $y=\sqrt{4-x^2}$ 是由 $y=\sqrt{u}$, $u=4-x^2$ 复合而成的;

(4) $y=\sqrt{\lg(x^2-3)}$ 是由 $y=\sqrt{u}$, $u=\lg v$, $v=x^2-3$ 复合而成的.

必须注意,"复合函数"只是表明函数的一种表达方式,不是一类新型的函数;如果要把一个复合函数分解(将一个复合函数分解为几个简单的函数)时,必须按照基本初等函数去分解,否则会给以后的微分、积分运算带来许多麻烦,这一点读者会逐步理解的.

1.1.5 初等函数

定义 9 由基本初等函数经过有限次的四则运算和有限次的复合运算而成,且只能用一个式子表达的函数称为**初等函数**.

例如,$y=2x^2-1$, $y=\sin\dfrac{1}{x}$, $y=e^{\sin^2(2x+1)}$ 等都是初等函数. 许多情况下,分段函数不是初等函数,因为分段函数通常在定义域上不能用一个式子表示.

例如,符号函数 $y=\operatorname{sgn}x=\begin{cases}-1 & x>0 \\ 0 & x=0 \\ 1 & x<0\end{cases}$ 和取整数函数 $y=[x]$, $x\in\mathbf{R}$,它们都不是初等

函数. 但是 $y=|x|=\begin{cases} x & x\geqslant 0 \\ -x & x<0 \end{cases}$ 却是初等函数,因为 $y=|x|=\sqrt{x^2}$ 可看做是由 $y=\sqrt{u}$ 和 $u=x^2$ 复合而成的.

1.1.6　函数关系的建立

运用数学工具解决实际问题时,往往需要先把变量之间的函数关系表示出来,才能方便进行计算和分析.

例 10　要建造一个容积为 V 的无盖长方体水池,它的底为正方形. 若池底的单位面积造价为侧面积造价的 3 倍,试建立总造价与底面边长之间的函数关系.

解　设底面边长为 x,总造价为 y,侧面单位面积造价为 a,由已知可得水池深为 $\dfrac{V}{x^2}$,侧面积为 $4x\dfrac{V}{x^2}=\dfrac{4V}{x}$,从而得出 $y=3ax^2+4a\dfrac{V}{x}(0<x<+\infty)$.

例 11　某市出租车收费标准:在 3 千米以内,起步价为 10 元;超过 3 千米时,超过部分为每千米 2 元,求运价 y 和里程 x 之间的函数关系.

解　根据题意可列出函数关系如下:

$$y=\begin{cases} 10, & 0<x\leqslant 3 \\ 10+2(x-3), & x>3 \end{cases}.$$

建立实际问题的函数关系,首先应理解题意,找出问题中的常量与变量,选定自变量,再根据问题所给的几何特性、物理规律或其他知识建立变量间的等量关系,整理化简得函数式. 有时还要根据题意,写出函数的定义域.

例 12（复利问题）　设银行将数量为 A_0 的款贷出,每期利率为 r. 若一期结算一次,则 t 期后连本带利可收回

$$A_0(1+r)^t.$$

若每期结算 m 次,则 t 期后连本带利可收回

$$A_0\left[\left(1+\dfrac{r}{m}\right)^m\right]^t=A_0\left(1+\dfrac{r}{m}\right)^{mt}.$$

此函数既可看成期数 t 的函数,也可看成结算次数 m 的函数. 现实生活中一些事物的生长（$r>0$）和衰减（$r<0$）就遵从这种规律,而且是立即产生立即结算,如细胞的繁殖、树木生长、物体冷却、放射性元素的衰减等.

 习题 1.1

1. 求下列函数的定义域:

(1) $y=\dfrac{\sqrt{x^2-9}}{1+x^2}$;

(2) $y=\dfrac{x+3}{x^2-3x-4}$;

(3) $y=\ln\dfrac{1}{1+x}$.

2. 下列各对函数是否相同,并说明理由:

(1) $f(x)=\cos x$ 与 $g(x)=\sqrt{1-\sin^2 x}$;

(2) $f(x)=x+1$ 与 $g(x)=\dfrac{x^2-1}{x-1}$;

(3) $f(x)=1$ 与 $g(x)=\sin^2 x+\cos^2 x$.

3. 求下列函数值:

(1) 已知 $f(x)=x\cdot 4^{x-2}$,求 $f(2)$,$f(-2)$,$f(x^2)$,$f\left(\dfrac{1}{x}\right)$;

(2) 已知 $f(x)=x^2+3x+1$,求 $f(0)$,$f(1)$,$f(-1)$,$f(-x)$,$f\left(\dfrac{1}{x}\right)$.

4. 设函数 $y=\dfrac{|x|}{x}$,用分段函数形式表示该函数,确定其定义域,并求 $f(1)$,$f(-1)$.

5. 确定下列函数的奇偶性:

(1) $f(x)=x^2+\sin x$;   (2) $f(x)=x\mathrm{e}^{-1/x^2}+\arctan x$;

(3) $f(x)=\dfrac{x\sin x}{1+x^2}$;   (4) $f(x)=\dfrac{\mathrm{e}^x-1}{\mathrm{e}^x+1}$.

6. 将 y 表示成关于 x 的函数:

(1) $y=\ln u,u=\mathrm{e}^v+1,v=\tan x$;   (2) $y=\sqrt{u},u=v^2-1,v=\sin x$.

7. 设 $f(x)=\mathrm{e}^x$,$g(x)=\ln x$,求 $f(f(x))$,$f(g(x))$,$g(f(x))$.

8. 下列函数由哪些基本初等函数复合而成?

(1) $y=\cos\dfrac{1}{x^2}$;   (2) $y=3^{x^{-1/2}}$;

(3) $y=\ln\sin x^3$;   (4) $y=(\arctan 2^x)^2$.

9. 将下列函数按基本初等函数复合和四则运算形式分解:

(1) $y=\mathrm{e}^{\sin x-\cos x}$;   (2) $y=\ln(1-x^2)$;

(3) $y=\left(\arctan\dfrac{1+x^2}{1-x^2}\right)^3$;   (4) $y=\cos\mathrm{e}^{x^2-2x+2}$.

10. 一块边长为 a 的正方形金属薄片,从四角各截去一个小方块,然后折成一个无盖的盒子.求它的容积与截去小方块的边长之间的函数关系式.

11. 用铁皮制作一个容积为 V 的圆柱形罐头筒,试将其全面积 A 表示成底半径 r 的函数,并确定此函数的定义域.

12. 某运输公司规定货物的每千米运价为:在 a 千米以内,每千米 k 元,超过部分每千米为 $\dfrac{4}{5}k$ 元.求运价 m 和里程 s 之间的函数关系.

13. 某批发商每次以 160 元/台的价格将 500 台电扇批发给零售商,在这个基础上零售商每次多进 100 台电扇,则批发价相应降低 2 元,批发商最大批发量为每次 1 000 台,试将电扇批发价格表示为批发量的函数,并求零售商每次进 800 台电扇时的批发价格.

1.2　极　限

【教学要求】　本节要求理解极限的概念,掌握极限的运算法则,会利用两个重要极限求解极限问题;理解无穷大、无穷小的概念和运算.

1.2.1　数列的极限

在介绍极限概念之前,首先看几个例子.

例 1(数字游戏)　用计算器对 2 连续开平方时,经过一定次数的开方后得到 1. 是否对于任何实数经过一定次数的开方运算都得 1? 通过自己做几个例子后,你会确定这一点,但究竟是什么原因呢?

究其数学表达式,有:对实数 2 开平方一次有 $\sqrt{2}=2^{\frac{1}{2}}$,开平方两次有 $\sqrt{\sqrt{2}}=2^{\frac{1}{2^2}}$,开平方 n 次有 $\sqrt{\sqrt{\sqrt{\cdots\sqrt{2}}}}=2^{\frac{1}{2^n}}$……可见开平方次数越来越大时,所得结果的指数 $\frac{1}{2^n}$ 就越来越接近于零,从而结果就越来越接近于 $2^0=1$. 由此不难想到,对任何正整数 a,开平方次数越来越大时,其结果就越来越接近于 $a^0=1$.

例 2(割圆术)　中国古代数学家刘徽在《九章算术注》方田章圆田术中创造了割圆术计算圆周率 π 的方法. 刘徽注意到圆内接正多边形的面积小于圆面积,且当将边数屡次加倍时,正多边形的面积增大,边数愈大则正多边形面积愈近于圆的面积."割之弥细,所失弥少.割之又割以至于不可割则与圆合体而无所失矣."这几句话明确地表明了刘徽的这一思想.如图 1-20 所示,当内接正多边形的边数越多,多边形的边就越贴近圆周.

四边形　　　　　八边形　　　　　十六边形

图 1-20

用现代数学的思想来说,刘徽割圆术中所述的不可再割的情况是不存在的,无论怎么一种割法,都不可能"与圆合体而无所失",但是,它体现出来的终极思想是无可非议的.

下面来求解引例 1 中提出的 2 连续开平方问题. 根据上节的分析得知 2 连续开平方问题可形式化地描述成当 n 无限增大(记为 $n\to+\infty$)时,函数 $f(n)=2^{\frac{1}{2^n}}$ 的变化问题.

大家已经注意到,这个函数与前面讲述的函数有些不同,其自变量只能取正整数,因此其函数图形不是线,而是一系列点,这样的函数称为数列,记为 $\{a_n\}$,a_n 称为数列的一般项.我们所要研究的就是当 n 无限增大时,数列 $\{a_n\}$ 的变化趋势.

上述 a_n 的图形如图 1-21 所示. 从图中可以看到,当 $n\to+\infty$ 时,数列 a_n 所对应的点列

与直线 $y=1$ 逐渐靠拢，即 $n \to +\infty$ 时，$a_n \to 1$. 此时，称数列 a_n 的极限为 1，并记为
$$\lim_{n \to +\infty} a_n = 1.$$

图 1-21

定义 1 对于数列 $\{a_n\}$，当 $n \to +\infty$ 时，若数列 a_n 能无限趋近于唯一确定的常数 A，则称常数 A 为数列 $\{a_n\}$ 当 $n \to +\infty$ 时的极限，并记为
$$\lim_{n \to +\infty} a_n = A.$$

例 3 求数列 $y_n = 1 - \dfrac{1}{n^2}$ 的极限.

解 由图 1-22 可看出，当 $n \to +\infty$ 时，$y_n = 1 - \dfrac{1}{n^2}$ 无限趋近于 1. 即 $\lim\limits_{n \to +\infty}\left(1 - \dfrac{1}{n^2}\right) = 1$.

图 1-22

应当注意，并不是任何数列都有极限. 例如，数列 $y_n = 3^n$，当 n 无限增大时，它也无限增大，不能无限趋近于一个确定的常数，所以数列 $y_n = 3^n$ 没有极限；又如，数列 $y_n = (-1)^n$，当 n 无限增大时，y_n 在 -1 和 1 这两个点上来回跳动，不能无限趋近于一个确定的常数，所以数列 $y_n = (-1)^n$ 没有极限.

1.2.2 函数的极限

1. 当 $x \to \infty$ 时，函数 $f(x)$ 的极限

$x \to \infty$ 表示自变量 x 的绝对值无限增大，为区别起见，把 $x > 0$ 且无限增大记为

$x \to +\infty$;把 $x<0$ 且其绝对值无限增大记为 $x \to -\infty$.

先考察反比例函数 $y = \dfrac{1}{x}$,图形如图 1-23 所示. x 轴是曲线的一条水平渐近线,也就是说,当自变量 x 的绝对值无限增大时,相应的函数值 y 无限趋近常数 0.

像这种当 $x \to \infty$ 时,函数 $f(x)$ 的变化趋势,有如下定义.

定义 2 设函数 $f(x)$ 当 $|x|$ 充分大时有定义,当 $x \to \infty$ 时,若函数 $f(x)$ 能无限趋近于唯一一个确定的常数 A,那么称 A 为函数 $f(x)$ 当 $x \to \infty$ 时的极限,记为 $\lim\limits_{x \to \infty} f(x) = A$.

如果当 $x \to +\infty (x \to -\infty)$ 时,函数 $f(x)$ 无限趋近于一个常数 A,则称 A 为函数 $f(x)$ 当 $x \to +\infty (x \to -\infty)$ 时的极限,记为 $\lim\limits_{x \to +\infty} f(x) = A (\lim\limits_{x \to -\infty} f(x) = A)$.

根据定义,由图 1-23 可得到:$\lim\limits_{x \to \infty} \dfrac{1}{x} = 0$,$\lim\limits_{x \to +\infty} \dfrac{1}{x} = 0$,$\lim\limits_{x \to -\infty} \dfrac{1}{x} = 0$.

由此不难得出如下结论.

结论 $\lim\limits_{x \to \infty} f(x) = A$ 成立的充分必要条件为

$$\lim_{x \to +\infty} f(x) = \lim_{x \to -\infty} f(x) = A$$

例 4 求 $\lim\limits_{x \to \infty} \arctan x$.

解 $y = \arctan x$ 的图形如图 1-18 所示,因为 $\lim\limits_{x \to +\infty} \arctan x = \dfrac{\pi}{2}$,$\lim\limits_{x \to -\infty} \arctan x = -\dfrac{\pi}{2}$,所以 $\lim\limits_{x \to \infty} \arctan x$ 不存在.

2. 当 $x \to x_0$ 时,函数 $f(x)$ 的极限

考察当 $x \to 1$ 时,函数 $f(x) = \dfrac{x^2 - 1}{x - 1}$ 的变化趋势. 注意到当 $x \neq 1$ 时,函数 $f(x) = \dfrac{x^2 - 1}{x - 1} = x + 1$,所以当 $x \to 1$ 时,$f(x)$ 的值无限接近于常数 2(如图 1-24 所示).

图 1-23

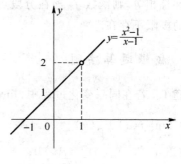

图 1-24

像这种当 $x \to x_0$ 时,函数 $f(x)$ 的变化趋势,有如下定义.

定义 3 设函数 $f(x)$ 在点 x_0 的附近有定义,当 $x \to x_0$ 时,若函数 $f(x)$ 能无限趋近于一个确定的常数 A,则称 A 为函数 $f(x)$ 当 $x \to x_0$ 时的极限,记为

$$\lim_{x \to x_0} f(x) = A.$$

由定义可知,当 $x \to 1$ 时,函数 $f(x) = \dfrac{x^2 - 1}{x - 1}$ 的极限为 2,即 $\lim\limits_{x \to 1} \dfrac{x^2 - 1}{x - 1} = 2$. 从上面的例子

还可以看出,虽然 $f(x)=\dfrac{x^2-1}{x-1}$ 在 $x=1$ 处没有定义,但当 $x\to 1$ 时函数 $f(x)$ 的极限却是存在的.所以当 $x\to x_0$ 时函数 $f(x)$ 的极限与函数在 $x=x_0$ 处是否有定义无关.

与 $x\to\infty$ 的情形类似,$x\to x_0$ 表示 x 无限趋近于 x_0,它包含以下两种情况:(1) x 是从大于 x_0 的方向趋近于 x_0,记为 $x\to x_0^+$(或 $x\to x_0+0$);(2) x 是从小于 x_0 的方向趋近于 x_0,记为 $x\to x_0^-$(或 $x\to x_0-0$).显然 $x\to x_0$ 是指以上两种情况同时存在.

与 $x\to x_0$ 时函数 $f(x)$ 的极限的定义类似,如果当 $x\to x_0^+$($x\to x_0^-$)时,函数 $f(x)$ 的值无限趋近于一个确定的常数 A,则称 A 为函数 $f(x)$ 当 $x\to x_0^+$($x\to x_0^-$)时的右(左)极限,记为 $\lim\limits_{x\to x_0^+}f(x)=A$(或 $\lim\limits_{x\to x_0^-}f(x)=A$).左极限和右极限统称为**单侧极限**.

图 1-25

显然,函数的极限与左、右极限有如下关系.

结论 $\lim\limits_{x\to x_0}f(x)=A$ 成立的充分必要条件是

$$\lim\limits_{x\to x_0^+}f(x)=\lim\limits_{x\to x_0^-}f(x)=A.$$

这个结论常用来判断函数的极限是否存在.

例 5 讨论函数 $f(x)=\begin{cases}x+1 & x<0 \\ x^2 & 0\leqslant x<1 \\ 1 & x\geqslant 1\end{cases}$ 当 $x\to 0$ 和 $x\to 1$ 时的极限(见图 1-25).

解 $\lim\limits_{x\to 0^-}f(x)=\lim\limits_{x\to 0^-}(x+1)=1$, $\lim\limits_{x\to 0^+}f(x)=\lim\limits_{x\to 0^+}x^2=0$,则 $\lim\limits_{x\to 0^+}f(x)\neq\lim\limits_{x\to 0^-}f(x)$,因此 $\lim\limits_{x\to 0}f(x)$ 不存在. $\lim\limits_{x\to 1^-}f(x)=\lim\limits_{x\to 1^-}x^2=1$, $\lim\limits_{x\to 1^+}f(x)=\lim\limits_{x\to 1^+}1=1$,则 $\lim\limits_{x\to 1^+}f(x)=\lim\limits_{x\to 1^-}f(x)=1$,因此 $\lim\limits_{x\to 1}f(x)=1$.

此例表明,求分段函数在分界点的极限通常要分别考察其左、右极限.若左极限和右极限存在并且相等,则函数 $f(x)$ 在分段点的极限存在并且等于左、右极限,否则函数 $f(x)$ 在分段点的极限不存在.

1.2.3 极限运算法则

定理 1 若在同一变化过程中,$\lim\limits_{x\to x_0}f(x)=A$,$\lim\limits_{x\to x_0}g(x)=B$,则

(1) $\lim\limits_{x\to x_0}[f(x)\pm g(x)]=A\pm B$;

(2) $\lim\limits_{x\to x_0}[f(x)g(x)]=A\times B$;

特别地

$$\lim\limits_{x\to x_0}[kf(x)]=k\lim\limits_{x\to x_0}f(x)\quad(k\text{ 为常数});$$

$$\lim\limits_{x\to x_0}[f(x)]^n=[\lim\limits_{x\to x_0}f(x)]^n\quad(n\text{ 为正整数}).$$

(3) 当 $B\neq 0$ 时,$\lim\limits_{x\to x_0}\dfrac{f(x)}{g(x)}=\dfrac{A}{B}$.

例 6 计算 $\lim\limits_{x\to 1}(x^2-5x+1)$.

解 根据极限运算法则可得

$$\lim_{x\to 1}(x^2-5x+1)=\lim_{x\to 1}(x^2)-\lim_{x\to 1}(5x)+\lim_{x\to 1}1$$
$$=(\lim_{x\to 1}x)^2-5\lim_{x\to 1}x+\lim_{x\to 1}1=1^2-5\times1+1=-3.$$

例 7　计算 $\lim\limits_{x\to 2}\dfrac{5x^3+4}{x-3}$.

解　根据极限运算法则及其推论可得

$$\lim_{x\to 2}\frac{5x^3+4}{x-3}=\frac{\lim\limits_{x\to 2}(5x^3+4)}{\lim\limits_{x\to 2}(x-3)}=\frac{5\times2^3+4}{2-3}=-44.$$

例 8　计算 $\lim\limits_{x\to 2}\dfrac{x^2-2x+1}{x-2}$.

解　由于 $\lim\limits_{x\to 2}(x-2)=0$,而 $\lim\limits_{x\to 2}(x^2-2x+1)=1\neq0$,所以 $\lim\limits_{x\to 2}\dfrac{x^2-2x+1}{x-2}=\infty$(不存在).

注意　"极限为∞"说明这个极限不存在,只是借用记号"∞"来表示函数无限增大的这种趋势,虽然用等式表示,但并不是"真正的"相等.

例 9　计算 $\lim\limits_{x\to 2}\dfrac{x^2+x-6}{x-2}$.

解　$\lim\limits_{x\to 2}\dfrac{x^2+x-6}{x-2}=\lim\limits_{x\to 2}\dfrac{(x+3)(x-2)}{x-2}=\lim\limits_{x\to 2}(x+3)=5.$

注意　上面的变形只能是在求极限的过程中进行,不要误认为函数 $\dfrac{x^2+x-6}{x-2}$ 与函数 $x+3$ 是同一函数.

例 10　计算 $\lim\limits_{x\to 0}\dfrac{\sqrt{x+1}-1}{x}$.

解
$$\lim_{x\to 0}\frac{\sqrt{x+1}-1}{x}=\lim_{x\to 0}\frac{(\sqrt{x+1}-1)(\sqrt{x+1}+1)}{x(\sqrt{x+1}+1)}$$
$$=\lim_{x\to 0}\frac{x}{x(\sqrt{x+1}+1)}$$
$$=\lim_{x\to 0}\frac{1}{\sqrt{x+1}+1}=\frac{1}{2}.$$

例 11　计算 $\lim\limits_{x\to 1}\left(\dfrac{2}{x^2-1}-\dfrac{1}{x-1}\right)$.

解
$$\lim_{x\to 1}\left(\frac{2}{x^2-1}-\frac{1}{x-1}\right)=\lim_{x\to 1}\frac{2-(x+1)}{x^2-1}=\lim_{x\to 1}\frac{-(x-1)}{(x-1)(x+1)}$$
$$=\lim_{x\to 1}\frac{-1}{x+1}=-\frac{1}{2}.$$

例 12　计算(1) $\lim\limits_{x\to+\infty}\dfrac{3x^2+5}{6x-8}$;　(2) $\lim\limits_{x\to-\infty}\dfrac{x^2-2x}{2x^2-3}$;　(3) $\lim\limits_{x\to+\infty}\dfrac{6-2x}{x^4+3}$.

解　(1) $\lim\limits_{x\to+\infty}\dfrac{3x^2+5}{6x-8}=\lim\limits_{x\to+\infty}\dfrac{3+\dfrac{5}{x^2}}{\dfrac{6}{x}-\dfrac{8}{x^2}}=\infty;$

(2) $\lim\limits_{x\to -\infty}\dfrac{x^2-2x}{2x^2-3}=\lim\limits_{x\to -\infty}\dfrac{1-\dfrac{2}{x}}{2-\dfrac{3}{x^2}}=\dfrac{1}{2}$;

(3) $\lim\limits_{x\to +\infty}\dfrac{6-2x}{x^4+3}=\lim\limits_{x\to +\infty}\dfrac{\dfrac{6}{x^4}-\dfrac{2}{x^3}}{1+\dfrac{3}{x^4}}=\dfrac{0}{1}=0.$

一般地,当 $x\to\infty$ 时,有理分式函数的极限有以下结果:

$$\lim_{x\to\infty}\frac{a_0x^n+a_1x^{n-1}+\cdots+a_n}{b_0x^m+b_1x^{m-1}+\cdots+b_m}=\begin{cases}0, & n<m \\ \dfrac{a_0}{b_0}, & n=m \\ \infty, & n>m\end{cases}.$$

利用上面的结果求有理分式当 $x\to\infty$ 时的极限非常方便.

1.2.4 两个重要极限

1. 第一重要极限:$\lim\limits_{x\to 0}\dfrac{\sin x}{x}=1$

下面给出当 x 趋近于 0 时函数 $\dfrac{\sin x}{x}$ 的值,见表 1-2(由于 $x\to 0$ 时,$\sin x$ 与 x 保持同号,因此只需列出 x 取正值趋于 0 的部分),并作出函数的图形,如图 1-26 所示.

表 1-2

x(弧度)	$\sin x$	$\dfrac{\sin x}{x}$
1.000	0.841 470 98	0.841 470 98
0.100 0	0.099 833 417	0.998 334 17
0.010 0	0.099 993 34	0.999 933 4
0.001 0	0.000 999 999 84	0.999 999 84

图 1-26

从表 1-2 和图 1-26 可以看出,当 $x\to 0$ 时,函数 $\dfrac{\sin x}{x}$ 的值无限趋近于 1,即

$$\lim_{x\to 0}\frac{\sin x}{x}=1.$$

第一重要极限在形式上的特点是:

(1) 它是"$\dfrac{0}{0}$"型;

(2) 自变量 x 应与函数 $\dfrac{\sin x}{x}$ 中的 x 一致,即这个极限的一般形式为

$$\lim_{\nabla\to 0}\frac{\sin\nabla}{\nabla}=1.$$

例 13 求 $\lim\limits_{x\to 0}\dfrac{\sin 3x}{x}$.

解　令 $u=3x$，则 $x=\dfrac{u}{3}$，当 $x\to 0$ 时，$u\to 0$，有

$$\lim_{x\to 0}\frac{\sin 3x}{x}=\lim_{u\to 0}\frac{\sin u}{\dfrac{u}{3}}=3\lim_{u\to 0}\frac{\sin u}{u}=3.$$

例 14　求 $\lim\limits_{x\to \pi}\dfrac{\sin x}{\pi-x}$.

解　虽然这是"$\dfrac{0}{0}$"型的，但不是 $x\to 0$，因此不能直接运用这个重要极限. 令 $t=\pi-x$，则 $x=\pi-t$，而 $x\to\pi\Leftrightarrow t\to 0$，因此，

$$\lim_{x\to \pi}\frac{\sin x}{\pi-x}=\lim_{t\to 0}\frac{\sin(\pi-t)}{t}=\lim_{t\to 0}\frac{\sin t}{t}=1.$$

例 15　求 $\lim\limits_{x\to 0}\dfrac{\tan x}{x}$.

解　$\lim\limits_{x\to 0}\dfrac{\tan x}{x}=\lim\limits_{x\to 0}\dfrac{\sin x}{x}\cdot\dfrac{1}{\cos x}=\lim\limits_{x\to 0}\dfrac{\sin x}{x}\cdot\lim\limits_{x\to 0}\dfrac{1}{\cos x}=1.$

例 16　$\lim\limits_{x\to 0}\dfrac{1-\cos x}{x^2}$.

解　$\lim\limits_{x\to 0}\dfrac{1-\cos x}{x^2}=\lim\limits_{x\to 0}\dfrac{(1-\cos x)(1+\cos x)}{x^2(1+\cos x)}=\lim\limits_{x\to 0}\dfrac{\sin^2 x}{x^2(1+\cos x)}$

$$=\lim_{x\to 0}\left(\frac{\sin x}{x}\right)^2\cdot\frac{1}{1+\cos x}=\frac{1}{2}.$$

2. 第二重要极限：$\lim\limits_{x\to\infty}\left(1+\dfrac{1}{x}\right)^x=\mathrm{e}$

下面给出当 $|x|$ 逐渐增大时函数 $f(x)=\left(1+\dfrac{1}{x}\right)^x$ 的值，见表 1-3，并作出函数图形，如图 1-27 所示. 可以看出，$\lim\limits_{x\to\infty}\left(1+\dfrac{1}{x}\right)^x$ 存在，其值是一个无理数，记为 $\mathrm{e}=2.718\ 281\ 828\ 45\cdots$，这个值就是自然对数的底数，即

$$\lim_{x\to\infty}\left(1+\frac{1}{x}\right)^x=\mathrm{e}.$$

表 1-3

x	$-10\ 000$	$-1\ 000$	-100	-10	1	10	100	1 000	10 000
$\left(1+\dfrac{1}{x}\right)^x$	2.718	2.720	2.732	2.88	2	2.59	2.705	2.717	2.718

此极限还有另一种形式：$\lim\limits_{x\to 0}(1+x)^{\frac{1}{x}}=\mathrm{e}.$

例 17　求 $\lim\limits_{x\to\infty}\left(1+\dfrac{2}{x}\right)^x$.

解　$\lim\limits_{x\to\infty}\left(1+\dfrac{2}{x}\right)^x=\lim\limits_{x\to\infty}\left[\left(1+\dfrac{2}{x}\right)^{\frac{x}{2}}\right]^2=\mathrm{e}^2.$

例 18　求 $\lim\limits_{x\to\infty}\left(\dfrac{x-1}{x+1}\right)^x$.

图 1-27

解
$$\lim_{x\to\infty}\left(\frac{x-1}{x+1}\right)^x = \lim_{x\to\infty}\left(\frac{x+1-2}{x+1}\right)^x = \lim_{x\to\infty}\left(1+\frac{-2}{x+1}\right)^x$$
$$= \lim_{x\to\infty}\left(1+\frac{-2}{x+1}\right)^{\frac{x+1}{-2}(-2)-1}$$
$$= \lim_{x\to\infty}\left(1+\frac{-2}{x+1}\right)^{\frac{x+1}{-2}(-2)} \cdot \lim_{x\to\infty}\left(1+\frac{-2}{x+1}\right)^{-1}$$
$$= e^{-2}.$$

例 19 求 $\lim_{x\to 0}(1+2x)^{\frac{1}{4x}}$.

解 $\lim_{x\to 0}(1+2x)^{\frac{1}{4x}} = \lim_{x\to 0}(1+2x)^{\frac{1}{2x}\cdot\frac{1}{2}} = \sqrt{e}.$

数 e 是一个十分重要的常数,无论在生命科学中,还是在金融界都有许多应用,数学中研究的指数函数 e^x 和对数函数 $\ln x$ 都是以 e 为底的. 后面将看到,以 e 为底的指数函数和对数函数具有良好的性质.

1.2.5 无穷大与无穷小

1. 无穷小量

在实际问题中,经常遇到极限为零的变量. 例如,单摆离开垂直位置摆动时,由于受到空气阻力和机械摩擦力的作用,它的振幅随着时间的增加而逐渐减少并逐渐趋于零;又如,电容器放电时,其电压随着时间的增加而逐渐减少并趋于零. 对于这类变量有如下定义.

定义 4 若 $\lim_{x\to x_0}f(x)=0$,则称 $f(x)$ 当 $x\to x_0$ 时是无穷小量,简称为无穷小.

注意 (1) 同一个函数,在不同的趋向下,可能是无穷小量,也可能不是无穷小量.

例如,对于 $f(x)=x-1$,在 $x\to 1$ 时 $f(x)$ 的极限为 0,所以在 $x\to 1$ 时 $f(x)$ 是一个无穷小量;当 $x\to 0$ 时 $f(x)$ 的极限为 -1,因而当 $x\to 0$ 时 $f(x)$ 不是一个无穷小量. 所以称一个函数为无穷小量,一定要明确指出其自变量的趋向.

(2) 无穷小不是"很小很小"的常量,常量中只有"0"是无穷小.

(3) 此定义中可以将自变量的趋向换成其他任何一种情形($x\to x_0^-$, $x\to x_0^+$, $x\to x_0$, $x\to\infty$, $x\to-\infty$ 或 $x\to+\infty$),结论同样成立,以后不再说明.

例 20 指出自变量 x 在怎样的趋向下,下列函数为无穷小量.

(1) $y=\dfrac{1}{x+1}$;　　　　(2) $y=x^2-1$.

解 (1) 因为 $\lim_{x\to\infty}\dfrac{1}{x+1}=0$,所以当 $x\to\infty$ 时,函数 $y=\dfrac{1}{x+1}$ 是一个无穷小量;

(2) 因为 $\lim_{x\to 1}(x^2-1)=0$ 与 $\lim_{x\to-1}(x^2-1)=0$,所以当 $x\to 1$ 或 $x\to-1$ 时函数 $y=x^2-1$ 都是无穷小量.

由无穷小的定义,容易理解下述无穷小的性质.

性质 1 有限个无穷小的代数和是无穷小.

性质 2 有限个无穷小的乘积是无穷小.

性质 3 有界函数与无穷小的乘积为无穷小.

性质 4　常数与无穷小的乘积为无穷小.

例 21　计算 $\lim\limits_{x\to\infty}\dfrac{\sin x}{x}$.

解　由于 $\lim\limits_{x\to\infty}\dfrac{1}{x}=0$,即 $\dfrac{1}{x}$ 当 $x\to\infty$ 时是无穷小量;又因为 $|\sin x|\leqslant 1$,所以 $\sin x$ 为有界函数,由性质 3 得 $\lim\limits_{x\to\infty}\dfrac{\sin x}{x}=0$.

注意　本题形式上与第一重要极限相像,故容易得出错误答案 1,需注意第一重要极限是 $x\to 0$ 时的极限.

2. 无穷大量

与无穷小量相对应的是无穷大量.

定义 5　如果当 $x\to x_0$ 时,函数 $f(x)$ 的绝对值无限增大,则称 $f(x)$ 为当 $x\to x_0$ 时的无穷大量,简称无穷大,记为 $\lim\limits_{x\to x_0}f(x)=\infty$.

注意　(1) 说一个函数是无穷大时,必须要指明自变量变化的趋向.

例如,对函数 $f(x)=\dfrac{1}{x}$,当 $x\to 0$ 时,它为无穷大量;当 $x\to 1$ 时,$\lim\limits_{x\to 1}\dfrac{1}{x}=1$,因此它不是无穷大量.

(2) 任何一个无论多大的常数,都不是无穷大.

根据定义,可以得到无穷小与无穷大的关系:在同一变化过程中,

(1) 若 $\lim\limits_{x\to x_0}f(x)=0$,且 $f(x)\neq 0$,则 $\lim\limits_{x\to x_0}\dfrac{1}{f(x)}=\infty$;

(2) 若 $\lim\limits_{x\to x_0}f(x)=\infty$,则 $\lim\limits_{x\to x_0}\dfrac{1}{f(x)}=0$.

可见,同一变化过程中的无穷小与无穷大是互为倒数的关系.本章 1.2.3 节例 8 即可用这种关系求解,因为 $\lim\limits_{x\to 2}\dfrac{x-2}{x^2-2x+1}=\dfrac{0}{1}=0$,则 $\lim\limits_{x\to 2}\dfrac{x^2-2x+1}{x-2}=\infty$.

例 22　指出自变量 x 在怎样的趋向下,下列函数为无穷大量.

(1) $y=\dfrac{1}{x-2}$;　　　　　　(2) $y=\log_a x\,(a>0,a\neq 1)$.

解　(1) 因为 $\lim\limits_{x\to 2}(x-2)=0$,根据无穷小量与无穷大量之间的关系,有 $\lim\limits_{x\to 2}\dfrac{1}{x-2}=\infty$;

(2) 若 $0<a<1$,因为当 $x\to 0^+$ 时,$\log_a x\to +\infty$,当 $x\to +\infty$ 时,$\log_a x\to -\infty$,所以当 $x\to 0^+$ 时, 函数 $\log_a x$ 为正无穷大量,当 $x\to +\infty$ 时, 函数 $\log_a x$ 为负无穷大量.若 $a>1$,因为当 $x\to 0^+$ 时,$\log_a x\to -\infty$,当 $x\to +\infty$ 时,$\log_a x\to +\infty$,所以当 $x\to 0^+$ 时,函数 $\log_a x$ 为负无穷大量,当 $x\to +\infty$ 时,函数 $\log_a x$ 为正无穷大量.

1.2.6　无穷小的比较

无穷小虽然都是以零为极限的量,但不同的无穷小趋近于零的"速度"却不一定相同,有时可能差别很大.例如,当 $x\to 0$ 时,x、$2x$、x^2 都是无穷小,但它们趋向于零的速度不一样,见表 1-4.

表 1-4

x	1	0.5	0.1	0.01	0.001	⋯
$2x$	2	1	0.2	0.02	0.002	⋯
x^2	1	0.25	0.01	0.000 1	0.000 001	⋯

从表 1-4 中可以看出，x^2 比 x、$2x$ 趋于零的速度都快得多，x 和 $2x$ 趋于零的速度大致相仿.

定理 2 设 α 和 β 都是同一变化过程中的无穷小：

(1) 如果 $\lim\dfrac{\beta}{\alpha}=0$，则称 β 是比 α 高阶的无穷小；

(2) 如果 $\lim\dfrac{\beta}{\alpha}=\infty$，则称 β 是比 α 低阶的无穷小；

(3) 如果 $\lim\dfrac{\beta}{\alpha}=c$（$c$ 为非零常数），则称 α 与 β 为同阶无穷小，特别当 $c=1$ 时，则称 α 与 β 为等价无穷小，记为 $\alpha\sim\beta$.

由于 $\lim\limits_{x\to0}\dfrac{x^2}{2x}=0$，$\lim\limits_{x\to0}\dfrac{x}{x^2}=\infty$，$\lim\limits_{x\to0}\dfrac{x}{2x}=\dfrac{1}{2}$，因此，当 $x\to0$ 时，x^2 是比 $2x$ 高阶的无穷小，x 是比 x^2 低阶的无穷小，x 和 $2x$ 是同阶的无穷小.

例 23 试证：当 $x\to0$ 时，$(\sqrt{1+x}-\sqrt{1-x})\sim x$.

解 由于 $\lim\limits_{x\to0}\dfrac{\sqrt{1+x}-\sqrt{1-x}}{x}=\lim\limits_{x\to0}\dfrac{2x}{x(\sqrt{1+x}+\sqrt{1-x})}=1$，所以当 $x\to0$ 时，$(\sqrt{1+x}-\sqrt{1-x})\sim x$.

例 24 当 $x\to0$ 时，试比较 $1-\cos x$ 与 x^2.

解 由于 $\lim\limits_{x\to0}\dfrac{1-\cos x}{x^2}=\lim\limits_{x\to0}\dfrac{2\sin^2\frac{x}{2}}{x^2\left(\frac{x}{2}\right)^2}\cdot\left(\dfrac{x}{2}\right)^2=\lim\limits_{x\to0}\dfrac{\sin^2\frac{x}{2}}{\left(\frac{x}{2}\right)^2}\cdot\dfrac{1}{2}=\dfrac{1}{2}$，所以当 $x\to0$ 时，

$1-\cos x$ 是与 x^2 同阶的无穷小.

 习题 1. 2

1. 已知数列的通项，试写出数列，并观察判定数列是否收敛：

(1) $y_n=\dfrac{n}{2n+1}$；　　　　　　　　(2) $y_n=\dfrac{1}{3^n}$；

(3) $y_n=(-1)^{n+1}\cdot\dfrac{1}{n}$；　　　　　(4) $y_n=(-1)^n\cdot3$.

2. 画出函数 $f(x)=\operatorname{arccot} x$ 的图形，并直观判定极限 $\lim\limits_{x\to-\infty}f(x)$，$\lim\limits_{x\to+\infty}f(x)$，$\lim\limits_{x\to\infty}f(x)$ 是否存在.

3. 求下列极限：

(1) $\lim\limits_{x \to 2}(2x^2 - 3x + 4)$；

(2) $\lim\limits_{x \to 2}\dfrac{x^2+1}{x-3}$；

(3) $\lim\limits_{x \to -1}\dfrac{x^2+1}{x+1}$；

(4) $\lim\limits_{x \to 1}\dfrac{x^2-1}{x^3-1}$；

(5) $\lim\limits_{x \to 4}\dfrac{x^2-6x+8}{x^2-5x+4}$；

(6) $\lim\limits_{x \to 4}\dfrac{\sqrt{x}-2}{x-4}$；

(7) $\lim\limits_{x \to \infty}\dfrac{3x^2+1}{2x^2+x-1}$；

(8) $\lim\limits_{n \to \infty}\dfrac{5n+6}{2n^2-3n-1}$；

(9) $\lim\limits_{x \to \infty}\dfrac{(2x-3)^{20}(3x-4)^{40}}{(3x+2)^{60}}$；

(10) $\lim\limits_{x \to \infty}\dfrac{1+x^3}{1+2x}$；

(11) $\lim\limits_{x \to \infty}\dfrac{\sin x}{x}=0$；

(12) $\lim\limits_{x \to 0}(3x^2+x)\sin\dfrac{1}{x}$.

4. 求下列极限：

(1) $\lim\limits_{x \to 0}\dfrac{\sin 4x+\tan x}{x}$；

(2) $\lim\limits_{x \to 0}\dfrac{\sin ax}{\sin bx}$；

(3) $\lim\limits_{x \to 0}\dfrac{3x-\tan x}{2x+\sin x}$；

(4) $\lim\limits_{x \to 0}\dfrac{\sin(\sin x)}{x}$；

(5) $\lim\limits_{x \to 1}\dfrac{\sin(x^2-1)}{x-1}$；

(6) $\lim\limits_{x \to 0}\dfrac{\sin x}{\sqrt{1+x}-1}$；

(7) $\lim\limits_{n \to \infty}\left(1+\dfrac{2}{n}\right)^{n+2}$；

(8) $\lim\limits_{x \to \infty}\left(1-\dfrac{1}{x}\right)^x$；

(9) $\lim\limits_{x \to \infty}\left(\dfrac{x}{1+x}\right)^x$；

(10) $\lim\limits_{x \to 0}\left(\dfrac{2-x}{2}\right)^{\frac{2}{x}-1}$；

(11) $\lim\limits_{x \to \infty}\left(\dfrac{3x+1}{3x-2}\right)^x$；

(12) $\lim\limits_{x \to 1}(1+\ln x)^{\frac{2}{\ln x}}$.

5. 当 x 趋于何值时，下列变量是无穷小？

(1) $\dfrac{x^2-3x+2}{x-1}$；

(2) $\sin x+\arcsin x$；

(3) e^{x+2}；

(4) $(x-3)\ln(x-1)$.

6. 当 x 趋于何值时，下列变量是无穷大？

(1) $\ln(2-x)$；

(2) $\dfrac{1}{\dfrac{\pi}{2}+\arctan x}$.

7. 当 $x \to 0$ 时，试将下列无穷小与 x 进行比较：

(1) $\sqrt[3]{x}+x$；

(2) $x^2+\sin 2x$；

(3) $1-\cos x$；

(4) $\sin(\tan x)$.

1.3 函数的连续性

【教学要求】 本节要求理解函数连续性的概念，掌握判断函数在某一点连续或间断的方法；掌握初等函数的连续性，理解闭区间上连续函数的性质.

1.3.1 函数连续性的概念

1. 函数在一点处的连续性

观察图 1-28 中的四个函数曲线,可以看到,这四条函数曲线在 $x=c$ 处都断开了.分别考察这些函数在 $x \to c$ 时的极限,不难发现,这些函数曲线断开的原因有:

(1) 函数在 $x=c$ 点无定义,如图 1-28(a)和(c)所示;

(2) 函数在 $x \to c$ 时极限不存在,如图 1-28(b)和(c)所示;

(3) $\lim\limits_{x \to c} f(x) \neq f(c)$,如图 1-28(d)所示.

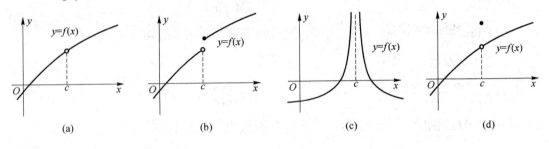

图 1-28

可见,要使函数的曲线在 $x=c$ 点不断开,应保证上述三种情况均不出现.

定义 1 若函数 $f(x)$ 满足:

(1) 在 $x=x_0$ 点有定义;

(2) $\lim\limits_{x \to x_0} f(x)$ 存在;

(3) $\lim\limits_{x \to x_0} f(x) = f(x_0)$,

则称函数 $f(x)$ 在 $x=x_0$ 点连续,否则称函数 $f(x)$ 在 $x=x_0$ 点间断.

例 1 试判断函数 $f(x) = \begin{cases} x+2, & x \geqslant 0 \\ \dfrac{\sin x}{x}, & x<0 \end{cases}$ 在 $x=0$ 点的连续性.

解 因为 $\lim\limits_{x \to 0^+} f(x) = \lim\limits_{x \to 0^+}(x+2) = 2$,$\lim\limits_{x \to 0^-} f(x) = \lim\limits_{x \to 0^-}\dfrac{\sin x}{x} = 1$,所以 $\lim\limits_{x \to 0^+} f(x) \neq \lim\limits_{x \to 0^-} f(x)$,即函数 $f(x)$ 在点 $x=0$ 处极限不存在,则函数在点 $x=0$ 处不连续.

2. 函数在区间上的连续性

若函数 $f(x)$ 在开区间 (a,b) 内的任意一点连续,则称函数 $f(x)$ 在开区间 (a,b) 内连续.

若函数 $f(x)$ 在 $x=x_0$ 点有定义且 $\lim\limits_{x \to x_0^+} f(x) = f(x_0)$,则称 $f(x)$ 在 $x=x_0$ 点右连续;若函数 $f(x)$ 在 $x=x_0$ 点有定义且 $\lim\limits_{x \to x_0^-} f(x) = f(x_0)$,则称 $f(x)$ 在 $x=x_0$ 点左连续.

若函数 $f(x)$ 在闭区间 $[a,b]$ 上有定义,在开区间 (a,b) 内连续,且在区间左端点 $x=a$ 处右连续,在区间右端点 $x=b$ 处左连续,则称函数 $f(x)$ 在闭区间 $[a,b]$ 上连续.

例如,函数 $y=\dfrac{1}{x}$ 在开区间 $(0,1)$ 内连续,$y=x^2$ 在 $[0,1]$ 上连续.

1.3.2　函数的间断点

若函数 $y=f(x)$ 在 $x=x_0$ 点处不连续,即(1) 在 $x=x_0$ 点无定义;(2) $\lim\limits_{x\to x_0}f(x)$ 不存在;

(3) $\lim\limits_{x\to x_0}f(x)\neq f(x_0)$ 有一条成立,则 $x=x_0$ 为函数 $y=f(x)$ 的间断点.

例 2　求下列函数的间断点:

(1) $f(x)=\dfrac{\sin x}{x}$;

(2) $\mathrm{sgn}(x)=\begin{cases}1, & x>0 \\ 0, & x=0 \\ -1, & x<0\end{cases}$.

解　(1) 因为函数 $f(x)=\dfrac{\sin x}{x}$ 在 $x=0$ 处无定义,所以 $x=0$ 是函数 $f(x)=\dfrac{\sin x}{x}$ 的间断点.如图 1-29 所示.

(2) $\mathrm{sgn}(x)$ 虽然在 $x=0$ 处有定义,但 $\lim\limits_{x\to 0^+}\mathrm{sgn}(x)=1$,$\lim\limits_{x\to 0^-}\mathrm{sgn}(x)=-1$,即 $\lim\limits_{x\to 0}\mathrm{sgn}(x)$ 不存在,所以这里的 $x=0$ 为间断点.如图 1-30 所示.

图 1-29　　　　　　　　　　图 1-30

1.3.3　初等函数的连续性

根据极限运算法则,有如下定理.

定理 1　(1) 若函数 $f(x)$ 和 $g(x)$ 在 $x=x_0$ 点均连续,则函数 $f(x)+g(x)$、$f(x)-g(x)$ 和 $f(x)g(x)$ 在 $x=x_0$ 点也连续;若 $g(x_0)\neq 0$,则函数 $\dfrac{f(x)}{g(x)}$ 在 $x=x_0$ 点也连续.

(2) 若函数 $g(x)$ 在 $x=x_0$ 处连续,函数 $f(u)$ 在 $u=g(x_0)$ 处连续,则复合函数 $f(g(x))$ 在 $x=x_0$ 处连续,并可得到如下结论:

$$\lim\limits_{x\to x_0}f[g(x)]=f[g(x_0)]=f\left[\lim\limits_{x\to x_0}g(x)\right].$$

这表示对连续函数极限符号与函数符号可以交换次序.

例 3　求极限 $\lim\limits_{x\to 0}(1+\tan x)^{\frac{1}{x}+3}$.

解　
$$\lim\limits_{x\to 0}(1+\tan x)^{\frac{1}{x}+3}=\lim\limits_{x\to 0}(1+\tan x)^{\frac{1}{\tan x}\cdot\frac{\tan x}{x}}\cdot\lim\limits_{x\to 0}(1+\tan x)^3$$
$$=\left[\lim\limits_{x\to 0}(1+\tan x)^{\frac{1}{\tan x}}\right]^{\lim\limits_{x\to 0}\frac{\tan x}{x}}=\mathrm{e}.$$

例 4　求极限 $\lim\limits_{x\to 0}\dfrac{\ln(1+x)}{x}$.

解
$$\lim_{x \to 0} \frac{\ln(1+x)}{x} = \lim_{x \to 0} \ln(1+x)^{\frac{1}{x}} = \ln \lim_{x \to 0} (1+x)^{\frac{1}{x}} = \ln e = 1.$$

由基本初等函数的图形可知,一切基本初等函数在其定义域内连续.定理 1 表明连续函数经四则运算和复合后仍为连续函数,因此根据初等函数的定义可知:**一切初等函数在其定义区间内是连续的.**这里所谓的定义区间是指包含在定义域内的区间.

函数的连续性提供了一种求极限的方法:如果已知函数连续,则可运用函数在某连续点的函数值计算自变量趋近该点的极限值.

例 5 计算 $\lim\limits_{x \to \frac{\pi}{2}} \dfrac{\ln(1+\cos x)}{\sin x}$.

解 因为 $f(x) = \dfrac{\ln(1+\cos x)}{\sin x}$ 是初等函数,$x = \dfrac{\pi}{2}$ 属于其定义区间,所以

$$\lim_{x \to \frac{\pi}{2}} \frac{\ln(1+\cos x)}{\sin x} = \frac{\ln\left(1+\cos\dfrac{\pi}{2}\right)}{\sin\dfrac{\pi}{2}} = 0.$$

1.3.4 闭区间上连续函数的性质

下面介绍闭区间上连续函数的两个重要性质.由于证明时用到实数理论,因此仅从几何直观上加以说明.

图 1-31

定理 2(最值定理) 若函数 $f(x)$ 在闭区间 $[a,b]$ 上连续,则它在这个闭区间上一定有最大值与最小值.

例如,在图 1-31 中,$f(x)$ 在闭区间 $[a,b]$ 上连续,在点 x_1 处取得最小值 m,在点 x_2 处取得最大值 M.

定理 3(介值定理) 若函数 $f(x)$ 在闭区间 $[a,b]$ 上连续,x_1 与 x_2 是 $[a,b]$ 上的点,函数在点 x_1 与 x_2 上满足 $f(x_1) \neq f(x_2)$,则对于 $f(x_1)$ 与 $f(x_2)$ 之间的任意数 C,在区间 $[a,b]$ 内至少存在一点 x_0,使得 $f(x_0) = C$.

例如,在图 1-32 中函数 $f(x)$ 在 $[a,b]$ 上连续,过 y 轴上 $f(a)$ 与 $f(b)$ 之间的任何一点 (O,C),画一条与 x 轴平行的直线 $y = C$,该直线与函数 $f(x)$ 的图形至少交于一点 (ξ,C),其中 $a < \xi < b$.

推论(零点定理) 若函数 $y = f(x)$ 在区间 $[a,b]$ 上连续,且 $f(a)f(b) < 0$,则其在 (a,b) 区间上至少存在一点 ξ,使 $f(\xi) = 0$.

如图 1-33 所示,满足定理条件的函数 $f(x)$ 的图形是一条连续的曲线,且曲线的两端点分别位于 x 轴的两侧,因此,它至少要和 x 轴相交一次,若记交点的横坐标为 ξ,则 $f(\xi) = 0$.

图 1-32

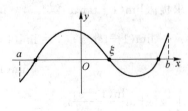

图 1-33

利用零点定理可以判断一元方程 $f(x)=0$ 在区间 $[a,b]$ 上是否有根.

例 6　证明方程 $x^3-5x+1=0$ 在区间 $(0,1)$ 内至少有一个实根.

解　设 $f(x)=x^3-5x+1$,显然 $f(x)$ 在闭区间 $[0,1]$ 上连续,又 $f(0)=1>0,f(1)=-3<0$,所以由零点定理可知,在区间 $(0,1)$ 内至少存在一点 ξ,使得 $f(\xi)=0$. 即

$$\xi^3-5\xi+1=0.$$

所以方程 $x^3-5x+1=0$ 在区间 $(0,1)$ 内至少有一个实根.

习题 1.3

1. 讨论下列函数在指定点处的连续性:

(1) $f(x)=\begin{cases}\dfrac{|x-1|}{x-1} & x\neq 1 \\ 1 & x=1\end{cases}$ 在 $x=1$ 处;

(2) $f(x)=\begin{cases}\mathrm{e}^{x-2} & x\geq 2 \\ \sqrt{3-x} & x<2\end{cases}$ 在 $x=2$ 处.

2. 确定常数 k 的值,使下列函数在指定点处连续:

(1) $f(x)=\begin{cases}\dfrac{\sin(x-1)}{x-1} & x\neq 1 \\ k & x=1\end{cases}$ 在 $x=1$ 处;

(2) $f(x)=\begin{cases}(1+x)^{\frac{2}{x}} & x<0 \\ k+x & x\geq 0\end{cases}$ 在 $x=0$ 处.

3. 确定下列函数的间断点:

(1) $f(x)=\sin x\cos\dfrac{1}{x}$;　　　(2) $f(x)=\begin{cases}-1 & x<0 \\ 0 & x=0. \\ 1 & x>0\end{cases}$

4. 确定下列函数的连续区间,并求极限:

(1) $f(x)=\ln(2+x)$,求 $\lim\limits_{x\to 0}f(x)$;

(2) $f(x)=\sqrt{1+\sin x}$,求 $\lim\limits_{x\to\frac{\pi}{2}}f(x)$.

5. 证明方程 $\mathrm{e}^x-2=x$ 在区间 $(0,2)$ 内至少有一个根.

综合练习题一

1. 填空题

(1) 已知 $f(x)=x^2-3x+7$,则 $f(x+\Delta x)-f(x)=$ _____.

(2) $f(x)=\sqrt{x^2-1}$ 的复合过程是 _____.

(3) 设 $f(x)=\ln x$,$g(x)=\sin x$,则 $f[g(x)]=$ _____;

$g[f(x)]=$ _____.

(4) 当 x _____ 时，$f(x) = \dfrac{1}{x-1}$ 是无穷大.

(5) $f(x) = \dfrac{1}{\ln(x-1)}$ 的连续区间为 _____.

(6) $f(x) = \sin\dfrac{1}{x}$ 的间断点为 _____.

2. 单选题

(1) 下列各对函数中表示同一函数的是（　　）.

A. $f(x) = x, g(x) = \dfrac{x^2}{x}$ B. $f(x) = 1, g(x) = \sin^2 x + \cos^2 x$

C. $f(x) = 1, g(x) = \dfrac{x}{x}$ D. $f(x) = \sqrt{\dfrac{x-1}{x+1}}, g(x) = \dfrac{\sqrt{x-1}}{\sqrt{x+1}}$

(2) $f(x) = \dfrac{\ln(x+1)}{\sqrt{x-1}}$ 的定义域为（　　）.

A. $\{x \mid x > -1\}$ B. $\{x \mid x > 1\}$ C. $\{x \mid x \geqslant -1\}$ D. $\{x \mid x \geqslant 1\}$

(3) $\lim\limits_{x \to \infty} x \sin\dfrac{\pi}{x} = （　　）$.

A. 0   B. 1   C. π D. 不存在

(4) $f(x) = \begin{cases} 0 & x \leqslant 0 \\ \dfrac{1}{x} & x > 0 \end{cases}$ 在点 $x = 0$ 处不连续是因为（　　）.

A. $\lim\limits_{x \to 0^+} f(x) \neq f(0)$ B. $\lim\limits_{x \to 0^-} f(x) \neq f(0)$

C. $\lim\limits_{x \to 0^+} f(x)$ 不存在   D. $\lim\limits_{x \to 0^-} f(x)$ 不存在

(5) 下列函数中极限存在的是（　　）.

A. $1, 2, 3, \cdots, n, \cdots$ B. $2, \dfrac{5}{2}, \dfrac{10}{3}, \cdots, \dfrac{n^2+1}{n}, \cdots$

C. $1, -1, 1, \cdots, (-1)^{n+1}, \cdots$ D. $2, \dfrac{3}{2}, \dfrac{4}{3}, \cdots, \dfrac{n+1}{n}, \cdots$

(6) $f(x) = \cos\dfrac{1}{x}$ 为无穷小的条件是（　　）.

A. $x \to \infty$ B. $x \to 0$ C. $x \to \dfrac{\pi}{2}$ D. $x \to \dfrac{2}{\pi}$

(7) 下列各式中极限为 1 的是（　　）.

A. $\lim\limits_{x \to \infty} \dfrac{\sin x}{x}$ B. $\lim\limits_{x \to 0} \dfrac{\sin x}{x}$ C. $\lim\limits_{x \to \infty} \dfrac{\sin\dfrac{1}{x}}{x}$ D. $\lim\limits_{x \to 0} x \sin\dfrac{1}{x}$

(8) 下列函数中（　　）为偶函数.

A. $f(x) = \dfrac{a^x + a^{-x}}{2}$ B. $f(x) = \dfrac{a^x - a^{-x}}{2}$

C. $f(x) = \dfrac{x(1+x)}{1-x}$ D. $f(x) = \dfrac{|x|}{2} \sin x$

3. 计算题

(1) $\lim\limits_{x \to 2} \dfrac{x^2+x+1}{x+2}$；

(2) $\lim\limits_{x \to -2} \dfrac{x^2+x+2}{x^2+5x+6}$；

(3) $\lim\limits_{\Delta x \to 0} \dfrac{\sqrt{x+\Delta x}-\sqrt{x}}{\Delta x}$；

(4) $\lim\limits_{x \to \infty} \dfrac{2x^3-6x+5}{3x-4x^3}$；

(5) $\lim\limits_{x \to 0} \dfrac{\sin 5x}{\sin 3x}$；

(6) $\lim\limits_{x \to 0} \dfrac{\ln(1+x)}{x}$；

(7) $\lim\limits_{x \to \infty} \left(1-\dfrac{3}{x}\right)^{2x}$；

(8) $\lim\limits_{x \to 1} \left(\dfrac{1}{1-x}-\dfrac{1}{1-x^3}\right)$；

(9) $\lim\limits_{x \to 0} x\sqrt{\sin \dfrac{1}{x^2}}$；

(10) $\lim\limits_{x \to 0} \dfrac{\tan x}{1-\sqrt{\tan x+1}}$.

4. 解答题

(1) 确定常数 a 的值，使函数 $f(x)=\begin{cases} \mathrm{e}^x(\sin x+2\cos^2 x-1) & x \leqslant 0 \\ 2x+a & x > 0 \end{cases}$ 在 $(-\infty,+\infty)$ 内连续.

(2) 证明：方程 $5x-4^x=-0.8$ 在 $(0,0.5)$ 内至少有一个实根.

(3) 一块边长为 a 的正方形金属薄片，从四角各截去一个小方块，然后折成一个无盖的盒子. 求它的表面积与截去小方块的边长之间的函数关系式.

第2章 导数、微分及应用

【导学】 研究导数理论,求函数的导数与微分的方法及其应用的科学称为微分学.其中,导数是反映函数相对于自变量变化快慢程度的概念,即一种变化率;微分反映当自变量有微小变化时,函数大约有多少变化.本章主要讨论导数与微分的概念,微分法及其应用.

2.1 导数的概念

【教学要求】 本节要求理解导数的概念、性质和几何意义.

2.1.1 两个实例——认识导数

在实际问题中,经常需要讨论自变量 x 的增量 Δx 与相应的函数 $y=f(x)$ 的增量 Δy 之间的关系.例如,它们的比 $\dfrac{\Delta y}{\Delta x}$,以及当 $\Delta x \to 0$ 时 $\dfrac{\Delta y}{\Delta x}$ 的极限.下面先讨论变速直线运动的瞬时速度问题.这个问题在历史上与导数概念的形成有着十分密切的关系.

1. 变速直线运动的瞬时速度

17 世纪微积分创立之前,一个物理学问题一直困扰着人们,这就是已知物体移动的距离随时间 t 的变化规律 $s(t)$,如何由 $s(t)$ 求出物体在任一时刻的速度与加速度.

显然,这一问题不能像计算匀速运动那样用运动的时间去除移动的距离来计算.

为了求解上述问题,先看一个特例:考虑自由落体运动在任一时刻的速度.实验结果表明: $s=\dfrac{1}{2}gt^2$,其中,$g=9.8 \text{ m/s}^2$. 如何求任一时刻物体下落的速度 v?

由平均速度的概念,在 $[t, t+h]$ 时间段内的平均速度为

$$\bar{v}=\frac{s(t+h)-s(t)}{h},$$

又

$$s(t+h)-s(t)=\frac{1}{2}g(t+h)^2-\frac{1}{2}gt^2=gth+\frac{1}{2}gh^2,$$

所以

$$\bar{v}=gt+\frac{1}{2}gh,$$

但 $\bar{v}$ 毕竟不是所要求的在 t 时刻的速度,它与所取的时间间隔 h 有关.

怎样才能算是一个时刻的速度呢?下面取一个点来考查一下.例如 $t=1$,并将 h 分别

取成 0.1,0.01,0.001,0.000 1,…,则可以算出:

$$[1,1.1] \qquad \bar{v}=9.8+\frac{1}{2}\times 9.8\times 0.1=10.29;$$

$$[1,1.01] \qquad \bar{v}=9.8+\frac{1}{2}\times 9.8\times 0.01=9.849;$$

$$[1,1.001] \qquad \bar{v}=9.8+\frac{1}{2}\times 9.8\times 0.001=9.804\ 9;$$

$$[1,1.000\ 1] \qquad \bar{v}=9.8+\frac{1}{2}\times 9.8\times 0.000\ 1=9.800\ 49.$$

可以看出,各时间段内的平均速度趋于一个常数. 也就是说,当时间段间隔非常小时,在此时间段内的各时间点上的速度可近似看成是无差别的,因此这个时间段内的平均速度近似等于此区间内各点的速度,且当区间长度越来越小时,这种近似的误差将越来越小,这就是说:

$$v|_{t=1}=\lim_{h\to 0}\frac{s(1+h)-s(1)}{h}.$$

从上述过程可以发现,上面的讨论对任一时刻都正确. 即

$$v|_{t=t_0}=\lim_{h\to 0}\frac{s(t_0+h)-s(t_0)}{h}.$$

物体在一点处的速度称为该物体在此点处的瞬时速度,从而此问题中的瞬时速度为

$$v(t_0)=\lim_{h\to 0}\frac{s(t_0+h)-s(t_0)}{h}=\lim_{h\to 0}\left(gt_0+\frac{1}{2}gh\right)=gt_0.$$

因此最初提出的问题,事实上就是要求一个函数随其自变量变化的瞬时变化率.

2. 平面曲线的切线斜率

在中学里已经学了圆的切线的概念,它是以"与圆只有一个公共点的直线"来定义的. 但是对于某些曲线,再以"与曲线只有一个公共点的直线"作为切线的定义就不行了. 如图 2-1 所示,直线虽然与曲线只有一个交点,但是从直观上就认为该直线不是曲线的切线. 下面来讨论一般曲线的切线及切线斜率的求法.

设曲线 C 是连续函数 $y=f(x)$ 的图形,如图 2-2 所示. 该曲线在点 $P(x_0,f(x_0))$ 处的切线可定义如下:过点 P 及曲线上另一点 $Q(x_0+\Delta x,f(x_0+\Delta x))$ 的割线 PQ,当点 Q 沿曲线无限趋近于点 P 时,割线 PQ 的极限位置上的直线 PT 定义为曲线在点 $P(x_0,f(x_0))$ 处的切线. 由此可得该切线的斜率为

$$\tan\alpha=\lim_{\Delta x\to 0}\frac{\Delta y}{\Delta x}=\lim_{\Delta x\to 0}\frac{f(x_0+\Delta x)-f(x_0)}{\Delta x}.$$

若这个极限不存在,也不是无穷大,则表示曲线在点 $P(x_0,f(x_0))$ 处没有切线. 若这个极限是无穷大,则表示曲线在该点有垂直于 x 轴的切线.

类似的问题还有很多. 这类问题都可归结为给定一个函数,求此函数相对于其自变量的瞬时变化率问题. 就实际问题而言,尽管暂时无法求出瞬时变化率,但可以求出任一时间段内的平均变化率. 如取时间段为 $[t,t+\Delta t]$(或 $[x,x+\Delta x]$),则上述两个问题的平均变化率分别为

$$\frac{s(t+\Delta t)-s(t)}{\Delta t} \quad 与 \quad \frac{f(x+\Delta x)-f(x)}{\Delta x},$$

这些式子所代表的是函数的差与自变量相应差的比值,数学上称为**差商**,这就是函数在时间段$[t,t+\Delta t]$(或$[x,x+\Delta x]$)内的平均变化率.平均变化率与所取的时间间隔Δt有关.由此可以看出,当$\Delta t\to 0$(或$\Delta x\to 0$)时,平均变化率的极限就是瞬时变化率.

图 2-1   图 2-2

2.1.2 导数的概念

在自然科学和工程技术领域中,甚至在经济领域和社会科学的研究中,还有许多有关变化率的概念都可以归结为上述形式.正是由于这些问题求解的需要,促使人们去研究这种极限,从而导致微分学的诞生.抛开这些量的具体的物理意义和几何意义等,抓住它们在数量关系上的共性,得出函数导数的概念.

定义 1 设函数$y=f(x)$在点x_0及其附近有定义,当自变量x在x_0处取得增量Δx时,相应的函数y的增量为$\Delta y=f(x_0+\Delta x)-f(x_0)$.若$\Delta y$与$\Delta x$之比当$\Delta x\to 0$时的极限存在,则称函数$y=f(x)$在点$x_0$处可导,称此极限值为函数$y=f(x)$在点$x_0$处的**导数**,记为$y'\big|_{x=x_0}$,$f'(x_0)$,$\dfrac{\mathrm{d}y}{\mathrm{d}x}\big|_{x=x_0}$或$\dfrac{\mathrm{d}f}{\mathrm{d}x}\big|_{x=x_0}$.即

$$y'\big|_{x=x_0}=\lim_{\Delta x\to 0}\frac{f(x_0+\Delta x)-f(x_0)}{\Delta x}.$$

注意 导数的定义式也可取其他不同形式,常见的有

$$f'(x_0)=\lim_{h\to 0}\frac{f(x_0+h)-f(x_0)}{h}$$

或

$$f'(x_0)=\lim_{x\to x_0}\frac{f(x)-f(x_0)}{x-x_0}.$$

由导数定义可得:变速直线运动的瞬时速度$v(t_0)=s'(t_0)$;平面曲线的切线斜率$k=f'(x_0)$.

若函数$f(x)$在区间上每一点都可导,将区间上的点与函数在此点的导数对应起来,则可得到定义在这个区间上的一个函数,称该函数为原来函数在此区间上的**导函数**,记为y',$f'(x)$,$\dfrac{\mathrm{d}y}{\mathrm{d}x}$或$\dfrac{\mathrm{d}f(x)}{\mathrm{d}x}$.

在不会引起混淆的情况下,导函数也往往简称为导数.

显然对于可导函数$f(x)$而言,有

$$f'(x_0)=f'(x)\big|_{x=x_0}.$$

根据导数定义,求函数$y=f(x)$的导数可分为以下三个步骤.

(1) 求函数的增量：$\Delta y = f(x + \Delta x) - f(x)$.

(2) 计算比值：$\dfrac{\Delta y}{\Delta x} = \dfrac{f(x + \Delta x) - f(x)}{\Delta x}$.

(3) 求极限：$f'(x) = \lim\limits_{\Delta x \to 0} \dfrac{\Delta y}{\Delta x} = \lim\limits_{\Delta x \to 0} \dfrac{f(x + \Delta x) - f(x)}{\Delta x}$.

下面根据这三个步骤来求较简单函数的导数.

例 1　求常值函数 $y = C$ 的导数.

解　(1) 求函数的增量：因为 $y = C$，不论 x 取什么值，y 的值总是 C，所以 $\Delta y = 0$.

(2) 计算比值：$\dfrac{\Delta y}{\Delta x} = 0$.

(3) 求极限：$\lim\limits_{\Delta x \to 0} \dfrac{\Delta y}{\Delta x} = \lim\limits_{\Delta x \to 0} 0 = 0$.

因此，$(C)' = 0$.

例 2　求函数 $y = x^2$ 的导数.

解　(1) 求函数的增量：$\Delta y = f(x + \Delta x) - f(x) = (x + \Delta x)^2 - x^2 = 2x\Delta x + (\Delta x)^2$.

(2) 计算比值：$\dfrac{\Delta y}{\Delta x} = \dfrac{2x\Delta x + (\Delta x)^2}{\Delta x} = 2x + \Delta x$.

(3) 求极限：$\lim\limits_{\Delta x \to 0} \dfrac{\Delta y}{\Delta x} = \lim\limits_{\Delta x \to 0} (2x + \Delta x) = 2x$.

因此，$(x^2)' = 2x$.

事实上，可以证明：

$$(x^\alpha)' = \alpha x^{\alpha - 1} \quad (\alpha \text{ 为任意实数}).$$

例如，当 $\alpha = \dfrac{1}{2}$ 时，$y = x^{\frac{1}{2}} = \sqrt{x}(x > 0)$ 的导数为

$$(x^{\frac{1}{2}})' = \frac{1}{2}x^{\frac{1}{2} - 1} = \frac{1}{2}x^{-\frac{1}{2}} = \frac{1}{2\sqrt{x}},$$

即

$$(\sqrt{x})' = \frac{1}{2\sqrt{x}}.$$

当 $\alpha = -1$ 时，$y = x^{-1} = \dfrac{1}{x}(x \neq 0)$ 的导数为

$$(x^{-1})' = (-1)x^{-1-1} = -x^{-2} = -\frac{1}{x^2},$$

即

$$\left(\frac{1}{x}\right)' = -\frac{1}{x^2}.$$

例 3　求函数 $y = \sin x$ 的导数.

解　因为

$$\frac{\Delta y}{\Delta x} = \frac{\sin(x + \Delta x) - \sin x}{\Delta x} = \frac{2\sin\dfrac{\Delta x}{2}\cos\left(\dfrac{2x + \Delta x}{2}\right)}{\Delta x},$$

所以

$$\lim_{\Delta x \to 0} \frac{\Delta y}{\Delta x} = \lim_{\Delta x \to 0} \frac{2\sin\dfrac{\Delta x}{2}\cos\left(\dfrac{2x+\Delta x}{2}\right)}{\Delta x}$$

$$= \lim_{\Delta x \to 0} \frac{\sin\dfrac{\Delta x}{2}}{\dfrac{\Delta x}{2}} \cdot \lim_{\Delta x \to 0}\cos\left(\frac{2x+\Delta x}{2}\right) = \cos x.$$

因此

$$(\sin x)' = \cos x.$$

用同样的方法可以求得余弦函数 $y = \cos x$ 的导数

$$(\cos x)' = -\sin x.$$

类似地，可以得到部分基本初等函数的求导公式：

(1) $(c)' = 0$；

(2) $(x^a)' = ax^{a-1}$；

(3) $(a^x)' = a^x \ln a$， $(e^x)' = e^x$；

(4) $(\log_a x)' = \dfrac{1}{x\ln a}$， $(\ln x)' = \dfrac{1}{x}$；

(5) $(\sin x)' = \cos x$；

(6) $(\cos x)' = -\sin x$。

2.1.3 可导数与连续

定理 1 如果函数 $y = f(x)$ 在点 x_0 处可导，则它在 x_0 处连续。

注意 函数在某点处连续是函数在该点处可导的必要条件，但不是充分条件。由定理 1 还知道，若函数在某点处不连续，则它在该点处一定不可导。

在微积分理论尚不完善的时候，人们普遍认为连续函数除个别点外都是可导的。1872 年得多数学家魏尔斯特拉构造出一个处处连续但处处不可导的例子，这与人们基于直观的普遍认识大相径庭，从而震惊了数学界和思想界。这就促使人们在微积分研究中从依赖于直观转向理性思维，大大促进了微积分逻辑基础的创建工作。

2.1.4 导数的几何意义

前面已经指出，曲线 $y = f(x)$ 在点 $P(x_0, y_0)$ 处切线的斜率为 $f'(x_0)$，因此导数 $f'(x_0)$ 的几何意义是曲线 $y = f(x)$ 在点 $P(x_0, y_0)$ 处切线的斜率。

由导数的几何意义，曲线 $y = f(x)$ 在点 $P(x_0, y_0)$ 处的切线方程为

$$y - y_0 = f'(x_0)(x - x_0).$$

例 4 求曲线 $y = \dfrac{1}{x}$ 在点 $\left(\dfrac{1}{2}, 2\right)$ 的切线方程。

解 由导数的几何意义可得，所求切线的斜率

$$k = y'\big|_{x=\frac{1}{2}} = -\frac{1}{x^2}\bigg|_{x=\frac{1}{2}} = -4,$$

所以切线方程为

$$y-2=-4\left(x-\frac{1}{2}\right),$$

即

$$4x+y-4=0.$$

 习题 2.1

1.将一个物体垂直上抛,设经过时间 t 秒后,物体上升的高度为 $s=10t-\frac{1}{2}gt^2$,求下列各值:

(1) 物体在 1 秒到 $1+\Delta t$ 秒这段时间内的平均速度;

(2) 物体在 1 秒时的瞬时速度;

(3) 物体在 t_0 秒到 $t_0+\Delta t$ 秒这段时间内的平均速度;

(4) 物体在 t_0 秒时的瞬时速度.

2. 一块凉的甘薯被放进热烤箱,其温度 $T(℃)$ 由函数 $T=f(t)$ 给出,其中 t(单位:min) 从甘薯放进烤箱开始计时.

(1) $f'(t)$ 的符号是什么? 为什么?

(2) $f'(20)$ 的单位是什么? $f'(20)=2$ 有什么实际意义?

3. 用导数定义求函数 $y=\cos x$ 在点 $x=0$ 处的导数.

4. 用导数定义求函数 $y=x^3$ 的导数.

5. 求下列曲线在点 $x=1$ 处的切线方程.

(1) $y=\frac{1}{x}$;　　　　　　　(2) $y=x^2$.

2.2　导数公式与运算法则

【教学要求】　本节要求掌握基本初等函数的导数的公式,及导数运算的加减乘除运算法则.

2.2.1　基本初等函数的导数公式

将基本初等函数的求导公式归纳如下:

(1) $(c)'=0$;

(2) $(x^\alpha)'=\alpha x^{\alpha-1}$;

(3) $(a^x)'=a^x\ln a$;

(4) $(e^x)'=e^x$;

(5) $(\log_a x)'=\dfrac{1}{x\ln a}$;

(6) $(\ln x)'=\dfrac{1}{x}$;

(7) $(\sin x)'=\cos x$;

(8) $(\cos x)'=-\sin x$;

(9) $(\tan x)'=\sec^2 x$;

(10) $(\cot x)'=-\csc^2 x$;

(11) $(\sec x)'=\sec x\cdot\tan x$;

(12) $(\csc x)'=-\csc x\cdot\cot x$;

(13) $(\arcsin x)'=\dfrac{1}{\sqrt{1-x^2}}$;

(14) $(\arccos x)'=-\dfrac{1}{\sqrt{1-x^2}}$;

(15) $(\arctan x)' = \dfrac{1}{1+x^2}$；　　　　　　(16) $(\text{arccot}\, x)' = -\dfrac{1}{1+x^2}$.

2.2.2 导数的运算法则

法则 1 设 $f(x)$、$g(x)$ 均可导,则

(1) $[f(x) \pm g(x)]' = f'(x) \pm g'(x)$,可以推广到任意有限个函数的情况;

(2) $[f(x)g(x)]' = f'(x)g(x) + f(x)g'(x)$,

特别地　　　　　　　　　 $(af(x))' = af'(x)$　　(a 为常数);

(3) $\left[\dfrac{f(x)}{g(x)}\right]' = \dfrac{f'(x) \cdot g(x) - f(x) \cdot g'(x)}{[g(x)]^2}$　　$(g(x) \neq 0)$,

特别地　　　　　　　　　 $\left[\dfrac{1}{f(x)}\right]' = -\dfrac{f'(x)}{[f(x)]^2}$.

例 1 求函数 $y = \sin x + x + \cos \dfrac{\pi}{3}$ 的导数.

解　$y' = \left(\sin x + x + \cos \dfrac{\pi}{3}\right)' = (\sin x)' + (x)' + \left(\cos \dfrac{\pi}{3}\right)' = \cos x + 1$.

例 2 求函数 $y = \dfrac{x^2 + x\sqrt{x} - 1}{\sqrt{x}}$ 的导数.

解　$y' = \left(\dfrac{x^2 + x\sqrt{x} - 1}{\sqrt{x}}\right)' = (x^{\frac{3}{2}} + x - x^{-\frac{1}{2}})' = (x^{\frac{3}{2}})' + (x)' - (x^{-\frac{1}{2}})'$

$\qquad = \dfrac{3}{2}x^{\frac{3}{2}-1} + 1 - \left(-\dfrac{1}{2}\right)x^{-\frac{1}{2}-1} = \dfrac{3x^2 + 2x\sqrt{x} + 1}{2x\sqrt{x}}$.

例 3 已知 $y = e^x \cos x + \dfrac{3}{x}$,求 y'.

解　$y' = \left(e^x \cos x + \dfrac{3}{x}\right)' = (e^x \cos x)' + \left(\dfrac{3}{x}\right)' = e^x(\cos x - \sin x) - \dfrac{3}{x^2}$.

例 4 已知 $y = x^2 \ln x$,求函数在 $x = 1$ 时的导数 $y'|_{x=1}$.

解　由于 $y' = 2x\ln x + x^2 \cdot \dfrac{1}{x} = 2x\ln x + x$,所以 $y'|_{x=1} = 2 \times 1 \times \ln 1 + 1 = 1$.

例 5 已知 $y = \dfrac{x^2 - x}{\sin x}$,求 y'.

解　$y' = \dfrac{(x^2 - x)'\sin x - (x^2 - x) \cdot (\sin x)'}{(\sin x)^2} = \dfrac{(2x-1)\sin x - (x^2 - x) \cdot \cos x}{\sin^2 x}$.

例 6 求正切函数 $y = \tan x$ 的导数.

解　由于 $\tan x = \dfrac{\sin x}{\cos x}$,因此由商的求导法则得

$$\left(\dfrac{\sin x}{\cos x}\right)' = \dfrac{(\sin x)'\cos x - (\cos x)'\sin x}{(\cos x)^2} = \dfrac{\sin^2 x + \cos^2 x}{\cos^2 x} = \sec^2 x,$$

即

$$(\tan x)' = \sec^2 x.$$

同理可得

$$(\cot x)' = -\csc^2 x,$$
$$(\sec x)' = \sec x \cdot \tan x,$$
$$(\csc x)' = -\csc x \cdot \cot x.$$

 习题 2.2

1. 求下列函数的导数(其中 a, b 为常数):

(1) $y = 5x^4 - 3x^2 + x - 2$;

(2) $y = x^{a+b}$;

(3) $y = \sqrt{x} - \dfrac{1}{x} + 4\sqrt{2}$;

(4) $y = \dfrac{1 - x^2}{\sqrt{x}}$;

(5) $y = (\sqrt{x} - 1)\left(\dfrac{1}{\sqrt{x}} - 1\right)$;

(6) $y = \dfrac{x^2}{2} + \dfrac{2}{x^2}$;

(7) $y = x^2 \ln x$;

(8) $y = \dfrac{x+1}{x-1}$;

(9) $y = \cos x + x^2 \sin x$;

(10) $y = 3^x e^x$;

(11) $y = \dfrac{\sec x}{x} + \dfrac{x}{\tan x}$;

(12) $y = \sqrt{x}\cot x$;

(13) $y = 10^x \sin x - \lg x$;

(14) $y = x^5 + 5^x + 5^5$;

(15) $y = 4\sin x - \ln x + 2\sqrt{x} - e^2$;

(16) $y = \dfrac{1}{1 + x + x^2}$;

(17) $y = x^2 e^x + \dfrac{x\sin x}{1 + \tan x}$;

(18) $y = x\cot x - 2\csc x$.

2. 求下列函数在指定点的导数:

(1) $y = x^2 e^x, \; y'|_{x=1}$;

(2) $y = \dfrac{x}{2^x}, \; y'|_{x=1}$.

2.3　复合函数的求导法则

【教学要求】　本节要求理解复合函数的求导运算法则,能够运用法则求解简单的复合函数的导数.

法则 1　若函数 $u = g(x)$ 在点 x 处可导,而函数 $y = f(u)$ 在相应的点 $u = g(x)$ 处也可导,则复合函数 $y = f[g(x)]$ 在点 x 处也可导,且有

$$\frac{\mathrm{d}y}{\mathrm{d}x} = \frac{\mathrm{d}y}{\mathrm{d}u} \cdot \frac{\mathrm{d}u}{\mathrm{d}x} = f'(u)|_{u=g(x)} \cdot g'(x).$$

上述法则可以推广到有限个可导函数所合成的复合函数.

例如,若 $v = h(x), u = g(v), y = f(u)$ 分别在点 x 及其相应的点 v 及 u 处可导,则复合函数 $y = f\{g[h(x)]\}$ 在点 x 处也可导,且有

$$\frac{\mathrm{d}y}{\mathrm{d}x} = \frac{\mathrm{d}y}{\mathrm{d}u} \cdot \frac{\mathrm{d}u}{\mathrm{d}v} \cdot \frac{\mathrm{d}v}{\mathrm{d}x} = f'(u)|_{u=g[h(x)]} \cdot g'(v)|_{v=h(x)} \cdot h'(x).$$

例 1　已知 $y = \sin 2x$,求 $\dfrac{\mathrm{d}y}{\mathrm{d}x}$.

解 设 $u=2x$,则 $y=\sin u$. 所以

$$\frac{\mathrm{d}y}{\mathrm{d}x}=\frac{\mathrm{d}y}{\mathrm{d}u}\cdot\frac{\mathrm{d}u}{\mathrm{d}x}=(\sin u)'\cdot(2x)'=2\cos u=2\cos 2x.$$

例 2 设 $y=\sqrt[3]{1-x^2}$,求 $\frac{\mathrm{d}y}{\mathrm{d}x}$.

解 设 $u=1-x^2$,则 $y=\sqrt[3]{u}$. 所以

$$\frac{\mathrm{d}y}{\mathrm{d}x}=\frac{\mathrm{d}y}{\mathrm{d}u}\cdot\frac{\mathrm{d}u}{\mathrm{d}x}=\frac{1}{3}u^{-\frac{2}{3}}(-2x)=\frac{-2x}{3\sqrt[3]{(1-x^2)^2}}.$$

在复合函数求导法则熟练之后,中间变量可以在求导过程中不写出来,而直接写出函数对中间变量求导的结果,重要的是每一步对哪个变量求导必须清楚.

例 3 已知函数 $y=\sin^2(2-3x)$,求 y'.

解 $y'=2\sin(2-3x)\cdot(\sin(2-3x))'=2\sin(2-3x)\cdot[\cos(2-3x)\cdot(2-3x)']$

$=2\sin(2-3x)\cos(2-3x)\cdot(-3)=-3\sin(4-6x).$

例 4 求函数 $y=\frac{x}{2}\sqrt{1-x^2}$ 的导数 y'.

解 $y'=\left(\frac{x}{2}\right)'\sqrt{1-x^2}+\frac{x}{2}\left(\sqrt{1-x^2}\right)'$

$=\frac{1}{2}\sqrt{1-x^2}+\frac{x}{2}\cdot\frac{1}{2}(1-x^2)^{-\frac{1}{2}}(1-x^2)'$

$=\frac{1}{2}\sqrt{1-x^2}+\frac{x}{4}\frac{1}{\sqrt{1-x^2}}\cdot(-2x)=\frac{1-2x^2}{2\sqrt{1-x^2}}.$

例 5 求函数 $y=x^x$ 的导数.

解 因为 $y=x^x=\mathrm{e}^{\ln x^x}=\mathrm{e}^{x\ln x}$,所以

$$y'=\mathrm{e}^{x\ln x}\cdot(x\ln x)'=x^x(\ln x+x\cdot\frac{1}{x})=x^x(\ln x+1).$$

 习题 2.3

1. 求下列函数的导数和在指定点的导数:

(1) $f(x)=\ln\left[\ln^2(\ln 3x)\right]$,$f'(x)$,$f'(\mathrm{e})$;

(2) $f(x)=\mathrm{e}^{\tan\frac{1}{x}}\sin\frac{1}{x}$,$f'(x)$,$f'\left(\frac{1}{\pi}\right)$.

2. 求下列函数的导数:

(1) $y=(3x+1)^5$;

(2) $y=\ln\ln x$;

(3) $y=\sin(x^3)$;

(4) $y=\cot\frac{1}{x}$;

(5) $y=\sin^2 x$;

(6) $y=\sqrt{1-x^2}$;

(7) $y=\mathrm{e}^{-x^2}$;

(8) $y=2\sec(x^2)$;

(9) $y=\sqrt{2x}\cot\frac{1}{x}$;

(10) $y=\frac{x}{\sqrt{x^2-a^2}}$.

2.4　隐函数导数　高阶导数

【教学要求】　本节要求理解隐函数导数与高阶导数的基本概念,及隐函数与高阶导数的求导法则,能够运用法则求解隐函数导数与高阶导数.

2.4.1　隐函数导数

由方程 $F(x,y)=0$ 所确定的 y 是 x 的函数称为**隐函数**.从方程 $F(x,y)=0$ 中有时可解出 y 是 x 的显函数 ,如从方程 $3x+5y+1=0$ 可解出显函数 $y=-\dfrac{3}{5}x-\dfrac{1}{5}$.有时,从方程 $F(x,y)=0$ 中可以解出不止一个显函数,如从方程 $x^2+y^2-R^2=0(R>0)$ 中可以解出 $y=\pm\sqrt{R^2-x^2}$.它包含两个显函数,其中,$y=\sqrt{R^2-x^2}$ 代表上半圆周,$y=-\sqrt{R^2-x^2}$ 代表下半圆周.但也有时隐函数并不能表示为显函数的形式,如方程 $y-x-\varepsilon\sin y=0(0<\varepsilon<1)$ 就不能解出来 $y=f(x)$ 的形式.

现在讨论当 y 是由方程 $F(x,y)=0$ 所确定的 x 的函数,并且 y 对 x 可导(即 $y'(x)$ 存在),那么在不解出 y 的情况下,如何求导数 y' 呢?其办法是在方程 $F(x,y)=0$ 中,把 y 看成 x 的函数 $y=y(x)$,于是方程可看成关于 x 的恒等式:$F(x,y(x))\equiv0$.在等式两端同时对 x 求导(左端要用到复合函数的求导法则),然后解出 y' 即可.

例 1　求方程 $x^2+y^2=R^2$ $(R>0)$ 所确定的隐函数的导数 y'.

解　当对方程 $x^2+y^2=R^2$ 的两端同时对 x 求导时,则应有($y=y(x)$ 是中间变量)$2x+2y\cdot y'=0$. 解出 $y'=-\dfrac{x}{y}(y\neq0)$.

例 2　求曲线 $xy+\ln y=1$ 在点 $(1,1)$ 处的切线方程.

解　将曲线方程两边对 x 求导,得 $(xy)'_x+(\ln y)'_x=0$,即 $y+xy'+\dfrac{1}{y}\cdot y'=0$.

于是 $y'=\dfrac{-y^2}{xy+1}$. 过点 $(1,1)$ 处的切线斜率

$$k=y'\Big|_{(1,1)}=\frac{-y^2}{xy+1}\Big|_{(1,1)}=-\frac{1}{2}.$$

2.4.2　高阶导数

若函数 $y=f(x)$ 的导数 $y'=f'(x)$ 仍然可导,则 $y'=f'(x)$ 的导数称为函数 $y=f(x)$ 的**二阶导数**,记为 y'',$f''(x)$ 或 $\dfrac{\mathrm{d}^2y}{\mathrm{d}x^2}$. 即

$$y''=(y')';\quad f''(x)=[f'(x)]';\quad \frac{\mathrm{d}^2y}{\mathrm{d}x^2}=\frac{\mathrm{d}}{\mathrm{d}x}\left(\frac{\mathrm{d}y}{\mathrm{d}x}\right).$$

相应地,把函数 $y=f(x)$ 的导数 $y'=f'(x)$ 称为 $y=f(x)$ 的**一阶导数**.

类似地,函数 $y=f(x)$ 的二阶导数的导数称为 $y=f(x)$ 的**三阶导数**,三阶导数的导数称为**四阶导数**……一般地,$y=f(x)$ 的 $n-1$ 阶导数的导数称为 $y=f(x)$ 的 **n 阶导数**.它们分

别记为

$$y''', y^{(4)}, \cdots, y^{(n)}$$

或

$$f'''(x), f^{(4)}(x), \cdots, f^{(n)}(x)$$

或

$$\frac{\mathrm{d}^3 y}{\mathrm{d}x^3}, \frac{\mathrm{d}^4 y}{\mathrm{d}x^4}, \cdots, \frac{\mathrm{d}^n y}{\mathrm{d}x^n}.$$

二阶及二阶以上的导数统称为**高阶导数**.

求高阶导数的方法就是反复地运用求一阶导数的方法.

例 3 求函数 $y = x \ln x$ 的二阶导数 y''.

解 $y' = (x \ln x)' = \ln x + 1, \quad y'' = (\ln x + 1)' = \dfrac{1}{x}$.

例 4 求函数 $y = \sin x$ 的 n 阶导数.

解 $(\sin x)' = \cos x = \sin\left(\dfrac{\pi}{2} + x\right)$,

$(\sin x)'' = (\cos x)' = \left[\sin\left(\dfrac{\pi}{2} + x\right)\right]' = \cos\left(\dfrac{\pi}{2} + x\right) = \sin\left(2 \cdot \dfrac{\pi}{2} + x\right)$,

$(\sin x)''' = \left[\sin\left(2 \cdot \dfrac{\pi}{2} + x\right)\right]' = \cos\left(2 \cdot \dfrac{\pi}{2} + x\right) = \sin\left(3 \cdot \dfrac{\pi}{2} + x\right)$,

以此类推,可得

$$(\sin x)^{(n)} = \sin\left(\frac{n\pi}{2} + x\right) \qquad (n = 1, 2, 3, \cdots).$$

用类似的方法,可得

$$(\cos x)^{(n)} = \cos\left(\frac{n\pi}{2} + x\right) \qquad (n = 1, 2, 3, \cdots).$$

 习题 2.4

1. 计算下列函数的导数:

(1) $x - y + \dfrac{1}{2}\sin y = 0$;   (2) $e^y + xy - e = 0$.

2. 求下列函数的二阶导数:

(1) $y = 2x^2 + \ln x$;   (2) $y = e^{-x}\sin x$;

(3) $y = x + e^{\sqrt{x}}$.

3. 求椭圆 $\dfrac{x^2}{16} + \dfrac{y^2}{9} = 1$ 在 $\left(2, \dfrac{3}{2}\sqrt{3}\right)$ 处的切线方程.

2.5　函数的微分

【教学要求】 本节要求理解函数的微分概念、性质和几何意义,并求解一般函数的微分. 要求能够运用微分概念进行近似计算.

2.5.1　微分的概念

对函数 $y=f(x)$,当自变量 x 在点 x_0 有改变量 Δx 时,因变量 y 的改变量是
$$\Delta y=f(x+\Delta x)-f(x).$$

在实际应用中,有些问题要计算 Δy,并要求达到两个要求:一是计算简便;二是精度高.

例 1　设一个边长为 x 的正方形,它的面积 $A=x^2$ 是 x 的函数. 若边长由 x_0 改变(增加或减少)了 Δx,相应的正方形的面积的改变量(增加或减少)
$$\Delta A=(x_0+\Delta x)^2-x_0^2=2x_0\Delta x+(\Delta x)^2.$$

显然,ΔA 由两部分组成:

第一部分是 $2x_0\Delta x$,其中 $2x_0$ 是常数,$2x_0\Delta x$ 可以看做是 Δx 的线性函数,即图 2-3 中阴影部分的面积;

第二部分是 $(\Delta x)^2$,是图 2-3 中以 Δx 为边长的小正方形的面积,当 $\Delta x\to 0$ 时,$(\Delta x)^2$ 是比 Δx 较高阶的无穷小,即 $(\Delta x)^2=o(\Delta x)$.

图 2-3

由此可见,当给边长 $A=x^2$ 一个微小的变化量 Δx 时,所引起正方形面积的改变量 ΔA,可以近似地用第一部分 Δx 的线性函数 $2x_0\Delta x$ 来代替,这时所产生的误差 $(\Delta x)^2$ 比 Δx 更微小. 从理论上讲,当 Δx 是无穷小时,所产生的误差 $(\Delta x)^2$ 是比 Δx 较高阶的无穷小.

在上述问题中,注意到对函数 $A=x^2$,有
$$\frac{\mathrm{d}A}{\mathrm{d}x}=\frac{\mathrm{d}x^2}{\mathrm{d}x}=2x,\qquad \frac{\mathrm{d}A}{\mathrm{d}x}\Big|_{x=x_0}=2x_0,$$

这表明,用来近似代替面积的改变量 ΔA 的 $2x_0\Delta x$,实际上是函数 $A=x^2$ 在点 x_0 的导数 $2x_0$ 与自变量 x 在点 x_0 的改变量 Δx 的乘积,可见 $2x_0\Delta x$ 的计算更为方便. 不难知道,当 A 的改变量不大时,这样的计算是有效的,且 A 的改变量越小,计算结果精度越高. 把 $A'\Delta x$ 称为微分,下面就给出微分的精确定义.

定义 1　若一元函数 $y=f(x)$ 在点 x 处满足
$$\Delta y=f'(x)\cdot\Delta x+\alpha$$

其中,α 满足 $\lim\limits_{\Delta x\to 0}\dfrac{\alpha}{\Delta x}=0$,则称一元函数 $y=f(x)$ 在 x 点**可微**,且称 $f'(x)\cdot\Delta x$ 为一元函数 $y=f(x)$ 在 x 点的**微分**,记为 $\mathrm{d}y$. 即
$$\mathrm{d}y=f'(x)\Delta x.$$

显然,函数的微分 $\mathrm{d}y=f'(x)\Delta x$ 与 x 和 Δx 两个量有关.

2.5.2 微分的计算

例 2 求函数 $y=x^2$ 当 $x=2, \Delta x=0.01$ 时的微分.

解 先求函数在任意点处的微分

$$\mathrm{d}y = (x^2)' \cdot \Delta x = 2x \cdot \Delta x,$$

然后将 $x=2, \Delta x=0.01$ 代入上式,得

$$\mathrm{d}y \Big|_{\substack{x=2 \\ \Delta x=0.01}} = 2x \cdot \Delta x \Big|_{\substack{x=2 \\ \Delta x=0.01}} = 2 \times 2 \times 0.01 = 0.04.$$

通常把自变量的微分定义为自变量的增量,记为 $\mathrm{d}x$,即 $\mathrm{d}x = \Delta x$. 于是函数 $y=f(x)$ 的微分又可以记为

$$\mathrm{d}y = f'(x)\mathrm{d}x.$$

从而有

$$\frac{\mathrm{d}y}{\mathrm{d}x} = f'(x).$$

由此可知,一元函数的可导与可微是等价的.

若一元函数在一区间上任一点是可微的,则称**函数在此区间上可微**.

例 3 已知函数 $y = \ln x$,求其微分 $\mathrm{d}y$ 以及微分 $\mathrm{d}y \big|_{x=2}$.

解 因为 $y' = (\ln x)' = \dfrac{1}{x}$,所以

$$\mathrm{d}y = y'\mathrm{d}x = \frac{1}{x}\mathrm{d}x,$$

且

$$\mathrm{d}y \big|_{x=2} = \frac{1}{2}\mathrm{d}x.$$

例 4 已知函数 $y = \cos \sqrt{x}$,求 $\mathrm{d}y$.

解 因为 $y' = -\sin\sqrt{x} \cdot (\sqrt{x})' = -\sin\sqrt{x} \cdot \dfrac{1}{2\sqrt{x}} = -\dfrac{\sin\sqrt{x}}{2\sqrt{x}}$,所以

$$\mathrm{d}y = y'\mathrm{d}x = -\frac{\sin\sqrt{x}}{2\sqrt{x}}\mathrm{d}x.$$

例 5 在下列等式左端的括号内填入适当的函数,使等式成立:

(1) $\mathrm{d}(\quad) = x\mathrm{d}x$; \qquad\qquad (2) $\mathrm{d}(\quad) = \mathrm{e}^x \mathrm{d}x$;

(3) $\mathrm{d}(\quad) = \dfrac{1}{\sqrt{x}}\mathrm{d}x$; \qquad\qquad (4) $\mathrm{d}(\quad) = \sin 2x\mathrm{d}x$.

解 (1) 因为 $\mathrm{d}(x^2) = 2x\mathrm{d}x$,所以

$$x\mathrm{d}x = \frac{1}{2}\mathrm{d}(x^2) = \mathrm{d}\left(\frac{x^2}{2}\right),$$

即

$$\mathrm{d}\left(\frac{x^2}{2}\right) = x\mathrm{d}x.$$

又因为任意常数 C 的微分 $\mathrm{d}(C)=0$，所以一般地应该为

$$\mathrm{d}\left(\frac{x^2}{2}+C\right)=x\mathrm{d}x \qquad (C \text{ 为任意常数}).$$

(2) $\mathrm{d}(\mathrm{e}^x+C)=\mathrm{e}^x\mathrm{d}x$.

(3) $\mathrm{d}(2\sqrt{x}+C)=\dfrac{1}{\sqrt{x}}\mathrm{d}x$.

(4) $\mathrm{d}\left(-\dfrac{1}{2}\cos 2x+C\right)=\sin 2x\mathrm{d}x$.

2.5.3　微分在近似计算中的应用

在工程问题中，经常会遇到一些复杂的计算公式. 如果直接用这些公式进行计算，那是很费力的. 利用微分往往可以把一些复杂的计算公式改用简单的近似公式来代替.

如果函数 $y=f(x)$ 在点 x_0 处的导数 $f'(x)\neq 0$，且 Δx 很小时，有

$$\Delta y\approx\mathrm{d}y=f'(x_0)\Delta x,$$

$$\Delta y=f(x_0+\Delta x)-f(x_0)\approx\mathrm{d}y=f'(x_0)\Delta x,$$

$$f(x_0+\Delta x)\approx f(x_0)+f'(x_0)\Delta x.$$

若令 $x=x_0+\Delta x$，即 $\Delta x=x-x_0$，那么又有

$$f(x)\approx f(x_0)+f'(x_0)(x-x_0).$$

特别当 $x_0=0$ 时，有

$$f(x)\approx f(0)+f'(0)x.$$

这些都是近似计算公式.

例 6　有一批半径为 1 cm 的球，为了提高球面的光洁度，要镀上一层铜，厚度定为 0.01 cm. 估计每只球需用铜多少克(铜的密度是 8.9 g/cm³)？

解　已知球体体积为 $V=\dfrac{4}{3}\pi R^3$，$R_0=1$ cm，$\Delta R=0.01$ cm.

镀层的体积为

$$V=V(R_0+\Delta R)-V(R_0)\approx V'(R_0)\Delta R$$

$$V\approx 4\pi R_0^2\Delta R=4\times 3.14\times 1^2\times 0.01=0.13 \text{ cm}^3.$$

于是镀每只球需用的铜约为

$$0.13\times 8.9=1.16 \text{ g}.$$

例 7　利用微分计算 $\sin 30°30'$ 的近似值.

解　把 $30°30'$ 化为弧度，得

$$30°30'=\frac{\pi}{6}+\frac{\pi}{360}.$$

由于所求的是正弦函数的值，故设 $f(x)=\sin x$. 此时 $f'(x)=\cos x$. 如果取 $x_0=\dfrac{\pi}{6}$，则

$f\left(\dfrac{\pi}{6}\right)=\sin\dfrac{\pi}{6}=\dfrac{1}{2}$ 与 $f'\left(\dfrac{\pi}{6}\right)=\cos\dfrac{\pi}{6}=\dfrac{\sqrt{3}}{2}$ 都容易计算，并且 $\Delta x=\dfrac{\pi}{360}$ 比较小，所以有

$$\sin 30°30' = \sin\left(\frac{\pi}{6} + \frac{\pi}{360}\right) \approx \sin\frac{\pi}{6} + \cos\frac{\pi}{6} \cdot \frac{\pi}{360}$$

$$= \frac{1}{2} + \frac{\sqrt{3}}{2} \cdot \frac{\pi}{360} \approx 0.500\ 0 + 0.007\ 6 = 0.507\ 6$$

常用的近似公式（假定 $|x|$ 是较小的数值）：

(1) $\sqrt[n]{1+x} \approx 1 + \frac{1}{n}x$；

(2) $\sin x \approx x$（x 用弧度作单位来表达）；

(3) $\tan x \approx x$（x 用弧度作单位来表达）；

(4) $e^x \approx 1 + x$；

(5) $\ln(1+x) \approx x$.

证　(1) 取 $f(x) = \sqrt[n]{1+x}$，那么 $f(0) = 1$，$f'(0) = \frac{1}{n}(1+x)^{\frac{1}{n}-1}\Big|_{x=0} = \frac{1}{n}$，代入 $f(x) \approx f(0) + f'(0)x$，便得

$$\sqrt[n]{1+x} \approx 1 + \frac{1}{n}x.$$

(2) 取 $f(x) = \sin x$，那么，$f(0) = 0$，$f'(0) = \cos x|_{x=0} = 1$，代入 $f(x) \approx f(0) + f'(0)x$，便得

$$\sin x \approx x.$$

(3)～(5)证明从略.

例8　计算 $\sqrt{1.05}$ 的近似值.

解　已知 $\sqrt[n]{1+x} \approx 1 + \frac{1}{n}x$，故

$$\sqrt{1.05} = \sqrt{1+0.05} \approx 1 + \frac{1}{2} \times 0.05 = 1.025.$$

直接开方的结果是 $\sqrt{1.05} = 1.024\ 70$.

习题 2.5

1. 求下列函数的微分：

(1) $y = 5x^4 + x$；　　　　　　　　(2) $y = (x+1)e^x$；

(3) $y = \cos x + x^2 \sin x$；　　　　　(4) $y = \frac{x+1}{x-1}$；

(5) $y = \ln \ln x$；　　　　　　　　(6) $y = 3^x e^x$；

(7) $y = \tan\sqrt{x}$；　　　　　　　(8) $y = \ln\cos x$；

(9) $y = \csc x + x\sin(2^x)$；　　　　(10) $y = \frac{x\sin x}{1+\tan x}$.

2. 将适当的函数填入括号内，使等式成立：

(1) $d(\qquad) = 3x\,dx$；　　　　　(2) $d(\qquad) = \frac{2}{\sqrt{x}}\,dx$；

(3) d(　　) = $\dfrac{1}{x^2}$dx；　　　　(4) d(　　) = e^xdx；

(5) d(　　) = $-\sin x$dx；　　　　(6) d(　　) = $\sec^2 x$dx.

3. 计算下列各式的近似值:

(1) $\sqrt[100]{1.002}$；　　　　(2) $\cos 29°$.

2.6　中值定理与导数应用

【教学要求】　本节要求能运用洛必达法则求解未定式的极限;能够理解并运用中值定理;能够运用导数的性质对函数的单调性及凹凸性进行判断,并最终画出函数的近似图形.

2.6.1　洛必达法则

前面在学习无穷小阶的比较时,已经遇到过两个无穷小之比的极限.由于这种极限可能存在,也可能不存在,因此把这种极限称为未定式,记为 $\dfrac{0}{0}$ 型.此外,两个无穷大之比的极限也是一种未定式,记为 $\dfrac{\infty}{\infty}$ 型.如 $\lim\limits_{x\to 0}\dfrac{\sin x}{x}$ 是 $\dfrac{0}{0}$ 型, $\lim\limits_{x\to +\infty}\dfrac{\ln x}{x^2}$ 是 $\dfrac{\infty}{\infty}$ 型等.前面只能解决某些未定式的极限,下面介绍一种求这类极限的简便且重要的方法——洛必达法则.

定理 1　若函数 $f(x), g(x)$ 满足:

(1) $\lim\limits_{x\to x_0} f(x) = \lim\limits_{x\to x_0} g(x) = 0$；

(2) 在点 x_0 及其左右附近可导,且 $g'(x) \neq 0$；

(3) $\lim\limits_{x\to x_0}\dfrac{f'(x)}{g'(x)} = A$　（或 ∞）.

则 $\lim\limits_{x\to x_0}\dfrac{f(x)}{g(x)} = \lim\limits_{x\to x_0}\dfrac{f'(x)}{g'(x)} = A$　（或 ∞）.（证明略）

说明　(a) 将定理中的 $x\to x_0$ 换成 $x\to x_0^+, x\to x_0^-, x\to +\infty, x\to \infty$ 等,条件(2)作相应的修改,也有相同的结论；

(b) 定理中条件(1) 换成 $\lim\limits_{x\to x_0} f(x) = \lim\limits_{x\to x_0} g(x) = \infty$,其他条件不变,结论仍成立.

例 1　$\lim\limits_{x\to 0^+}\dfrac{\sqrt{x}}{1-e^{2\sqrt{x}}} = ?$

解　属于 $\dfrac{0}{0}$ 型未定式.利用洛必达法则,得

$$\lim_{x\to 0^+}\dfrac{\sqrt{x}}{1-e^{2\sqrt{x}}} = \lim_{x\to 0^+}\dfrac{\dfrac{1}{2\sqrt{x}}}{-\dfrac{1}{\sqrt{x}}e^{2\sqrt{x}}} = -\dfrac{1}{2}.$$

例 2　$\lim\limits_{x\to 0}\dfrac{\ln(1+x)}{x} = ?$

解　属于 $\dfrac{0}{0}$ 型未定式.利用洛必达法则,得

$$\lim_{x \to 0} \frac{\ln(1+x)}{x} = \lim_{x \to 0} \frac{\frac{1}{1+x}}{1} = \lim_{x \to 0} \frac{1}{1+x} = 1.$$

例3 $\lim\limits_{x \to +\infty} \dfrac{\ln\left(1+\dfrac{1}{x}\right)}{\operatorname{arccot} x} = ?$

解 属于 $\dfrac{\infty}{\infty}$ 型未定式.利用洛必达法则,得

$$\lim_{x \to +\infty} \frac{\ln\left(1+\dfrac{1}{x}\right)}{\operatorname{arccot} x} = \lim_{x \to +\infty} \frac{\dfrac{1}{1+\dfrac{1}{x}} \cdot \left(-\dfrac{1}{x^2}\right)}{\dfrac{1}{1+x^2}} = \lim_{x \to +\infty} \frac{1+x^2}{x+x^2}$$

$$= \lim_{x \to +\infty} \frac{2x}{1+2x} = \lim_{x \to +\infty} \frac{2}{2} = 1.$$

2.6.2 中值定理

本节首先介绍拉格朗日定理以及它的预备知识——罗尔定理,并由此来讨论函数的单调性.

图 2-4

定理2——罗尔(Rolle)中值定理

如图 2-4 所示,设 $f(x)$ 满足

① 在 $[a,b]$ 上连续;

② 在 (a,b) 内可导;

③ $f(a)=f(b)$.

则存在 $\xi \in (a,b)$ 使

$$f'(\xi)=0 \tag{1}$$

注意 （ⅰ）定理 2 中三个条件缺一不可.

例如:（1） $y=\begin{cases} x & 0 \leqslant x < 1 \\ 0 & x=1 \end{cases}$,②、③满足,①不满足,则结论不成立.

（2） $y=|x|$,①、③满足,②不满足,则结论不成立.

（3） $y=x$,①、②满足,③不满足,则结论不成立.

（ⅱ）定理 2 中条件仅为充分条件.

例如: $f(x)=\begin{cases} x^2 & x \in \mathbf{Q} \\ -x^2 & x \in \mathbf{R}-\mathbf{Q} \end{cases}$, $x \in [-1,1]$, $f(x)$ 不满足①、②、③中任一条,但 $f'(0)=0$.

（ⅲ）罗尔定理的几何意义是:在每一点都可导的一段连续曲线上,若曲线两端点高度相等,则至少存在一条水平切线.

例4 设 $f(x)$ 在 $\mathbf{R}$ 上可导,证明:若 $f'(x)=0$ 无实根,则 $f(x)=0$ 最多只有一个实根.

证 反证法,利用罗尔定理.

例5 证明勒让德(Legendre)多项式

$$P_n(x) = \frac{1}{2^n n!} \cdot \frac{\mathrm{d}^n (x^2-1)^n}{\mathrm{d}x^n}$$

在 $(-1,1)$ 内有 n 个互不相同的零点.

将罗尔定理的条件③去掉加以推广,就得到下面应用更为广泛的拉格朗日中值定理.

图 2-5

定理 3 —— 拉格朗日(Lagrange)中值定理

如图 2-5 所示,设 $f(x)$ 满足

① 在 $[a,b]$ 上连续;

② 在 (a,b) 内可导.

则存在一点 $\xi \in (a,b)$,使得

$$f'(\xi) = \frac{f(b)-f(a)}{b-a} \tag{2}$$

分析 割线 AB 的方程为

$$y = f(a) + \frac{f(b)-f(a)}{b-a}(x-a)$$

问题是证明存在一点 $\xi \in (a,b)$,使 $f'(\xi)$ 与割线在 ξ 处导数 $y'|_{x=\xi}$ 相等,即证

$$\left[f(x) - f(a) - \frac{f(b)-f(a)}{b-a}(x-a) \right]'_{\xi} = 0.$$

证 作辅助函数 $F(x) = f(x) - f(a) - \dfrac{f(b)-f(a)}{b-a}(x-a), x \in [a,b]$.

注意 (ⅰ)拉格朗日中值定理的几何意义是:在满足定理条件的曲线上至少存在一点,使得曲线在该点处的切线平行于曲线两端点连线.

(ⅱ)上面(2)式为拉格朗日(中值)公式.

另外,无论 $a > b$,还是 $a < b$,拉格朗日(中值)公式都成立.此公式将由自变量的变化而引起的因变量的增量与导数联系起来,而且比第 1 章中有限增量公式前进了一大步,这也是 Lagrange 中值定理应用更为广泛的原因之一.

(ⅲ)拉格朗日中值定理是罗尔中值定理的推广.

(ⅳ)拉格朗日中值定理的证明方法是用辅助函数法.首先构造辅助函数

$$F(x) = f(x) - f(a) - \frac{f(b)-f(a)}{b-a}(x-a), x \in [a,b],$$

然后验证 $F(x)$ 在 $[a,b]$ 上满足罗尔定理的三个条件,从而由罗尔定理推出 $F'(x)$ 存在零点,而使定理得到证明.

例 6 证明对任意 $h > -1, h \neq 0$,有

$$\frac{h}{1+h} < \ln(1+h) < h.$$

证 [法一]令 $f(x) = \ln(1+x)$ 在 $[0,h]$ 或 $[h,0]$ 上利用拉格朗日中值定理可证之.

[法二]令 $f(x) = \ln x$ 在 $[1,1+h]$ 或 $[1+h,1]$ 上利用拉格朗日中值定理可证之.

推论 1 若 $f(x)$ 在区间 I 上可导, $f'(x) \equiv 0, x \in I$,则 $f(x)$ 在 I 上为常数.

推论 2 若 $f(x), g(x)$ 都在区间 I 上可导,且任意 $x \in I, f'(x) = g'(x)$,则在 I 上, $f(x)$ 与 $g(x)$ 仅相差一个常数,即存在常数 C,使得对任意 $x \in I$,有

$$f(x) = g(x) + C$$

推论 3 （导数极限定理）设 $f(x)$ 在 x_0 的某邻域 $U(x_0)$ 内连续，在 $U^0(x_0)$ 内可导，且 $\lim\limits_{x \to x_0} f'(x)$ 存在，则 $f'(x_0)$ 存在，且 $f'(x_0) = \lim\limits_{x \to x_0} f'(x)$.

注意 （ⅰ）由导数极限定理不难得出区间 (a, b) 上导函数 $f'(x)$ 不会有第一类间断点.

（ⅱ）导数极限定理可以用来求分段函数在分段点处的导数.

例 7 求 $f(x) = \begin{cases} x + \sin x^2, & x \leqslant 0 \\ \ln(1+x), & x > 0 \end{cases}$ 的导数.

解 （ⅰ）先求 $f'(x)$，$x \neq 0$；

（ⅱ）利用推论 3（先验证 $f(x)$ 在 $x = 0$ 处连续）求 $f'(0)$.

2.6.3 函数的单调性与极值

1. 一元可导函数的单调性

前边曾经介绍过一元增函数的图形随其自变量的增大而逐渐上升，减函数的图形随其自变量的增大而逐渐下降，如图 2-6 所示.由图 2-6 可以看出，当其图形随着自变量的增大而上升时，曲线上每点处的切线与 x 轴正向夹角为锐角，从而斜率大于零，由导数的几何意义知导数大于零.同样可知图形随着自变量的增大而下降时，导数小于零.

(a)　　　　(b)　　　　(c)　　　　(d)

图 2-6

结论 设函数 $y = f(x)$ 在区间 (a, b) 内可导，

(1) 若 $f'(x) > 0$，$x \in (a, b)$，则函数 $f(x)$ 在 (a, b) 内是单调增加的；

(2) 若 $f'(x) < 0$，$x \in (a, b)$，则函数 $f(x)$ 在 (a, b) 内是单调减少的；

(3) 若 $f'(x) \equiv 0$，$x \in (a, b)$，则函数 $f(x)$ 在 (a, b) 内必为常值函数.

称一阶导数为零的点为驻点.作图可以判断函数的单调性.但用上述结论，先求出驻点划分出单调区间，再用导数的正负判断单调性有时会更方便些.

例 8 证明 $e^x > 1 + x$，$x \neq 0$.

证 令 $f(x) = e^x - 1 - x$，考察函数 $f(x)$ 的严格单调性.

例 9 判断函数 $y = \ln x + x$ 在其定义域内的单调性.

解 定义域为 $(0, +\infty)$，因为

$$y' = \frac{1}{x} + 1 > 0,$$

所以函数 $y = \ln x + x$ 在定义域 $(0, +\infty)$ 内单调增加.

例 10　讨论函数 $f(x)=x(x-2)^3$ 的单调性.

解　定义域为 $(-\infty,+\infty)$，

$$f'(x)=(x-2)^3+3x(x-2)^2=(x-2)^2(4x-2),$$

令 $f'(x)=0$，解得驻点：$x_1=\dfrac{1}{2},x_2=2$.

下面直接列表分析，见表 2-1.

表 **2-1**

x	$\left(-\infty,\dfrac{1}{2}\right)$	$\dfrac{1}{2}$	$\left(\dfrac{1}{2},2\right)$	2	$(2,+\infty)$
$f'(x)$	$-$	0	$+$	0	$+$
$f(x)$	↘		↗		↗

即函数 $f(x)$ 在 $\left(-\infty,\dfrac{1}{2}\right)$ 内单调减少，在 $\left(\dfrac{1}{2},+\infty\right)$ 内单调增加.

2. 一元可导函数的极值

设函数 $y=f(x)$ 的图形如图 2-7 所示，C_1,C_2,C_4,C_5 是函数由增变减或由减变增的转折点，在 $x=c_1,x=c_4$ 处曲线出现"峰"，即函数 $y=f(x)$ 在点 C_1,C_4 处的函数值 $f(c_1)$，$f(c_4)$ 分别比它们左、右邻近各点的函数值都大；而在 $x=c_2,x=c_5$ 处曲线出现"谷"，即函数 $y=f(x)$ 在点 C_2,C_5 处的函数值 $f(c_2),f(c_5)$ 分别比它们左、右邻近各点的函数值都小. 对于这样的单调区间的转折点及它们所对应的函数值给出如下定义.

图 2-7

定义 1　设函数 $f(x)$ 在点 x_0 及其附近有定义，若对于点 x_0 附近的任意一点 x，均有 $f(x)<f(x_0)$（或 $f(x)>f(x_0)$），则称 $f(x_0)$ 是函数 $f(x)$ 的一个**极大值**（或**极小值**），点 x_0 叫做函数 $f(x)$ 的一个**极大值点**（**极小值点**）. 函数的极大值与极小值统称为**极值**，函数的极大值点与极小值点统称为**极值点**.

在图 2-7 中，$f(c_1)$，$f(c_4)$ 是函数的极大值，$x=c_1$，$x=c_4$ 是函数的极大值点；$f(c_2)$，$f(c_5)$ 是函数的极小值，$x=c_2$，$x=c_5$ 是函数的极小值点.

结论　若可导函数 $y=f(x)$ 在点 x_0 处取得极值，则 $f'(x_0)=0$. 更进一步，若导数在 x_0 左正右负，则 x_0 为极大值点；左负右正，则 x_0 为极小值点.

例 11 求函数 $f(x)=x(x-2)^3$ 的极值与极值点.

解 定义域为 $(-\infty,+\infty)$,
$$f'(x)=(x-2)^3+3x(x-2)^2=(x-2)^2(4x-2),$$

令 $f'(x)=0$,解得驻点:$x_1=\dfrac{1}{2}$,$x_2=2$.

下面直接列表分析,见表 2-2.

表 2-2

x	$\left(-\infty,\dfrac{1}{2}\right)$	$\dfrac{1}{2}$	$\left(\dfrac{1}{2},2\right)$	2	$(2,+\infty)$
$f'(x)$	—	0	+	0	+
$f(x)$	↘	极小值	↗	不是极值	↗

即函数 $f(x)$ 的极小值点是 $x=\dfrac{1}{2}$,极小值是 $f\left(\dfrac{1}{2}\right)=-\dfrac{27}{16}$.

例 12 求函数 $f(x)=2x^3+3x^2-12x$ 的单调区间、极值与极值点.

解 定义域为 $(-\infty,+\infty)$,
$$f'(x)=6x^2+6x-12=6(x+2)(x-1),$$

令 $f'(x)=0$,解得驻点:$x_1=-2$,$x_2=1$.

下面直接列表分析,见表 2-3.

表 2-3

x	$(-\infty,-2)$	-2	$(-2,1)$	1	$(1,+\infty)$
$f'(x)$	+	0	—	0	+
$f(x)$	↗	极大值	↘	极小值	↗

即函数 $f(x)$ 的单调增区间为 $(-\infty,-2)$,$(1,+\infty)$,单调减区间为 $(-2,1)$;

函数 $f(x)$ 的极大值点是 $x=-2$,极大值是 $f(-2)=20$;

函数 $f(x)$ 的极小值点是 $x=1$,极小值是 $f(1)=-7$.

2.6.4 函数的凹凸性与拐点

从图 2-6 的(a)、(c)可看到,它们的图形均是朝上鼓的,数学上称之为**凸弧**;从图 2-6 的(b)、(d)可看到,它们的图形均是朝下鼓的,数学上称之为**凹弧**.对于图形是凸的函数,由图形可以看出当 x 增大时,切线的倾斜角逐渐变小,因而导函数是单调减少的,即函数的二阶导数为负;同理图形为凹的函数二阶导数为正.

结论 若函数 $y=f(x)$ 在区间 (a,b) 内二阶可导,则:

(1) 若 $f''(x)<0$,$x\in(a,b)$,则函数 $f(x)$ 在 (a,b) 内是凸的;

(2) 若 $f''(x)>0$,$x\in(a,b)$,则函数 $f(x)$ 在 (a,b) 内是凹的.

定义 2 若函数 $f(x)$ 在 (a,b) 内是凸的,则称区间 (a,b) 为函数 $f(x)$ 的**凸区间**;若函数 $f(x)$ 在 (a,b) 内是凹的,则称区间 (a,b) 为函数 $f(x)$ 的**凹区间**.

定义 3 连续曲线上凹弧与凸弧的分界点称为曲线的**拐点**.

由于拐点是曲线凹凸的分界点,所以拐点左右近旁的 $f''(x)$ 必然异号.

例 13 试判断函数 $y=\ln x+x$ 的凸凹性.

解 定义域为 $(0,+\infty)$,因为

$$y'=\frac{1}{x}+1,$$

$$y''=-\frac{1}{x^2}<0,$$

所以函数 $y=\ln x+x$ 在其定义域 $(0,+\infty)$ 内为凸的.

例 14 求函数 $y=x^3-5x^2+3x-5$ 的凸凹区间与拐点.

解 定义域为 $(-\infty,+\infty)$,

$$y'=3x^2-10x+3,$$

$$y''=6x-10,$$

令 $y''=0$,解得 $x=\frac{5}{3}$.

为便于分析列表讨论,见表 2-4.

表 2-4

x	$\left(-\infty,\frac{5}{3}\right)$	$\frac{5}{3}$	$\left(\frac{5}{3},+\infty\right)$
y''	$-$	0	$+$
y	$\cap$	拐点	$\cup$

即函数的凸区间为 $\left(-\infty,\frac{5}{3}\right)$,凹区间为 $\left(\frac{5}{3},+\infty\right)$,拐点坐标为 $\left(\frac{5}{3},-\frac{250}{27}\right)$.

例 15 判断曲线 $y=(2x-1)^4+1$ 是否有拐点?

解 定义域为 $(-\infty,+\infty)$,

$$y'=8(2x-1)^3,$$

$$y''=48(2x-1)^2,$$

令 $y''=0$,解得 $x=\frac{1}{2}$.

显然,当 $x\neq\frac{1}{2}$ 时,恒有 $y''>0$,因此点 $\left(\frac{1}{2},1\right)$ 不是曲线 $y=(2x-1)^4+1$ 的拐点.

所以曲线在 $(-\infty,+\infty)$ 内是凹的,因此无拐点.

2.6.5 函数作图的一般步骤

函数作图可用描点的作法来完成,但描点作图工作量太大.事实上,只要掌握了函数的主要特征,只描出少数几个点就可以比较准确地画出函数的图形.而函数的主要特征则包括函数的定义域、奇偶性、单调性、极值等.除此之外,作为函数的主要特征还包括凸性、拐点和渐近线.

前面已经讨论了函数的各主要特征,为函数作图作了准备.下面来考虑如何作出已知函数的图形.

一般有如下几个步骤.

(1) 首先考虑函数的定义域.(找出函数没有定义的点)

(2) 考察函数的奇偶性,对于奇函数或偶函数,只须画出函数在 $x>0$ 时的图形,另一半可根据奇偶性对称地画出来.

(3) 求出函数的一阶导数和二阶导数,找出驻点,一阶导数不存在的点,二阶导数等于零的点和二阶导数不存在的点.

(4) 由这些特殊点(没有定义的点,一阶导数等于零的点,一阶导数不存在的点,二阶导数等于零的点,二阶导数不存在的点)把函数的定义域分成若干个区间,在每个区间上,确定一阶导数的符号和二阶导数的符号,并且根据一阶导数和二阶导数的正负,判定函数在该区间上的单调性和凸性,并求出极值点和拐点.

(5) 考察函数曲线的渐近线.

(6) 根据以上讨论的结果做出函数图形.

例 16 描绘函数 $y=\dfrac{(x-3)^2}{4(x-1)}$ 的图形.

解 函数在 $x_1=1$ 处没有定义.

$y'=\dfrac{(x-3)(x+1)}{4(x-1)^2}$,令 $y'=0$ 得驻点 $x_2=-1,x_3=3$.

$y''=\dfrac{2}{(x-1)^3}$,由于 $y''\neq 0$,故曲线没有拐点.

由 $x_1=1,x_2=-1,x_3=3$ 将函数的定义域分成四个区间,见表 2-5.

表 2-5

x	$(-\infty,-1)$	-1	$(-1,1)$	1	$(1,3)$	3	$(3,+\infty)$
y'	+	0	−		−	0	+
y''	−	−	−		+	+	+
y	↗ ∩	极大值 −2	↘ ∩	无定义	↘ ∪	极小值 0	↗ ∪

由于函数在 $x_1=1$ 处无定义,且有

$$\lim_{x\to 1^-}\frac{(x-3)^2}{4(x-1)}=-\infty, \quad \lim_{x\to 1^+}\frac{(x-3)^2}{4(x-1)}=+\infty,$$

因此函数曲线有竖直渐近线 $x=1$,又

$$\lim_{x\to\infty}\frac{(x-3)^2}{4x(x-1)}=\frac{1}{4}, \quad \lim_{x\to\infty}\left[\frac{(x-3)^2}{4(x-1)}-\frac{1}{4}x\right]=-\frac{5}{4},$$

故 $y=\dfrac{1}{4}x-\dfrac{5}{4}$ 为函数曲线的斜渐近线.

根据以上的讨论,作出函数图形,如图 2-8 所示.

图 2-8

习题 2.6

1. 判断 $y=4x^3-5x^2+x-2$ 在区间 $[0,1]$ 上的单调性.

2. 判断函数 $f(x)=x+\ln x$ 的单调性.

3. 求下列函数的单调区间、极值点和极值：

(1) $y=2x^3-6x^2-18x+5$;

(2) $y=2x^2-\ln x$;

(3) $y=2x+\dfrac{8}{x}$;

(4) $y=(x-1)^2(x+1)^3$.

4. 求下列曲线的凹凸区间与拐点：

(1) $y=x^3-5x^2+3x-5$;

(2) $y=\ln(1+x^2)$;

(3) $y=2x^3-6x^2-18x+5$;

(4) $y=-x^4+2x^2$;

(5) $y=x^4-2x^3+1$;

(6) $y=e^{-x}$.

5. 用洛必达法则求下列极限：

(1) $\lim\limits_{x\to 0}\dfrac{e^x-e^{-x}}{\sin x}$;

(2) $\lim\limits_{x\to a}\dfrac{\sin x-\sin a}{x-a}$;

(3) $\lim\limits_{x\to 0}\dfrac{\tan x-x}{x-\sin x}$;

(4) $\lim\limits_{x\to 1}\dfrac{x^3-1+\ln x}{e^x-e}$.

6. 描绘下列函数的图形：

(1) $y=\dfrac{2x^2}{x^2-1}$;

(2) $y=\dfrac{x}{1+x^2}$;

(3) $y=x\sqrt{3-x}$.

综合练习题二

1. 填空题

(1) 已知 $y=x^3-2x+1$, 则 $y'=$ ＿＿＿＿＿＿＿＿＿＿＿;

(2) 函数 $y=x^3-x$ 的单调区间为＿＿＿＿＿＿＿＿＿＿＿;

(3) 若 $f(x)$ 在 $x=0$ 处可导, 且 $f(0)=0$, 则 $\lim\limits_{x\to 0}\dfrac{f(x)}{x}=$＿＿＿＿＿＿＿＿＿＿＿;

(4) 设 $f(x)=\ln\sqrt{1+x^2}$，则 $f'(0)=$ _____ ；

(5) 设曲线 $y=x^2+x-2$ 在点 P 处切线斜率等于 3，则 P 点的坐标为 _____ ；

(6) 曲线 $f(x)=x^3-x$ 的拐点是 _____ ；

(7) 设 $f(x)=\ln(1-x)$，则 $f''(x)=$ _____ .

2. 单选题

(1) 若 $f'(x_0)=2$，则 $\lim\limits_{k\to 0}\dfrac{f(x_0-k)-f(x_0)}{2k}$ 等于（　　）.

A. -1　　　　　　B. -2　　　　　　C. 1　　　　　　D. $\dfrac{1}{2}$

(2) 设 $y=f(-x^2)$，则 $\mathrm{d}y=$（　　）.

A. $xf'(-x^2)\mathrm{d}x$　　　　　　　　B. $-2xf'(-x^2)\mathrm{d}x$

C. $2f'(-x^2)\mathrm{d}x$　　　　　　　　D. $2xf'(-x^2)\mathrm{d}x$

(3) 设 $f(x)$ 在 x_0 处可导，已知 $\lim\limits_{x\to 0}\dfrac{f(x_0+2x)-f(x_0)}{2x}=3$，则 $f'(x_0)=$（　　）.

A. 3　　　　　　B. 1　　　　　　C. 0　　　　　　D. 2

(4) 在区间 (a,b) 内，如果 $g'(x)=f'(x)$，则必有（　　）.

A. $f(x)=g(x)$　　　　　　　　B. $f(x)=g(x)+c$

C. $f(x)$ 与 $g(x)$ 为任意函数　　　D. $f(x)+g(x)=0$

(5) 函数 $y=\sin\dfrac{1}{x}$ 在 $x=0$ 处（　　）.

A. 连续，可导　　　　　　　　B. 连续，不可导

C. 不连续，不可导　　　　　　D. 不连续，可导

3. 计算下列函数的导数和微分：

(1) $y=x\sqrt{x}+\dfrac{1}{x^2}-5x^2+1$；　　　　(2) $y=(x^2+1)\ln\sqrt[3]{x}$；

(3) $y=\dfrac{2^x\mathrm{e}^x}{\tan x}$；　　　　　　　　(4) $y=\mathrm{e}^x\log_2\sqrt{x}$；

(5) $y=\ln(\mathrm{e}^x+x\ln x)$；　　　　　　(6) $y=\cot(\mathrm{e}^{\frac{1}{x}})$；

(7) $y=\sin(\cos\sqrt{x})$；　　　　　　　(8) $y=\dfrac{\tan x}{x}+\tan\dfrac{\pi}{4}$；

(9) $y=\sqrt{\cos(2^x)}$；　　　　　　　　(10) $y=\dfrac{1+\cos 2x}{1-\cos 2x}$；

(11) $y=\sqrt{x}(x-\cot x)$；　　　　　　(12) $y=\dfrac{x}{2}\sqrt{1-x^2}+\sin(x^2)$.

4. 已知函数 $f(x)=ax^3+bx^2+cx+d$ 在 $x=-3$ 处取得极小值 $f(-3)=2$，在 $x=3$ 处取得极大值 $f(3)=6$，求常数 a,b,c,d.

5. a,b 为何值时，点 $(1,3)$ 为曲线 $y=ax^3+bx^2$ 的拐点？

第 3 章　不定积分

【导学】　前面学习了一元函数的微分学,从本章开始学习一元函数的积分学,它包括不定积分和定积分两部分.其中不定积分是作为微分法的逆运算引入的,而定积分是某种特殊和式的极限.本章学习不定积分的概念、性质和求不定积分的基本方法.

3.1　原函数与不定积分

【教学要求】　本节要求理解原函数的概念,掌握不定积分的定义、性质和几何意义.

3.1.1　原函数概念

在微分学中已经研究了如何求函数的导数和微分,而在实际问题中,常常需要解决与其相反的问题,即已知一个函数的导数或微分,如何求原来的函数.

例如,已知某物体运动的速度随时间 t 变化的规律为 $v=v(t)$,要求该物体运动的路程随时间变化的规律 $s=s(t)$.

显然,这个问题就是在关系式 $v(t)=s'(t)$ 中,当 $v(t)$ 为已知时,要求 $s(t)$ 的问题.从数学的角度来说,这个问题是在关系式 $F'(x)=f(x)$ 中,当函数 $f(x)$ 已知时,求出函数 $F(x)$,由此引出原函数的概念.

定义 1　设 $f(x)$ 是定义在某区间 I 内的一个函数,如果存在一个函数 $F(x)$,使得对于每一点 $x \in I$,都有 $F'(x)=f(x)$(或 $\mathrm{d}F(x)=f(x)\mathrm{d}x$),则称函数 $F(x)$ 为 $f(x)$ 在区间 I 内的一个**原函数**.

例如,在 $(-\infty,+\infty)$ 内,由于 $(x^2)'=2x$,所以 x^2 是 $2x$ 的一个原函数;又如,$(x^2+2)'=2x$,$(x^2-\sqrt{5})'=2x$,$(x^2+C)'=2x$(其中 C 为任意常数),所以 x^2+2,$x^2-\sqrt{5}$,x^2+C 都是 $2x$ 的原函数.

由此可看出,如果 $f(x)$ 在 I 上有原函数,则它有无穷多个原函数,即任意两个原函数仅相差一个常数 C.也就是说,若 $F(x)$ 是 $f(x)$ 的一个原函数,那么 $F(x)+C$ 也是 $f(x)$ 的原函数.

3.1.2　不定积分概念

1. 不定积分的定义

定义 2　若 $F(x)$ 是 $f(x)$ 在区间 I 内的一个原函数,则 $F(x)+C(C$ 为任意常数)称为 $f(x)$ 在区间 I 上的**不定积分**,记为 $\displaystyle\int f(x)\mathrm{d}x$,即

$$\int f(x)\mathrm{d}x = F(x) + C.$$

其中,符号"$\int$"称为**积分号**,$f(x)$称为**被积函数**,$f(x)\mathrm{d}x$称为**被积表达式**,x称为**积分变量**,C称为**积分常数**.

由不定积分的定义可知,求函数 $f(x)$ 的不定积分,只需求出 $f(x)$ 的一个原函数,再加上积分常数 C 即可.

例 1 求下列不定积分:

(1) $\int \sin x\mathrm{d}x$;   (2) $\int \mathrm{e}^{-x}\mathrm{d}x$.

解 (1) 因为 $(-\cos x)' = \sin x$,即 $-\cos x$ 是 $\sin x$ 的一个原函数,由不定积分的定义可知:

$$\int \sin x\mathrm{d}x = -\cos x + C.$$

(2) 因为 $(-\mathrm{e}^{-x})' = \mathrm{e}^{-x}$,即 $-\mathrm{e}^{-x}$ 是 e^{-x} 的一个原函数,由不定积分的定义可知:

$$\int \mathrm{e}^{-x}\mathrm{d}x = -\mathrm{e}^{-x} + C.$$

例 2 求不定积分 $\int \dfrac{1}{x}\,\mathrm{d}x$.

解 被积函数 $f(x) = \dfrac{1}{x}$,当 $x = 0$ 时无意义.

当 $x > 0$ 时,因为 $(\ln x)' = \dfrac{1}{x}$,所以

$$\int \frac{1}{x}\,\mathrm{d}x = \ln x + C.$$

当 $x < 0$ 时,因为 $[\ln(-x)]' = \dfrac{-1}{-x} = \dfrac{1}{x}$,所以

$$\int \frac{1}{x}\,\mathrm{d}x = \ln(-x) + C.$$

合并上面两式,就有

$$\int \frac{1}{x}\,\mathrm{d}x = \ln|x| + C \quad (x \neq 0)$$

2. 不定积分的性质

性质 1 不定积分与导数或微分互为逆运算.

(1) $\left[\int f(x)\mathrm{d}x\right]' = f(x)$ 或 $\mathrm{d}\left[\int f(x)\mathrm{d}x\right] = f(x)\mathrm{d}x$.

此式表明,先积分后微分,两者互逆运算相互抵消.

(2) $\int F'(x)\mathrm{d}x = F(x) + C$ 或 $\int \mathrm{d}F(x) = F(x) + C$.

此式表明,先微分后积分,两者互逆运算相互抵消,结果相差一个常数 C.

性质 1 揭示了求不定积分与求导数(或微分)的互逆关系,属不定积分的基本性质.

性质 2 两个函数代数和的不定积分等于两个函数不定积分的代数和,即

$$\int [f(x) \pm g(x)] \mathrm{d}x = \int f(x) \mathrm{d}x \pm \int g(x) \mathrm{d}x .$$

此性质可推广：

$$\int [f_1(x) \pm f_2(x) + \cdots + f_n(x)] \mathrm{d}x = \int f_1(x) \mathrm{d}x \pm \int f_2(x) \mathrm{d}x + \cdots + \int f_n(x) \mathrm{d}x.$$

性质 3　被积函数中不为零的常数因子 k 可以提到积分号之前，即

$$\int k f(x) \mathrm{d}x = k \int f(x) \mathrm{d}x \quad (k \text{ 是常数}, k \neq 0).$$

性质 2、性质 3 属不定积分的运算性质.

3. 不定积分的几何意义

通常把函数 $f(x)$ 的一个原函数 $y = F(x)$ 的图形叫做 $f(x)$ 的一条积分曲线. 如果把曲线 $y = F(x)$ 沿 y 轴上下平行移动 $|C|$ 个单位而得到的一簇曲线，称为积分曲线簇，其方程为 $y = F(x) + C$. 从几何意义上看，函数 $f(x)$ 的不定积分 $\int f(x) \mathrm{d}x$ 表示 $f(x)$ 的积分曲线簇.

从图 3-1 中可以看出：

① 对应同一个横坐标 x 的点，所有的切线互相平行；

② 积分曲线簇中，所有的曲线都可以由其中任意一条曲线沿着 y 轴的方向上下平移而得到.

图 3-1

例 3　设曲线通过点 $(1, 3)$，且其上任一点处的切线斜率等于该点横坐标的两倍，求该曲线的方程.

解　设所求曲线方程为 $y = F(x)$，依题意有 $F'(x) = 2x$，则有

$$y = \int 2x \mathrm{d}x = x^2 + C$$

又因曲线过点 $(1, 3)$，代入上式得

$$3 = 1^2 + C \Rightarrow C = 2.$$

故所求曲线方程为

$$y = x^2 + C.$$

 习题 3.1

1. 验证函数 $F(x) = x(\ln x - 1)$ 是 $f(x) = \ln x$ 的一个原函数.

2. 已知 $F'(x) = 3x^2 - 4x$，且曲线 $y = F(x)$ 过点 $(1, -1)$，求函数 $F(x)$ 的表达式.

3. 求下列不定积分：

(1) $\displaystyle\int \frac{1}{x^2} \mathrm{d}x$；

(2) $\displaystyle\int x^2 \sqrt{x} \mathrm{d}x$；

(3) $\displaystyle\int 3 \mathrm{e}^x \mathrm{d}x$；

(4) $\displaystyle\int \left(\frac{x}{2} + \frac{3}{x} \right)^2 \mathrm{d}x$.

4. 写出下列各式结果：

(1) $\left(\int \dfrac{\sqrt[3]{2+\ln x}}{x}\mathrm{d}x\right)'$;　　　　(2) $\int \mathrm{d}(\mathrm{e}^{2x}\cos x^2)$.

5. 试求函数 $f(x)=\sin x$ 过点 $(0,1)$ 的积分曲线方程.

6. 已知一条曲线在任一点 x 处切线斜率为 $\dfrac{1}{2\sqrt{x}}$，且过点 $(4,3)$，求曲线方程.

7. 已知一条曲线在任一点处切线斜率等于该点横坐标的倒数，且曲线过点 $(\mathrm{e}^2,3)$，求曲线方程.

3.2　基本积分公式表与直接积分法

【教学要求】　本节要求掌握基本积分公式表，它是求不定积分的基础，必须熟记，并会利用不定积分的基本积分公式和性质求一些简单函数的不定积分.

3.2.1　基本积分公式表

由于求不定积分就是求导数的逆运算，故由基本初等函数的导数公式便可得到相应的基本积分公式. 为了计算方便，下面列出基本积分公式表(见表 3-1).

表 3-1　基本积分公式表

(1) $\int 0\mathrm{d}x = C$	(2) $\int k\mathrm{d}x = kx + C\ (k\neq 0)$
(3) $\int x^n\mathrm{d}x = \dfrac{x^{n+1}}{n+1} + C\ (n\neq -1)$	(4) $\int \dfrac{1}{x}\mathrm{d}x = \ln|x| + C$
(5) $\int a^x\mathrm{d}x = \dfrac{a^x}{\ln a} + C$	(6) $\int \mathrm{e}^x\mathrm{d}x = \mathrm{e}^x + C$
(7) $\int \sin x\mathrm{d}x = -\cos x + C$	(8) $\int \cos x\mathrm{d}x = \sin x + C$
(9) $\int \sec^2 x\mathrm{d}x = \tan x + C$	(10) $\int \csc^2 x\mathrm{d}x = -\cot x + C$
(11) $\int \sec x\tan x\mathrm{d}x = \sec x + C$	(12) $\int \csc x\cot x\mathrm{d}x = -\csc x + C$
(13) $\int \dfrac{1}{\sqrt{1-x^2}}\mathrm{d}x = \arcsin x + C = -\arccos x + C$	(14) $\int \dfrac{1}{1+x^2}\mathrm{d}x = \arctan x + C = -\text{arccot}\, x + C$

说明　(1) 基本积分公式是求不定积分的基础，要求熟记.

(2) 基本积分公式是以 x 为积分变量的，将基本公式中所有 x 换成其他字母亦成立.

直接利用基本积分公式和不定积分的运算性质，有时需先将被积函数进行恒等变形，便可求得一些函数的不定积分.

例1　计算下列不定积分：

(1) $\int \left(3x^3 - 4x - \dfrac{1}{x} + 5\right)\mathrm{d}x$;　　(2) $\int \dfrac{2x^2}{1+x^2}\mathrm{d}x$;　　(3) $\int \dfrac{1}{x^2(1+x^2)}\mathrm{d}x$.

解　(1) 先用不定积分性质，再用基本积分公式，可得

$$\int \left(3x^3 - 4x - \frac{1}{x} + 5\right) dx = 3\int x^3 dx - 4\int x dx - \int \frac{1}{x} dx + \int 5 dx$$

$$= 3 \cdot \frac{1}{3+1} x^{3+1} - 4 \cdot \frac{1}{1+1} x^{1+1} - \ln|x| + 5x + C$$

$$= \frac{3}{4} x^4 - 2x^2 - \ln|x| + 5x + C.$$

（2）先将被积函数进行代数恒等变形 $x^2 = x^2 + 1 - 1$，并分项，再用基本积分公式

$$\int \frac{2x^2}{1+x^2} dx = 2\int \frac{x^2 + 1 - 1}{1+x^2} dx = 2\left[\int dx - \int \frac{1}{1+x^2} dx\right]$$

$$= 2x - 2\arctan x + C$$

（3）$\displaystyle\int \frac{1}{x^2(1+x^2)} dx = \int \left(\frac{1}{x^2} - \frac{1}{1+x^2}\right) dx = \int \frac{1}{x^2} dx - \int \frac{1}{1+x^2} dx = -\frac{1}{x} - \arctan x + C.$

例 2　求 $\displaystyle\int \frac{1}{\sin^2 x \cos^2 x} dx.$

解　利用三角恒等变形公式 $\sin^2 x + \cos^2 x$，把被积函数变形为

$$\int \frac{1}{\sin^2 x \cos^2 x} dx = \int \frac{\sin^2 x + \cos^2 x}{\sin^2 x \cos^2 x} dx$$

$$= \int \frac{1}{\cos^2 x} dx + \int \frac{1}{\sin^2 x} dx$$

$$= \tan x - \cot x + C.$$

注意　检验积分结果是否正确，只要对结果求导，看它的导数是否等于被积函数，相等时结果是正确的，否则结果是错误的.

3.2.2　直接积分法

所谓**直接积分法**，就是利用不定积分的基本积分公式和性质求一些简单函数的不定积分.

例 3　求不定积分 $\displaystyle\int (x^2 - 2\cos x + 2^x) dx.$

解　$\displaystyle\int (x^2 - 2\cos x + 2^x) dx = \int x^2 dx - 2\int \cos x dx + \int 2^x dx$

$$= \left(\frac{x^3}{3} + C_1\right) - (2\sin x + C_2) + \left(\frac{2^x}{\ln 2} + C_3\right)$$

$$= \frac{x^3}{3} - 2\sin x + \frac{2^x}{\ln 2} + C.$$

其中，$C = C_1 - C_2 + C_3$，即各积分常数可以合并，故今后对于求代数和的不定积分时，只需在最后加上一个常数 C 即可.

例 4　求下列不定积分：

（1）$\displaystyle\int \sqrt{x\sqrt{x}} dx;$　　　　（2）$\displaystyle\int 3^x e^x dx;$

解　（1）$\displaystyle\int \sqrt{x\sqrt{x}} dx = \int x^{\frac{3}{4}} dx = \frac{1}{1+\frac{3}{4}} x^{\frac{3}{4}+1} + C = \frac{4}{7} x^{\frac{7}{4}} + C.$

(2) $\int 3^x \mathrm{e}^x \mathrm{d}x = \int (3\mathrm{e})^x \mathrm{d}x = \dfrac{(3\mathrm{e})^x}{\ln(3\mathrm{e})} + C = \dfrac{3^x \mathrm{e}^x}{1+\ln 3} + C.$

例 5 求下列不定积分：

(1) $\int \tan^2 x \mathrm{d}x$；   (2) $\int \dfrac{\cos 2x}{\sin^2 x} \mathrm{d}x$；   (3) $\int \cos^2 \dfrac{x}{2} \mathrm{d}x.$

解 利用三角恒等变形有：

(1) $\int \tan^2 x \mathrm{d}x = \int (\sec^2 x - 1) \mathrm{d}x = \int \sec^2 x \mathrm{d}x - \int \mathrm{d}x = \tan x - x + C$；

(2) $\int \dfrac{\cos 2x}{\sin^2 x} \mathrm{d}x = \int \dfrac{1 - 2\sin^2 x}{\sin^2 x} \mathrm{d}x = \int (\csc^2 x - 2) \mathrm{d}x = -\cot x - 2x + C$；

(3) $\int \cos^2 \dfrac{x}{2} \mathrm{d}x = \int \dfrac{1 + \cos x}{2} \mathrm{d}x = \int \dfrac{1}{2} \mathrm{d}x + \dfrac{1}{2} \int \cos x \mathrm{d}x = \dfrac{x}{2} + \dfrac{\sin x}{2} + C.$

 习题 3.2

1. 利用不定积分性质计算下列不定积分：

(1) $\int \left(3 + 2x^3 + \dfrac{1}{x^3} \right) \mathrm{d}x$；   (2) $\int \dfrac{1}{x^2(1+x^2)} \mathrm{d}x$；

(3) $\int \left(\dfrac{2}{\sqrt{x}} - \dfrac{\sqrt{x}}{2} \right) \mathrm{d}x.$

2. 利用直接法计算下列不定积分：

(1) $\int \dfrac{1 + 2x^2}{2x^2} \mathrm{d}x$；   (2) $\int \left(\dfrac{3 \cdot 2^x - 4 \cdot 3^x}{3^x} \right) \mathrm{d}x$；

(3) $\int \sin^2 \dfrac{x}{2} \mathrm{d}x$；   (4) $\int \cot^2 x \mathrm{d}x$；

(5) $\int \dfrac{x^3 - 27}{x - 3} \mathrm{d}x$；   (6) $\int \dfrac{x^2 - 2\sqrt{2}x + 2}{x - \sqrt{2}} \mathrm{d}x$；

(7) $\int \dfrac{\mathrm{e}^{2x} - 1}{\mathrm{e}^x - 1} \mathrm{d}x$；   (8) $\int \mathrm{e}^x \left(1 - \dfrac{\mathrm{e}^{-x}}{x^2} \right) \mathrm{d}x$；

(9) $\int \dfrac{\cos 2x}{\cos x - \sin x} \mathrm{d}x$；   (10) $\int \dfrac{1 + \cos^2 x}{1 + \cos 2x} \mathrm{d}x.$

3. 设 $\int x f(x) \mathrm{d}x = \arccos x + C$，求 $f(x).$

4. 在积分曲线簇 $y = \int 7x^2 \mathrm{d}x$ 中，求通过点 $(\sqrt{3}, 7\sqrt{3})$ 的曲线方程.

5. 一物体由静止开始运动，经 t 秒后的速度是 $3t^2 \,(\mathrm{m/s})$，问：

(1) 在 3 s 后物体离开出发点的距离是多少？

(2) 物体走完 360 m 需要多少时间？

3.3　不定积分的换元法与分部法

【教学要求】　本节要求掌握求不定积分的两种重要方法:换元法和分部法,这也是求解一般函数不定积分的最常见方法.换元法分第一类换元法(也叫凑微分法)和第二类换元法,要求重点掌握"凑微分法".分部法重点掌握 u、dv 的选取原则.

3.3.1　换元积分法

由前面可知,直接法只能计算有限的简单的不定积分,而对于更多的比较复杂的不定积分,还需要进一步研究不定积分的求解方法.下面将介绍的第一类换元法,就是求解复合函数的不定积分的基本方法.

1. 第一类换元法(凑微分法)

下面先看一个引例.

引例　求 $\int e^{-x} dx$.

分析　这个积分看上去很简单,与基本积分公式 $\int e^x dx$ 相似,但不能用直接积分法.区别在于 $\int e^{-x} dx$ 中的被积函数 $y = e^{-x}$ 是由 $y = e^u$,$u = -x$ 复合而成的,那么如何求解这类复合函数的积分呢?

计算过程:因为 $d(-x) = -dx$,所以

$$\int e^{-x} dx = -\int e^{-x} d(-x) \xLongequal{\text{令} u = -x} -\int e^u du = -e^u + C \xLongequal{\text{回代}} -e^{-x} + C.$$

经验证,结果正确.

上例中,将公式 $\int e^x dx = e^x + C$ 中的 x 换成了 $u = -x$,得到对应公式

$$\int e^u dx = e^u + C.$$

一般地,有如下定理.

定理 1　设 $F(u)$ 是 $f(u)$ 的一个原函数且 $u = \varphi(x)$ 可导,则

$$\int f[\varphi(x)] d[\varphi(x)] = F[\varphi(x)] + C.$$

此定理表明:在基本积分公式表中,把自变量 x 换成任一个可导函数 $u = \varphi(x)$ 后,公式仍成立.这就扩充了基本积分公式的适用范围.

将这种基于复合函数求导法则求解不定积分的方法称之为**凑微分法**.凑微分法的名称来源于把被积函数分为复合函数 $f[\varphi(x)]$ 与中间变量的导数 $\varphi'(x)$ 两部分,再把 $\varphi'(x) dx$ 凑成 $d\varphi(x)$.

此法关键点:被积函数具有 $\int f[\varphi(x)] \cdot \varphi'(x) dx$ 形式,设法将其凑成 $\int f[\varphi(x)] \cdot d\varphi(x)$ 的形式.故称此法为"**凑微分法**",也叫做**第一类换元法**.

将凑微分法常作如下描述:

$$\int f[\varphi(x)] \cdot \varphi'(x)\mathrm{d}x = \int f[\varphi(x)]\mathrm{d}[\varphi(x)]$$

$$\xrightarrow{\text{令}\ \varphi(x)=u} \int f(u)\mathrm{d}u \xrightarrow{\text{用公式}} F(u)+C$$

$$\xrightarrow{\text{回代}\ u=\varphi(x)} F[\varphi(x)]+C.$$

例 1 计算下列不定积分：

(1) $\int x\mathrm{e}^{x^2}\mathrm{d}x$；   (2) $\int x\sin x^2\mathrm{d}x$.

解 (1) $\int x\mathrm{e}^{x^2}\mathrm{d}x = \dfrac{1}{2}\int \mathrm{e}^{x^2}\cdot(x^2)'\mathrm{d}x = \dfrac{1}{2}\int \mathrm{e}^{x^2}\mathrm{d}(x^2)$

$$\xrightarrow{\text{令}\ x^2=u} \dfrac{1}{2}\int \mathrm{e}^u \mathrm{d}(u) = \dfrac{1}{2}\mathrm{e}^u+C \xrightarrow{\text{回代}\ u=x^2} \dfrac{1}{2}\mathrm{e}^{x^2}+C.$$

(2) $\int x\sin x^2\mathrm{d}x = \dfrac{1}{2}\int \sin x^2\cdot(x^2)'\mathrm{d}x = \dfrac{1}{2}\int \sin x^2\mathrm{d}(x^2)$

$$\xrightarrow{\text{令}\ x^2=u} \dfrac{1}{2}\int \sin u\mathrm{d}(u) = \dfrac{1}{2}(-\cos u)+C$$

$$\xrightarrow{\text{回代}\ u=x^2} -\dfrac{1}{2}\cos x^2+C.$$

例 2 计算下列不定积分：

(1) $\int \sqrt{x-1}\mathrm{d}x$；   (2) $\int \dfrac{1}{x}\ln x\mathrm{d}x$.

解 (1) $\int \sqrt{x-1}\mathrm{d}x = \int (x-1)^{\frac{1}{2}}\cdot(x-1)'\mathrm{d}x = \int (x-1)^{\frac{1}{2}}\mathrm{d}(x-1)$

$$\xrightarrow{\text{令}\ x-1=u} \int u^{\frac{1}{2}}\mathrm{d}(u) \xrightarrow{\text{用公式}} \dfrac{u^{\frac{1}{2}+1}}{\frac{1}{2}+1}+C = \dfrac{2}{3}u^{\frac{3}{2}}+C$$

$$\xrightarrow{\text{回代}\ u=x-1} \dfrac{2}{3}(x-1)^{\frac{3}{2}}+C$$

(2) $\int \dfrac{1}{x}\ln x\mathrm{d}x = \int \ln x\cdot(\ln x)'\mathrm{d}x = \int \ln x\mathrm{d}(\ln x)$

$$\xrightarrow{\text{令}\ \ln x=u} \int u\mathrm{d}(u) \xrightarrow{\text{用公式}} \dfrac{u^2}{2}+C \xrightarrow{\text{回代}\ u=\ln x} \dfrac{1}{2}\ln^2 x+C.$$

当运算熟练之后，可以不写出中间变量直接计算. 下面练一练.

例 3 计算下列不定积分：

(1) $\int \dfrac{1}{\sqrt{x}}\sin\sqrt{x}\mathrm{d}x$；   (2) $\int \dfrac{1}{x^2}\cos\dfrac{1}{x}\mathrm{d}x$；   (3) $\int \dfrac{\mathrm{e}^x}{1+\mathrm{e}^x}\mathrm{d}x$.

解 (1) $\int \dfrac{1}{\sqrt{x}}\sin\sqrt{x}\mathrm{d}x = 2\int \sin\sqrt{x}\ \mathrm{d}(\sqrt{x}) = -2\cos\sqrt{x}+C$；

(2) $\int \dfrac{1}{x^2}\cos\dfrac{1}{x}\mathrm{d}x = -\int \cos\dfrac{1}{x}\ \mathrm{d}\left(\dfrac{1}{x}\right) = -\sin\dfrac{1}{x}+C$；

(3) $\int \dfrac{\mathrm{e}^x}{1+\mathrm{e}^x}\mathrm{d}x = \int \dfrac{1}{1+\mathrm{e}^x}\mathrm{d}(\mathrm{e}^x+1) = \ln(\mathrm{e}^x+1)+C.$

例 4　计算下列不定积分：

(1) $\int \tan x \mathrm{d}x$；　　　　(2) $\int \sin^3 x \mathrm{d}x$；　　　　(3) $\int \cos^2 x \mathrm{d}x$．

解　(1) $\int \tan x \mathrm{d}x = \int \dfrac{\sin x}{\cos x}\mathrm{d}x = -\int \dfrac{1}{\cos x}\mathrm{d}(\cos x) = -\ln|\cos x| + C$；

(2) $\int \sin^3 x \mathrm{d}x = \int \sin^2 x \sin x \mathrm{d}x = -\int (1-\cos^2 x)\mathrm{d}(\cos x)$

$\qquad = -\int \mathrm{d}(\cos x) + \int \cos^2 x \mathrm{d}(\cos x) = -\cos x + \dfrac{1}{3}\cos^3 x + C$；

(3) $\int \cos^2 x \mathrm{d}x = \int \dfrac{1+\cos 2x}{2}\mathrm{d}x = \dfrac{1}{2}\int \mathrm{d}x + \dfrac{1}{4}\int \cos 2x \mathrm{d}(2x) = \dfrac{x}{2} + \dfrac{\sin 2x}{4} + C$．

例 5　计算下列不定积分：

(1) $\int \dfrac{1}{a^2+x^2}\mathrm{d}x$；　　　(2) $\int \dfrac{1}{\sqrt{4-x^2}}\mathrm{d}x$；　　　(3) $\int \dfrac{1}{x(1+x)}\mathrm{d}x$．

解　(1) $\int \dfrac{1}{a^2+x^2}\mathrm{d}x = \int \dfrac{1}{a^2}\cdot\dfrac{1}{1+\left(\frac{x}{a}\right)^2}\mathrm{d}x = \dfrac{1}{a}\int \dfrac{1}{1+\left(\frac{x}{a}\right)^2}\mathrm{d}\left(\dfrac{x}{a}\right) = \dfrac{1}{a}\arctan \dfrac{x}{a} + C$；

(2) $\int \dfrac{1}{\sqrt{4-x^2}}\mathrm{d}x = \int \dfrac{1}{2}\cdot\dfrac{1}{\sqrt{1-\left(\frac{x}{2}\right)^2}}\mathrm{d}x = \int \dfrac{1}{\sqrt{1-\left(\frac{x}{2}\right)^2}}\mathrm{d}\left(\dfrac{x}{2}\right) = \arcsin \dfrac{x}{2} + C$；

(3) $\int \dfrac{1}{x(1+x)}\mathrm{d}x = \int \left(\dfrac{1}{x} - \dfrac{1}{1+x}\right)\mathrm{d}x = \int \dfrac{1}{x}\mathrm{d}x - \int \dfrac{1}{1+x}\mathrm{d}(x+1)$

$\qquad = \ln|x| - \ln|x+1| + C$．

凑微分法在积分学中会经常用到，这种方法的特点是"凑微分"，要掌握这种方法，需要熟记一些函数的微分公式．为了做题方便，下面列出一些常用的凑微分格式：

(1) $\mathrm{d}x = \dfrac{1}{a}\mathrm{d}(ax+b)$（$a,b$ 为常数且 $a \neq 0$）；　　(2) $x\mathrm{d}x = \dfrac{1}{2}\mathrm{d}(x^2)$；

(3) $\dfrac{1}{\sqrt{x}}\mathrm{d}x = 2\mathrm{d}(\sqrt{x})$；　　(4) $\dfrac{1}{x^2}\mathrm{d}x = -\mathrm{d}\left(\dfrac{1}{x}\right)$；

(5) $\dfrac{1}{x}\mathrm{d}x = \mathrm{d}(\ln x)$；　　(6) $\mathrm{e}^x \mathrm{d}x = \mathrm{d}(\mathrm{e}^x)$；

(7) $\sin x \mathrm{d}x = -\mathrm{d}(\cos x)$；　　(8) $\cos x \mathrm{d}x = \mathrm{d}(\sin x)$；

(9) $\sec^2 x \mathrm{d}x = \mathrm{d}(\tan x)$；　　(10) $\csc^2 x \mathrm{d}x = -\mathrm{d}(\cot x)$；

(11) $\dfrac{1}{\sqrt{1-x^2}}\mathrm{d}x = \mathrm{d}(\arcsin x)$；　　(12) $\dfrac{1}{1+x^2}\mathrm{d}x = \mathrm{d}(\arctan x)$．

2. 第二类换元法

在第二类换元法中，是"引入一个新变量 t，将 x 表示为 t 的一个连续函数 $x = \varphi(t)$"，从而简化积分计算的．还是先看下面一个引例．

引例　求 $\int \dfrac{\sqrt{x-1}}{x}\mathrm{d}x$．

分析　该题中被积函数含有根式 $\sqrt{x-1}$，若引入一个新变量 t 代换 $\sqrt{x-1}$，则被积函数中的根式可去掉. 即令 $\sqrt{x-1}=t$, 得出 $x=t^2+1$, 代入原式, 则将关于 x 的积分全部换为关于 t 的积分, 使问题得解.

计算过程: 令 $\sqrt{x-1}=t$, 则 $x=t^2+1$, 于是 $\mathrm{d}x=2t\mathrm{d}t$. 则有

$$\int \frac{\sqrt{x-1}}{x}\mathrm{d}x \xrightarrow{\text{换元}} \int \frac{t}{t^2+1} \cdot 2t\mathrm{d}t = 2\int \frac{t^2}{t^2+1}\mathrm{d}t$$

$$= 2\int \frac{t^2+1-1}{t^2+1}\mathrm{d}t = 2\int \left(1-\frac{1}{1+t^2}\right)\mathrm{d}t$$

$$\xrightarrow{\text{用公式}} 2(t-\arctan t)+C$$

$$\xrightarrow{\text{变量还原}} 2(\sqrt{x-1}-\arctan\sqrt{x-1})+C.$$

故将第二类换元法常作如下描述:

$$\int f(x)\mathrm{d}x \xrightarrow{\text{令 } x=\varphi(t)} \int f[\varphi(t)] \cdot \varphi'(t)\mathrm{d}t$$

$$\xrightarrow{\text{用公式}} F(t)+C$$

$$\xrightarrow[t=\varphi^{-1}(x)]{\text{变量还原}} F[\varphi^{-1}(x)]+C.$$

例 6　求 $\int \dfrac{1}{1+\mathrm{e}^x}\mathrm{d}x$.

解　令 $t=\mathrm{e}^x$, 即 $x=\ln t$, 则 $\mathrm{d}x=\mathrm{d}(\ln t)=\dfrac{1}{t}\mathrm{d}t$. 于是

$$\int \frac{1}{1+\mathrm{e}^x}\mathrm{d}x = \int \frac{1}{1+t} \cdot \frac{1}{t}\mathrm{d}t = \int \frac{1}{t(t+1)}\mathrm{d}t$$

$$\xrightarrow{\text{恒等变形}} \int \frac{(t+1)-t}{t(t+1)}\mathrm{d}t$$

$$= \int \left(\frac{1}{t}-\frac{1}{t+1}\right)\mathrm{d}t$$

$$= \int \frac{1}{t}\mathrm{d}t - \int \frac{1}{t+1}\,\mathrm{d}(t+1) = \ln t - \ln|t+1|+C$$

$$\xrightarrow{\text{还原}} \ln \mathrm{e}^x - \ln|\mathrm{e}^x+1|+C.$$

有些式子可利用"三角恒等式"进行化简, 然后求出积分, 此为**三角换元法**. (＊以下内容选讲.)

＊例 7　求 $\int \sqrt{4-x^2}\mathrm{d}x$.

解　为去掉根式 $\sqrt{4-x^2}$, 借助三角恒等式 $1-\sin^2 t=\cos^2 t$ (见图 3-2), 于是可设 $x=2\sin t$, 则 $\mathrm{d}x=2\cos t\mathrm{d}t$, 则有

$$\int \sqrt{4-x^2}\mathrm{d}x = \int \sqrt{4-4\sin^2 t} \cdot 2\cos t\mathrm{d}t = \int 4\cos^2 t\mathrm{d}t$$

$$= 2\int (1+\cos 2t)\mathrm{d}t = 2\left(t+\frac{1}{2}\sin 2t\right)+C$$

$$= 2(t+\sin t\cos t)+C$$

$$= 2\left(\arcsin \frac{x}{2}+\frac{x}{2} \cdot \frac{\sqrt{4-x^2}}{2}\right)+C$$

$$= 2\arcsin x + \frac{x}{2}\sqrt{4-x^2}+C.$$

*例 8　求 $\displaystyle\int \frac{1}{\sqrt{x^2+a^2}}\mathrm{d}x\quad(a>0)$.

解　为去掉根式 $\sqrt{x^2+a^2}$,借助三角恒等式 $1+\tan^2 t=\sec^2 t$(见图 3-3),可设 $x=a\tan t$,则 $\mathrm{d}x=a\sec^2 t\mathrm{d}t$,则有

$$\int \frac{1}{\sqrt{x^2+a^2}}\mathrm{d}x=\int \frac{a\sec^2 t}{\sqrt{a^2\tan^2 t+a^2}}\mathrm{d}t=\int \sec t\mathrm{d}t$$
$$=\ln|\sec t+\tan t|+C$$
$$=\ln\left|\frac{\sqrt{x^2+a^2}}{a}+\frac{x}{a}\right|+C_1$$
$$=\ln\left|\sqrt{x^2+a^2}+x\right|+C\quad(C=C_1-\ln a).$$

*例 9　求 $\displaystyle\int \frac{1}{\sqrt{x^2-a^2}}\mathrm{d}x\quad(a>0)$.

解　为去掉根式 $\sqrt{x^2-a^2}$,借助三角恒等式 $\tan^2 t=\sec^2 t-1$(见图 3-4),可设 $x=a\sec t$,则 $\mathrm{d}x=a\sec t\cdot\tan t\mathrm{d}t$,则有

$$\int \frac{1}{\sqrt{x^2-a^2}}\mathrm{d}x=\int \frac{a\sec t\cdot\tan t}{\sqrt{a^2\sec^2 t-a^2}}\mathrm{d}t=\int \sec t\mathrm{d}t$$
$$=\ln|\sec t+\tan t|+C_1$$
$$=\ln\left|\frac{x}{a}+\frac{\sqrt{x^2-a^2}}{a}\right|+C_1$$
$$=\ln\left|x+\sqrt{x^2-a^2}\right|+C\quad(C=C_1-\ln a).$$

图 3-2　　　　　　　　　图 3-3　　　　　　　　　图 3-4

三角换元法归纳如下:

含形如 $\sqrt{a^2-x^2}\,(a>0)$ 的根式,设 $x=a\sin t$;

含形如 $\sqrt{x^2+a^2}\,(a>0)$ 的根式,设 $x=a\tan t$;

含形如 $\sqrt{x^2-a^2}\,(a>0)$ 的根式,设 $x=a\sec t$.

3.3.2　分部积分法

利用直接法和换元法可以求出许多函数的不定积分,但是有些不定积分利用这两种方法却很难解决,如 $\int \ln x\mathrm{d}x$, $\int x\sin x\mathrm{d}x$ 等. 为此研究另一种求不定积分的方法——**分部积分法**.

分部积分法一般用于解决被积函数含有“**两个因式乘积**”这种类型的积分.

先看下面的引例.

引例 求 $\int x \cdot \cos x \mathrm{d}x$.

分析 被积函数含有 x 和 $\cos x$ 的乘积,由乘积的导数公式入手,可得

$$(x \cdot \sin x)' = \sin x + x\cos x,$$

两端同时积分可得

$$x \cdot \sin x = \int \sin x \mathrm{d}x + \int x\cos x \mathrm{d}x,$$

移项:

$$\int x\cos x \mathrm{d}x = x \cdot \sin x - \int \sin x \mathrm{d}x,$$

左端为所求的不定积分.

上式表明,所求的不定积分可以转化为右端的两项,即将求 $\int x \cdot \cos x \mathrm{d}x$ 这样的积分转化为求 $\int \sin x \mathrm{d}x$ 的积分. 很容易看出,前者不好求,后者直接用公式即可求解.

将上述例题推广至一般,即可得出分部积分公式.

应用两个函数乘积的求导法则可推出**分部积分公式**.

设 $u = u(x), v = v(x)$ 都是 x 的可导函数,由乘积的微分法则,有

$$\mathrm{d}(u \cdot v) = u\mathrm{d}v + v\mathrm{d}u,$$

移项:

$$u\mathrm{d}v = \mathrm{d}(u \cdot v) - v\mathrm{d}u,$$

两边积分:

$$\int u\mathrm{d}v = \int \mathrm{d}(uv) - \int v\mathrm{d}u = uv - \int v\mathrm{d}u,$$

即

$$\int u\mathrm{d}v = uv - \int v\mathrm{d}u.$$

上式称为分部积分公式.

上述公式可以把比较难求的 $\int u\mathrm{d}v$ 化为比较易求的 $\int v\mathrm{d}u$ 的问题,达到化难为易的目的.

利用分部积分公式的关键在于如何恰当选取 u 和 $\mathrm{d}v$.

一般情况下,u 和 $\mathrm{d}v$ 的选取原则是:v 容易求得,且求 $\int v\mathrm{d}u$ 比求 $\int u\mathrm{d}v$ 容易.

分部积分法常用于被积函数是**两种不同类型函数乘积**的积分,如被积函数是幂函数与指数函数(或对数函数、三角函数、反三角函数等)的乘积,三角函数与指数函数的乘积等.

下面来看一些例题.

例 10 求 $\int x\sin x \mathrm{d}x$.

解 被积函数是**幂函数与三角函数**的乘积,用分部积分法.

设 $u = x, \mathrm{d}v = \sin x \mathrm{d}x = \mathrm{d}(-\cos x)$,于是 $\mathrm{d}u = \mathrm{d}x, v = -\cos x$,

$$\int x\sin x\mathrm{d}x = \int x\mathrm{d}(-\cos x) = x(-\cos x) - \int(-\cos x)\mathrm{d}x$$

$$= -x\cos x + \int\cos x\mathrm{d}x = -x\cos x + \sin x + C.$$

若选取 $u = \sin x, \mathrm{d}v = x\mathrm{d}x$，则 $\mathrm{d}u = \mathrm{d}(\sin x), v = \left(\dfrac{x^2}{2}\right)$. 于是，

$$\int x\sin x\mathrm{d}x = \int\sin x\mathrm{d}\left(\dfrac{x^2}{2}\right) = \dfrac{x^2}{2}\sin x - \int\dfrac{x^2}{2}\mathrm{d}(\sin x).\ (结果比原积分还难求解,不可取)$$

例 11　求 $\displaystyle\int x\mathrm{e}^{-x}\mathrm{d}x$.

解　被积函数是**幂函数与指数函数**的乘积,用分部积分法.

设 $u = x, \mathrm{d}v = \mathrm{e}^{-x}\mathrm{d}x = \mathrm{d}(-\mathrm{e}^{-x})$，则 $\mathrm{d}u = \mathrm{d}x, v = -\mathrm{e}^{-x}$. 于是，

$$\int x\mathrm{e}^{-x}\mathrm{d}x = \int x\mathrm{d}(-\mathrm{e}^{-x}) = -x\mathrm{e}^{-x} + \int\mathrm{e}^{-x}\mathrm{d}x = -x\mathrm{e}^{-x} - \int\mathrm{e}^{-x}\mathrm{d}(-x)$$

$$= -x\mathrm{e}^{-x} - \mathrm{e}^{-x} + C.$$

例 12　求 $\displaystyle\int x^2\ln x\mathrm{d}x$.

解　被积函数是**幂函数与对数函数**的乘积,用分部积分法.

设 $u = \ln x, \mathrm{d}v = x^2\mathrm{d}x = \mathrm{d}\left(\dfrac{x^3}{3}\right)$，于是，

$$\int x^2\ln x\mathrm{d}x = \int\ln x\mathrm{d}\left(\dfrac{x^3}{3}\right) = \dfrac{x^3}{3}\ln x - \int\dfrac{x^3}{3}\mathrm{d}(\ln x)$$

$$= \dfrac{x^3}{3}\ln x - \int\dfrac{x^3}{3}\cdot\dfrac{1}{x}\mathrm{d}x = \dfrac{x^3}{3}\ln x - \int\dfrac{x^2}{3}\mathrm{d}x$$

$$= \dfrac{x^3}{3}\ln x - \dfrac{x^3}{9} + C.$$

例 13　求 $\displaystyle\int x\arctan x\mathrm{d}x$.

解　被积函数是**幂函数与反三角函数**的乘积,用分部积分法.

设 $u = \arctan x, \mathrm{d}v = x\mathrm{d}x = \mathrm{d}\left(\dfrac{x^2}{2}\right)$，于是，

$$\int x\arctan x\mathrm{d}x = \int\arctan t\cdot\mathrm{d}\left(\dfrac{x^2}{2}\right)$$

$$= \dfrac{x^2}{2}\cdot\arctan x - \int\dfrac{x^2}{2}\mathrm{d}(\arctan x)$$

$$= \dfrac{x^2}{2}\cdot\arctan x - \dfrac{1}{2}\int x^2\cdot\dfrac{1}{1+x^2}\mathrm{d}x$$

$$= \dfrac{x^2}{2}\cdot\arctan x - \dfrac{1}{2}\int\dfrac{1+x^2-1}{1+x^2}\mathrm{d}x$$

$$= \dfrac{x^2}{2}\cdot\arctan x - \dfrac{1}{2}\left[\int(1-\dfrac{1}{1+x^2})\mathrm{d}x\right]$$

$$= \dfrac{x^2}{2}\cdot\arctan x - \dfrac{1}{2}x + \dfrac{1}{2}\arctan x + C$$

$$= \dfrac{1}{2}(x^2+1)\cdot\arctan x - \dfrac{1}{2}x + C.$$

例 14 求 $\int e^x \cos x dx$.

解 被积函数是**指数函数**与**三角函数**的乘积,用分部积分法.

$$\int e^x \cos x dx = \int \cos x d(e^x) = e^x \cos x + \int e^x \sin x dx$$

$$= e^x \cos x + \int \sin x d(e^x)$$

$$= e^x \cos x + e^x \sin x - \int e^x \cos x dx,$$

移项合并同类项后在两端除以 2,得

$$\int e^x \cos x dx = \frac{1}{2} e^x (\cos x + \sin x) + C.$$

今后还可以按下面口诀选取 u:被积函数按照"**反、对、幂、指、三**"顺序选取 u.

要灵活运用三种积分法求解不同类型的积分,同时还应该注意到,某些不定积分的求解,需要将几种积分方法结合在一起应用,才能奏效.

 习题 3.3

1. 利用凑微分法求下列不定积分:

(1) $\int (3x + 2)^{20} dx$;

(2) $\int (3 - 2x)^{15} dx$;

(3) $\int \dfrac{e^{2x} - 1}{e^x} dx$;

(4) $\int \dfrac{e^x}{e^x + 2} dx$;

(5) $\int e^x \cos e^x dx$;

(6) $\int \dfrac{1}{\sqrt{x}} \sin \sqrt{x} dx$;

(7) $\int \dfrac{1}{x^2} \cos \dfrac{1}{x} dx$;

(8) $\int \tan \dfrac{x}{2} dx$;

(9) $\int \dfrac{\ln^2 x}{x} dx$;

(10) $\int \dfrac{\arctan x}{1 + x^2} dx$.

2. 利用第二类换元法求下列不定积分:

(1) $\int \dfrac{1}{1 + \sqrt{2 - x}} dx$;

(2) $\int \dfrac{\sqrt{x - 1}}{x} dx$;

(3) $\int \sqrt[3]{x - 1} dx$;

(4) $\int \dfrac{\sqrt{x}}{\sqrt{x} - 1} dx$;

(5) $\int \dfrac{1}{\sqrt{4 - 9x^2}} dx$;

(6) $\int \dfrac{1}{4 + 9x^2} dx$.

3. 利用分部法求下列不定积分:

(1) $\int x e^{-x} dx$;

(2) $\int x \sin x dx$;

(3) $\int x^2 \cos x dx$;

(4) $\int \sqrt{x} \ln x dx$;

(5) $\int \arctan x dx$;

(6) $\int \ln(1 + x^2) dx$;

(7) $\int \arcsin x\,dx$;　　　　　　(8) $\int x^2 \ln x\,dx$;

(9) $\int x\arccos x\,dx$;　　　　　　(10) $\int e^x \cos x\,dx$.

综合练习题三

1. 填空题

(1) 同一函数的任意两个原函数之间的关系是＿＿＿＿＿＿＿＿＿；

(2) 设 $f(x)$ 的一个原函数是 $\sin x$，则 $f'(x)=$ ＿＿＿＿＿＿＿＿＿；

(3) 设函数 $f(x)=2^x+x^2$，则 $\int f'(x)\,dx=$ ＿＿＿＿＿＿＿＿＿；

(4) 设函数 $\int f(x)\,dx = x\ln x - x + C$，则 $f(x)=$ ＿＿＿＿＿＿＿＿＿；

(5) 设 $F'(x)=f(x)$，则 $\int \dfrac{f(\ln 3x)}{x}\,dx=$ ＿＿＿＿＿＿＿＿＿；

(6) 设 e^{-x} 是 $f(x)$ 的一个原函数，则 $\int f(x)\,dx=$ ＿＿＿＿＿＿＿＿＿，

$\int f'(x)\,dx=$ ＿＿＿＿＿＿＿＿＿，$\int e^x f'(x)\,dx=$ ＿＿＿＿＿＿＿＿＿.

2. 单选题

(1) 设 $f(x)$ 的一个原函数是 e^{-2x}，则 $f(x)=$（　　）.

A. e^{-2x}　　　　B. $-2e^{-2x}$　　　　C. $4e^{-2x}$　　　　D. $-4e^{-2x}$

(2) 设 $f(x)$ 的一个原函数为 $\ln x$，则 $f'(x)=$（　　）.

A. $\dfrac{1}{x}$　　　　B. $x\ln x$　　　　C. $-\dfrac{1}{x^2}$　　　　D. e^x

(3) 设 $\int f(x)\,dx = F(x)+C$，则 $\int e^{-x} f(e^{-x})\,dx=$（　　）.

A. $F(e^x)+C$　　　　　　　　B. $F(e^{-x})+C$

C. $-F(e^x)+C$　　　　　　　D. $-F(e^{-x})+C$

(4) 设函数 $f(x)$ 的导数是 a^x，则 $f(x)$ 的全体原函数是（　　）.

A. $\dfrac{a^x}{\ln a}+C$　　　　　　　　B. $\dfrac{a^x}{\ln^2 a}+C$

C. $a^x\ln^2 a+C_1 x+C_2$　　　　　D. $\dfrac{a^x}{\ln^2 a}+C_1 x+C_2$

(5) 设函数 $f(x)$ 的原函数为 $F(x)$，则 $\int \dfrac{1}{x^2}f\left(\dfrac{1}{x}\right)dx=$（　　）.

A. $-F\left(\dfrac{1}{x}\right)+C$　　　　　　B. $F(x)+C$

C. $F\left(\dfrac{1}{x}\right)+C$　　　　　　D. $f\left(\dfrac{1}{x}\right)+C$

3. 计算下列不定积分：

(1) $\int \dfrac{1}{x^2}\cos\dfrac{1}{x}\mathrm{d}x$；

(2) $\int \dfrac{x\mathrm{d}x}{\sqrt{2-3x^2}}$；

(3) $\int \dfrac{\mathrm{d}x}{e^x+e^{-x}}$；

(4) $\int \dfrac{\mathrm{d}x}{1-e^x}$；

(5) $\int \cos^3 x\mathrm{d}x$；

(6) $\int \sin 2x\cos 3x\mathrm{d}x$；

(7) $\int \dfrac{\mathrm{d}x}{1+\sqrt[3]{x+1}}$；

(8) $\int \dfrac{\mathrm{d}x}{\sqrt[4]{x}+\sqrt{x}}$；

(9) $\int \ln(1+x^2)\mathrm{d}x$；

(10) $\int x\tan^2 x\mathrm{d}x$.

4. 用适当方法求下列不定积分：

(1) $\int \cos\sqrt{x}\mathrm{d}x$；

(2) $\int e^{\sqrt{x}}\mathrm{d}x$；

(3) $\int \dfrac{1}{\sqrt{x}(1+x)}\mathrm{d}x$；

(4) $\int \arctan\sqrt{x}\mathrm{d}x$.

5. 设 $\int xf(x)\mathrm{d}x=\arcsin x+C$，求 $\int \dfrac{\mathrm{d}x}{f(x)}$.

6. 设 $f(x)$ 的一个原函数是 $x\ln x-2$，求 $f(x)$.

7. 已知 $\dfrac{\sin x}{x}$ 是 $f(x)$ 的原函数，求 $\int xf'(x)\mathrm{d}x$.

8. 已知质点在时刻 t 的速度为 $v=3t+2$，且 $t=0$ 时位移 $s=5$，求质点运动方程.

9. 求下列曲线方程 $y=f(x)$：

(1) 已知曲线在任一点 x 处的切线斜率为 $\dfrac{1}{2\sqrt{x}}$，且曲线过点 $(9,5)$；

(2) 已知曲线在任一点 x 处的切线斜率与 x^3 成正比，且曲线过点 $(1,6)$ 和 $(2,-9)$.

第4章 定积分及应用

【导学】 定积分和不定积分是积分学中密切相关的两个基本概念,定积分在自然科学和实际问题中有着广泛的应用.本章将从实例出发介绍定积分的概念、性质和微积分基本定理,定积分的计算(直接法、换元法和分部法),以及无穷区间上的广义积分.最后讨论定积分在几何、物理上的一些简单应用.

4.1 定积分的概念及性质

【教学要求】 本节要求理解定积分的概念,掌握定积分的基本思想和基本性质.

4.1.1 认识定积分

引例1 曲边梯形的面积

在初等数学中已经学会了计算多边形和圆的面积,而对于任意曲边所围成的平面图形的面积,只有借助于前面所学的极限的思想才能得到比较完满的解决.

所谓曲边梯形,是指在直角坐标系下,由闭区间$[a,b]$上的连续曲线$y=f(x)\geq 0$,直线$x=a,x=b$与x轴所围成的平面图形$AabB$,如图4-1所示.

下面就来讨论如何计算曲边梯形的面积.

解决这个问题的困难之处在于,曲边梯形的上部边界是一条曲线,而在初等数学中只会求如矩形面积、三角形面积、梯形面积等.如图4-2所示,若把曲边梯形分割成许多细小的曲边梯形,然后用易求的矩形面积近似代替小曲边梯形的面积,则大曲边梯形的面积的近似值就是所有小矩形的面积之和.显然,分割得越细,小曲边梯形的宽度越小,小矩形和小曲边梯形的近似程度就越高,误差就越小.当所有的小曲边梯形的宽度都趋于零时,则所有小矩形面积之和的极限值就是这个大曲边梯形面积的精确值了.

图 4-1

图 4-2

按照上述思路,计算曲边梯形的面积一般要经过"**分割—取近似—求和—取极限**"这四个步骤来完成.

(1) 分割

把曲边梯形分割成 n 个小曲边梯形.

如图 4-2 所示,在区间 $[a,b]$ 内任意插入 $n-1$ 个分点:
$$a=x_0<x_1<x_2<\cdots<x_{i-1}<x_i<x_{i+1}<\cdots<x_{n-1}<x_n=b,$$
即把区间 $[a,b]$ 分成 n 个小区间:
$$[x_{i-1},x_i]\quad(i=1,2,\cdots,n),$$
每个小区间的长度记为
$$\Delta x_i=x_i-x_{i-1}\quad(i=1,2,\cdots,n),$$
过每个分点作平行于 y 轴的直线,则把整个曲边梯形分成了 n 个小曲边梯形,其面积分别记为 $\Delta A_i(i=1,2,\cdots,n)$,则大曲边梯形的面积为
$$A=\Delta A_1+\Delta A_2+\cdots+\Delta A_n.$$

(2) 取近似

用小矩形的面积近似代替小曲边梯形的面积.

在每个小区间上任取一点 $\xi_i\in[x_{i-1},x_i](i=1,2,\cdots,n)$,如图 4-2 所示.则以 $\Delta x_i=x_i-x_{i-1}$ 为底,以 $f(\xi_i)$ 为高的小矩形面积就可以近似地代替小曲边梯形的面积 ΔA_i,即
$$\Delta A_i\approx f(\xi_i)\Delta x_i\quad(i=1,2,\cdots,n).$$

(3) 求和

用所有小矩形面积的和近似代替大曲边梯形的面积.即
$$A\approx\Delta A_1+\Delta A_2+\cdots+\Delta A_n$$
$$\approx f(\xi_1)\Delta x_1+f(\xi_2)\Delta x_2+\cdots+f(\xi_n)\Delta x_n$$
$$=\sum_{i=1}^{n}f(\xi_i)\Delta x_i.$$

(4) 取极限

最后,求出曲边梯形面积的精确值.

当分割越来越细的时候,每个小曲边梯形的宽度都趋近于 0.为了便于描述,取小区间宽度的最大值 $\lambda=\max\limits_{1\leqslant i\leqslant n}\{\Delta x_i\}$ 趋于 0 时,如果和式 $\sum\limits_{i=1}^{n}f(\xi_i)\Delta x_i$ 的极限存在,则极限值就是曲边梯形面积的精确值,即
$$A=\lim_{\lambda\to 0}\sum_{i=1}^{n}f(\xi_i)\Delta x_i.$$

引例 2 变速直线运动的路程

设一物体作直线运动,已知速度 $v=v(t)$ 是时间间隔 $[T_1,T_2]$ 上的一个连续函数,且 $v(t)\geqslant 0$,求物体在这段时间内所经过的路程 s.

如果物体作匀速直线运动,则路程 $s=v\cdot(T_2-T_1)$.对于变速直线运动,由于每一时刻速度都是变化的,因此不能按上述公式求路程,但仍可以采用求曲边梯形面积的方法"分割—取近似—求和—取极限"来解决这个问题.

（1）分割

在时间间隔$[T_1,T_2]$内任意插入 $n-1$ 个分点：

$$T_1=t_0<t_1<t_2<\cdots<t_{i-1}<t_i<t_{i+1}<\cdots<t_{n-1}<t_n=T_2,$$

将$[T_1,T_2]$分成了 n 个小区间

$$[t_{i-1},t_i]\quad(i=1,2,\cdots,n),$$

每个小区间的长度记为

$$\Delta t_i=t_i-t_{i-1}\quad(i=1,2,\cdots,n),$$

设在$[t_{i-1},t_i]$内物体经过的路程为 Δs_i，则

$$s=\Delta s_1+\Delta s_2+\cdots+\Delta s_n.$$

（2）取近似

由于在小区间$[t_{i-1},t_i]$上的时间间隔很小，于是可以把每个小时间段上的运动近似看成是匀速的（以常量代变量），任取一个时刻 $\tau_i\in[t_{i-1},t_i]$，以 τ_i 时刻的速度 $v(\tau_i)$ 代替$[t_{i-1},t_i]$上各个时刻的速度，则

$$\Delta s_i\approx v(\tau_i)\Delta t_i\quad(i=1,2,\cdots,n).$$

（3）求和

$$s=\sum_{i=1}^{n}\Delta s_i\approx\sum_{i=1}^{n}v(\tau_i)\Delta t_i.$$

（4）取极限

当小时间间隔的最大值 $\lambda=\max_{1\leqslant i\leqslant n}\{\Delta t_i\}$ 趋近于 0 时，取和式的极限 $\sum\limits_{i=1}^{n}v(\tau_i)\Delta t_i$，若该极限存在，则极限值就是物体在这段时间内所经过的路程 s，即

$$s=\lim_{\lambda\to0}\sum_{i=1}^{n}v(\tau_i)\Delta t_i.$$

从上面两个引例可以看到，无论计算曲边梯形的面积还是变速直线运动的路程，尽管它们的实际意义并不相同，但是解决问题的思路、方法和计算步骤却是相同的，即采用"**分割—取近似—求和—取极限**"的方法，最后都归结为具有同一结构的和式极限问题．抛开这些实际问题的具体意义，只考虑定义在区间$[a,b]$的函数 $f(x)$，抓住它们数量关系上的共同本质特征，从数学的结构加以研究，就可以抽象出定积分的定义．

4.1.2　定积分的定义

1. 定积分的定义

定义　设函数 $f(x)$ 在$[a,b]$上连续，任取分点

$$a=x_0<x_1<x_2<\cdots<x_{i-1}<x_i<x_{i+1}<\cdots<x_{n-1}<x_n=b,$$

把区间$[a,b]$分割成 n 个小区间$[x_{i-1},x_i](i=1,2,\cdots,n)$，其长度记为

$$\Delta x_i=x_i-x_{i-1},$$

在每个小区间$[x_{i-1},x_i]$上任取一点 $\xi_i(x_{i-1}\leqslant\xi_i\leqslant x_i)$，做乘积

$$f(\xi_i)\Delta x_i\quad(i=1,2,\cdots,n),$$

把所有这些乘积加起来，得和式

$$\sum_{i=1}^{n}f(\xi_i)\Delta x_i,$$

记 $\lambda = \max\limits_{1 \leqslant i \leqslant n} \{\Delta x_i\}$，若极限 $\lim\limits_{\lambda \to 0} \sum\limits_{i=1}^{n} f(\xi_i) \Delta x_i$ 存在，则称函数 $f(x)$ 在区间 $[a,b]$ 上**可积**，并称此

极限值为 $f(x)$ 在 $[a,b]$ 上的**定积分**，记为 $\int_a^b f(x) \mathrm{d}x$，即

$$\int_a^b f(x) \mathrm{d}x = \lim_{\lambda \to 0} \sum_{i=1}^{n} f(\xi_i) \Delta x_i,$$

其中，$\int$ 为积分号，$f(x)$ 为**被积函数**，$f(x)\mathrm{d}x$ 为**被积表达式**，x 为积分变量，$[a,b]$ 为积分区间，a,b 分别称为积分下限和积分上限.

根据定积分的定义，上面两个引例都可以表示为定积分.

(1) 曲边梯形的面积 A 是曲线 $y = f(x) \geqslant 0$ 在闭区间 $[a,b]$ 上的定积分：

$$A = \int_a^b f(x) \mathrm{d}x.$$

(2) 变速直线运动的物体所走过的路程 s，等于速度函数 $v = v(t) \geqslant 0$ 在时间间隔 $[T_1, T_2]$ 上的定积分：

$$s = \int_{T_1}^{T_2} v(t) \mathrm{d}t.$$

2. 关于定积分定义的几点说明

(1) 闭区间上的连续函数是可积的，闭区间上只有有限个间断点的有界函数也是可积的.

(2) 定积分是一个确定的常数，它取决于被积函数 $f(x)$ 和积分区间 $[a,b]$，而与积分变量使用什么符号表示无关，即

$$\int_a^b f(x) \mathrm{d}x = \int_a^b f(t) \mathrm{d}t = \int_a^b f(u) \mathrm{d}u.$$

(3) 在定积分定义中，有 $a < b$，为今后计算方便，规定

$$\int_a^b f(x) \mathrm{d}x = -\int_b^a f(x) \mathrm{d}x.$$

容易得到 $\int_a^a f(x) \mathrm{d}x = 0$.

4.1.3 定积分的几何意义

由定积分的定义以及引例 1 可知，曲边梯形的面积就是 $f(x)$ 在区间 $[a,b]$ 上的定积分. 易知定积分有如下几何意义.

(1) 在闭区间 $[a,b]$ 上，若函数 $f(x) \geqslant 0$，则定积分 $\int_a^b f(x) \mathrm{d}x$ 在几何上表示由曲线 $y = f(x)$，直线 $x = a$，$x = b$ 与 x 轴所围成的曲边梯形的面积 A，即 $\int_a^b f(x) \mathrm{d}x = A$.

(2) 在闭区间 $[a,b]$ 上，若函数 $f(x) \leqslant 0$，则定积分 $\int_a^b f(x) \mathrm{d}x$ 在几何上表示由曲线 $y = f(x)$，直线 $x = a$，$x = b$ 与 x 轴所围成的曲边梯形面积 A 的负值，即 $\int_a^b f(x) \mathrm{d}x = -A$.

(3) 若在 $[a,b]$ 上 $f(x)$ 的值有正也有负，如图 4-3 所示，则定积分 $\int_a^b f(x) \mathrm{d}x$ 表示介于 x

轴、曲线 $y=f(x)$ 及直线 $x=a$、$x=b$ 之间各部分面积的代数和. 即在 x 轴上方的图形面积减去 x 轴下方的图形面积: $\int_a^b f(x)\mathrm{d}x = A_1 - A_2 + A_3$.

总之, 定积分 $\int_a^b f(x)\mathrm{d}x$ 在各种各样实际问题中所代表的实际意义尽管不同, 但它的数值在几何上都可用曲边梯形面积的代数和来表示, 这就是定积分的几何意义.

例 1　利用定积分的几何意义, 证明 $\int_0^1 \sqrt{1-x^2}\,\mathrm{d}x = \dfrac{\pi}{4}$.

解　画出被积函数 $y=\sqrt{1-x^2}$ 在区间 $[0,1]$ 上的图形, 如图 4-4 所示.

图 4-3

图 4-4

由图 4-4 可看出, 在区间 $[0,1]$ 上, 由曲线 $y=\sqrt{1-x^2}$, x 轴, y 轴所围成的曲边梯形是 $\dfrac{1}{4}$ 单位圆, 而单位圆的面积 $A=\pi$, 所以, 由定积分的几何意义可得

$$\int_0^1 \sqrt{1-x^2}\,\mathrm{d}x = \frac{\pi}{4}.$$

4.1.4　定积分的性质

由定积分的定义直接求定积分的值, 往往比较复杂, 但易推证定积分具有下述性质 (假设以下性质中所有的函数都是可积的).

性质 1　$\int_a^b k\,\mathrm{d}x = k(b-a)$ (k 为常数).

性质 2　$\int_a^b kf(x)\mathrm{d}x = k\int_a^b f(x)\mathrm{d}x$ (k 为常数).

性质 3　$\int_a^b [f(x)+g(x)]\mathrm{d}x = \int_a^b f(x)\mathrm{d}x +$
$\int_a^b g(x)\mathrm{d}x$.

性质 4(积分的可加性)　设 a,b,c 为常数, (对任意点 c), 有
$$\int_a^b f(x)\mathrm{d}x = \int_a^c f(x)\mathrm{d}x + \int_c^b f(x)\mathrm{d}x.$$

注意　c 的任意性意味着, 不论 c 在区间 $[a,b]$ 之内, 还是 c 在区间 $[a,b]$ 之外, 这一性质均成立. 它的几何意义如图 4-5 所示.

图 4-5

习题 4.1

1. 根据定积分的几何意义,判断下列定积分的值是正还是负.

(1) $\int_2^4 x\mathrm{d}x$;   (2) $\int_{-\frac{\pi}{2}}^0 \sin x\mathrm{d}x$.

2. 用几何图形说明下列各式对错:

(1) $\int_0^\pi \cos x\mathrm{d}x > 0$;   (2) $\int_0^a \sqrt{a^2-x^2}\mathrm{d}x = \dfrac{\pi a^2}{4}$.

3. 利用定积分几何意义判断下列定积分的值:

(1) $\int_0^{2\pi} \sin x\mathrm{d}x$;   (2) $\int_{-1}^1 |x|\mathrm{d}x$.

4.2 微积分基本定理

【教学要求】 本节通过揭示导数与定积分的关系,引出计算定积分的基本公式(牛顿-莱布尼茨公式),把求定积分的问题转化为求被积函数原函数的问题,从而可把求不定积分的方法移植到求定积分的方法中来.

4.2.1 变上限定积分

定积分 $\int_a^b f(t)\mathrm{d}t\,(f(t)\geqslant 0)$ 在几何上表示曲线 $y=f(t)$ 在区间 $[a,b]$ 上的曲边梯形的

图 4-6

面积(如图 4-6 所示),若 x 是区间 $[a,b]$ 上任意一点,则定积分 $\int_a^x f(t)\mathrm{d}t$ 表示曲线 $y=f(t)$ 在部分区间 $[a,x]$ 上的面积(图 4-6 中阴影部分的面积),当 x 在区间 $[a,b]$ 上变化时,阴影部分面积也随之变化,即 $\Phi(x)=\int_a^x f(t)\mathrm{d}t$ 在变化.则对 x 的每一个取值,该定积分都有一个确定的值与之对应,因此 $\int_a^x f(t)\mathrm{d}t$ 是关于积分上限 x 的函数.

定义 设函数 $f(x)$ 在区间 $[a,b]$ 上连续,$x\in[a,b]$,则定积分 $\int_a^x f(x)\mathrm{d}x$ 存在,x 既表示积分变量,又表示积分上限,为区别起见,把积分变量换成字母 t,于是改写为

$$\int_a^x f(t)\mathrm{d}t, \quad x\in[a,b]$$

上式称为**变上限定积分**,也称积分上限函数,记为

$$\Phi(x)=\int_a^x f(t)\mathrm{d}t, \quad x\in[a,b].$$

函数 $\Phi(x)$ 具有如下重要性质.

定理 1　若函数 $f(x)$ 在区间 $[a,b]$ 上连续，则积分上限函数 $\Phi(x)=\displaystyle\int_a^x f(t)\mathrm{d}t$ 在区间 $[a,b]$ 上可导，且导数为

$$\Phi'(x)=\frac{\mathrm{d}}{\mathrm{d}x}\int_a^x f(t)\mathrm{d}t=f(x).$$

（证明从略）．

由定理 1 可知，如果函数 $f(x)$ 在区间 $[a,b]$ 上连续，则函数 $\Phi(x)=\displaystyle\int_a^x f(t)\mathrm{d}t$ 就是 $f(x)$ 在区间 $[a,b]$ 上的一个原函数．有如下结论．

定理 2（原函数存在定理）　若函数 $f(x)$ 在区间 $[a,b]$ 上连续，则它的原函数一定存在，且其中的一个原函数为

$$\Phi(x)=\int_a^x f(t)\mathrm{d}t$$

注意　这个定理一方面肯定了闭区间 $[a,b]$ 上连续函数 $f(x)$ 一定有原函数问题，另一方面初步地揭示了积分学中的定积分与原函数之间的联系，为下一步研究微积分基本公式奠定了基础．

例 1　求下列函数 $\Phi(x)$ 的导数：

(1) $\Phi(x)=\displaystyle\int_1^x \sqrt{1+t^2}\,\mathrm{d}t$；　　　　　(2) $\Phi(x)=\displaystyle\int_x^3 \frac{2t}{3+t^2}\mathrm{d}t$．

解　(1) 由定理 1 可得

$$\Phi'(x)=\left(\int_1^x \sqrt{1+t^2}\,\mathrm{d}t\right)'=\sqrt{1+x^2}.$$

(2) 此题属于积分上限函数求导问题，故需要先交换积分上、下限，再求导：

$$\Phi(x)=\int_x^3 \frac{2t}{3+t^2}\mathrm{d}t=-\int_3^x \frac{2t}{3+t^2}\mathrm{d}t.$$

所以，

$$\Phi'(x)=\left(-\int_3^x \frac{2t}{3+t^2}\mathrm{d}t\right)'=-\frac{2x}{3+x^2}.$$

例 2　已知 $\Phi(x)=\displaystyle\int_3^x \mathrm{e}^{t^2}\mathrm{d}t$，求 $\Phi'(x)$、$\Phi'(0)$．

解　因为

$$\Phi'(x)=\left(\int_3^x \mathrm{e}^{t^2}\mathrm{d}t\right)'=\mathrm{e}^{x^2},$$

所以

$$\Phi'(0)=\mathrm{e}^{0^2}=1.$$

4.2.2　微积分基本公式

定理 3　若函数 $f(x)$ 在区间 $[a,b]$ 上连续，且函数 $F(x)$ 是 $f(x)$ 在 $[a,b]$ 上的一个原函数，即 $F'(x)=f(x)$，则有

$$\int_a^b f(x)\mathrm{d}x=F(x)\Big|_a^b=F(b)-F(a).$$

上式称为**牛顿-莱布尼茨(Newton-Leibniz)公式**，又称为**微积分基本公式**．

该公式表明一个连续函数在区间$[a,b]$上的定积分等于它的一个原函数在区间$[a,b]$上的增量.

定理 3 揭示了定积分与被积函数的原函数之间的内在联系,它把求定积分的问题转化为求原函数(或不定积分)的问题,从而给定积分计算找到了一条捷径,即要求连续函数$f(x)$在$[a,b]$上的定积分,只需求出$f(x)$在区间$[a,b]$上的一个原函数$F(x)$,然后计算$F(b)-F(a)$就可以了.

注意 在使用牛顿-莱布尼茨公式的时候,一定要注意被积函数$f(x)$在积分区间$[a,b]$上连续这个条件.

例 3 求$\int_1^2 x^2 \mathrm{d}x$.

解 因为$\left(\dfrac{1}{3}x^3\right)'=x^2$,所以$\dfrac{1}{3}x^3$为$x^2$的一个原函数.

由牛顿-莱布尼茨公式可得

$$\int_1^2 x^2 \mathrm{d}x = \frac{1}{3}x^3 \Big|_1^2 = \frac{1}{3}\times 2^3 - \frac{1}{3}\times 1^3 = \frac{7}{3}.$$

例 4 求$\int_{-1}^1 \dfrac{\mathrm{e}^x}{1+\mathrm{e}^x}\mathrm{d}x$.

解 先用凑微分法化简得

$$\int_{-1}^1 \frac{\mathrm{e}^x}{1+\mathrm{e}^x}\mathrm{d}x = \int_{-1}^1 \frac{1}{1+\mathrm{e}^x}\mathrm{d}(1+\mathrm{e}^x),$$

再由牛顿-莱布尼茨公式可得

$$\int_{-1}^1 \frac{\mathrm{e}^x}{1+\mathrm{e}^x}\mathrm{d}x = \int_{-1}^1 \frac{1}{1+\mathrm{e}^x}\mathrm{d}(1+\mathrm{e}^x) = \ln(1+\mathrm{e}^x)\Big|_{-1}^1$$
$$= \ln(1+\mathrm{e}) - \ln(1+\mathrm{e}^{-1}) = 1.$$

例 5 求$\int_0^4 |x-2|\mathrm{d}x$.

解 先去掉绝对值符号:

$$|x-2| = \begin{cases} 2-x, & 0\leqslant x\leqslant 2 \\ x-2, & 2<x\leqslant 4 \end{cases},$$

再由定积分的可加性、牛顿-莱布尼茨公式可得

$$\int_0^4 |x-2|\mathrm{d}x = \int_0^2 (2-x)\mathrm{d}x + \int_2^4 (x-2)\mathrm{d}x$$
$$= \left(2x - \frac{x^2}{2}\right)\Big|_0^2 + \left(\frac{x^2}{2} - 2x\right)\Big|_2^4$$
$$= (4-2) + (-2+4) = 4.$$

习题 4.2

1. 用牛顿-莱布尼茨公式计算下列定积分:

(1) $\int_a^b x^n \mathrm{d}x\ (n\neq -1)$;

(2) $\int_0^1 (3x^2 - 2x + 5)\mathrm{d}x$;

(3) $\displaystyle\int_0^1 \frac{1}{1+x^2}\mathrm{d}x$;

(4) $\displaystyle\int_0^{\frac{1}{2}} \frac{1}{\sqrt{1-x^2}}\mathrm{d}x$;

(5) $\displaystyle\int_0^{\frac{\pi}{4}} \tan^2 x\,\mathrm{d}x$

(6) $\displaystyle\int_1^3 \left(x+\frac{1}{x}\right)^2 \mathrm{d}x$.

2. 计算下列定积分:

(1) $\displaystyle\int_0^{\pi} |\cos x|\,\mathrm{d}x$;

(2) $\displaystyle\int_{-1}^1 \sqrt{x^2}\,\mathrm{d}x$;

(3) $\displaystyle\int_0^2 x|x-1|\,\mathrm{d}x$.

3. 设 $f(x)=\begin{cases} \mathrm{e}^x, & x \leqslant 1 \\ x^2, & x > 1 \end{cases}$,求 $\displaystyle\int_0^2 f(x)\mathrm{d}x$.

4. 求下列函数的导数:

(1) $f(x)=\displaystyle\int_0^x \sqrt{t^2+2}\,\mathrm{d}t$;

(2) $g(x)=\displaystyle\int_x^1 \sin(t^2)\mathrm{d}t$.

5. 已知 $F(x)=\displaystyle\int_x^0 \cos(3t+1)\mathrm{d}t$,求 $F'(x)$.

6. 设 $\varPhi(x)=\displaystyle\int_0^x \ln(3t^2+1)\mathrm{d}t$,求 $\varPhi'(0)$.

4.3　定积分的计算

【教学要求】　本节要求掌握定积分的三种计算方法:直接法、换元法和分部法,了解无穷区间上的广义积分的概念,会计算简单的广义积分.

4.3.1　定积分的直接法

定积分的直接法:利用定积分的性质以及牛顿-莱布尼茨公式求解定积分的方法,它只适用于比较简单的定积分的计算.

例 1　计算下列定积分:

(1) $\displaystyle\int_0^2 (x^3-2x+1)\mathrm{d}x$;

(2) $\displaystyle\int_1^2 \left(x+\frac{1}{x}\right)^2 \mathrm{d}x$;

(3) $\displaystyle\int_0^1 2^x \mathrm{e}^x \mathrm{d}x$;

(4) $\displaystyle\int_0^{\frac{\pi}{4}} \tan^2 x\,\mathrm{d}x$.

解　(1) $\displaystyle\int_0^2 (x^3-2x+1)\mathrm{d}x=\int_0^2 x^3 \mathrm{d}x-2\int_0^2 x\,\mathrm{d}x+\int_0^2 \mathrm{d}x$

$$= \frac{1}{4}x^4\Big|_0^2 - x^2\Big|_0^2 + x\Big|_0^2$$

$$= \frac{1}{4}(2^4-0^4)-(2^2-0^2)+(2-0)=2;$$

(2) $\displaystyle\int_1^2 \left(x+\frac{1}{x}\right)^2 dx = \int_1^2 \left(x^2+2+\frac{1}{x^2}\right)dx = \int_1^2 x^2 dx + \int_1^2 2 dx + \int_1^2 \frac{1}{x^2} dx$

$\displaystyle = \frac{1}{3}x^3 \bigg|_1^2 + 2x \bigg|_1^2 - \frac{1}{x}\bigg|_1^2$

$\displaystyle = \frac{1}{3}\times(2^3-1)+2\times(2-1)-\left(\frac{1}{2}-1\right)=\frac{29}{6};$

(3) $\displaystyle\int_0^1 2^x e^x dx = \int_0^1 (2e)^x dx = \frac{(2e)^x}{\ln(2e)}\bigg|_0^1 = \frac{2e-1}{\ln(2e)};$

(4) $\displaystyle\int_0^{\frac{\pi}{4}} \tan^2 x dx = \int_0^{\frac{\pi}{4}} (\sec^2 x - 1)dx = (\tan x - x)\bigg|_0^{\frac{\pi}{4}} = 1 - \frac{\pi}{4}.$

例 2 设 $f(x)=\begin{cases} x-1, & x\leqslant 0 \\ x+1, & x>0 \end{cases}$，求 $\displaystyle\int_{-1}^2 f(x)dx$.

解 被积函数是分段函数，利用定积分对积分区间具有可加性，得

$$\int_{-1}^2 f(x)dx = \int_{-1}^0 f(x)dx + \int_0^2 f(x)dx$$

$$= \int_{-1}^0 (x-1)dx + \int_0^2 (x+1)dx$$

$$= \left[\frac{1}{2}x^2 - x\right]_{-1}^0 + \left[\frac{1}{2}x^2 + x\right]_0^2 = \frac{5}{2}.$$

4.3.2 定积分的换元法与分部法

1. 定积分换元法

定积分的换元法包括两种：第一类换元法（凑微分法）和第二类换元法．本教材只介绍其中的凑微分法．

由于牛顿-莱布尼茨公式已经把求定积分问题归结为求不定积分的问题，因此计算定积分仍然可以采用前面所学的求不定积分的凑微分法，思路基本一致，但需要注意的是：定积分的凑微分法与不定积分的凑微分法的区别．

下面先来看一个例子．

例 3 求 $\displaystyle\int_0^2 x e^{x^2} dx$.

解 首先求被积函数的原函数，即用凑微分法求 $\displaystyle\int x e^{x^2} dx$.

$$\int x e^{x^2} dx = \frac{1}{2}\int e^{x^2} d(x^2) \xrightarrow{x^2=u} \frac{1}{2}\int e^u du$$

$$= \frac{1}{2}e^u + C = \frac{1}{2}e^{x^2} + C,$$

因此，$\displaystyle\int_0^2 x e^{x^2} dx = \frac{1}{2}e^{x^2}\bigg|_0^2 = \frac{1}{2}(e^4-e^0) = \frac{1}{2}(e^4-1).$

很显然，这种方法比较麻烦，如果能在计算定积分的时候直接换元则更简单一些，即令 $u=x^2$，则 $x=0$ 时，$u=0$，$x=2$ 时，$u=4$，所以

$$\int_0^2 (x e^{x^2})dx \xrightarrow{x^2=u} \frac{1}{2}\int_0^4 e^u du = \frac{1}{2}e^u\bigg|_0^4 = \frac{1}{2}(e^4-1).$$

由本例看出,定积分的凑微分与不定积分的凑微分相比,主要区别在于当变换积分变量时,积分的上、下限也要随之改变;求不定积分时最后还要把积分变量换回去,但求定积分时则不用.

因此有定积分**凑微分公式**:

$$\int_a^b f[\varphi(x)]\varphi'(x)\mathrm{d}x = F[\varphi(x)]\big|_a^b = F[\varphi(b)] - F[\varphi(a)].$$

通常将这一过程分为:**"凑微分→换元换限→积分"**三个步骤.

例 4　求下列定积分:

(1) $\int_0^{\frac{\pi}{2}} \cos^3 x \sin x \mathrm{d}x$;　　(2) $\int_1^e \frac{\ln x}{x}\mathrm{d}x$;　　(3) $\int_{-1}^0 \mathrm{e}^{-2x}\mathrm{d}x$.

解　(1) 令 $u=\cos x$,则 $\mathrm{d}u=\sin x\mathrm{d}x$. 当 $x=0$ 时,$u=1$;$x=\frac{\pi}{2}$ 时,$u=0$.

$$\int_0^{\frac{\pi}{2}} \cos^3 x \sin x \mathrm{d}x = -\int_0^{\frac{\pi}{2}} \cos^3 x \mathrm{d}(\cos x) = -\int_1^0 u^3 \mathrm{d}u = \int_0^1 u^3 \mathrm{d}u = \frac{1}{4}u^4\Big|_0^1 = \frac{1}{4}.$$

(2) 令 $u=\ln x$,则 $\mathrm{d}u=\frac{1}{x}\mathrm{d}x$. 当 $x=1$ 时,$u=0$;$x=\mathrm{e}$ 时,$u=1$.

$$\int_1^e \frac{\ln x}{x}\mathrm{d}x = \int_0^1 \ln x \mathrm{d}(\ln x) = \int_0^1 u\mathrm{d}u = \frac{1}{2}u^2\Big|_0^1 = \frac{1}{2}.$$

(3) 令 $u=-2x$,则 $\mathrm{d}u=-2\mathrm{d}x$. 当 $x=-1$ 时,$u=2$;$x=0$ 时,$u=0$.

$$\int_{-1}^0 \mathrm{e}^{-2x}\mathrm{d}x = -\frac{1}{2}\int_2^0 \mathrm{e}^u\mathrm{d}(u) = -\frac{1}{2}\mathrm{e}^u\Big|_2^0 = \frac{1}{2}(\mathrm{e}^2-1).$$

注意　换元必换限.

当运算熟练之后,可以不写出中间变量,直接计算.

例 5　求下列定积分:

(1) $\int_0^1 \frac{x}{\sqrt{1+x^2}}\mathrm{d}x$;　　(2) $\int_4^9 \frac{\sin\sqrt{x}}{\sqrt{x}}\mathrm{d}x$.

解　(1) $\int_0^1 \frac{x}{\sqrt{1+x^2}}\mathrm{d}x = \frac{1}{2}\int_0^1 (1+x^2)^{-\frac{1}{2}}\mathrm{d}(1+x^2)$

$$= \frac{1}{2}\cdot\frac{1}{-\frac{1}{2}+1}(1+x^2)^{\frac{1}{2}}\Big|_0^1 = \sqrt{2}-1;$$

(2) $\int_4^9 \frac{\sin\sqrt{x}}{\sqrt{x}}\mathrm{d}x = 2\int_4^9 \sin\sqrt{x}\mathrm{d}(\sqrt{x}) = -2\cos\sqrt{x}\Big|_4^9 = 2\cos\sqrt{x}\Big|_9^4 = 2(\cos 2 - \cos 3).$

例 6　求 $\int_{\frac{1}{\pi}}^{\frac{2}{\pi}} \frac{1}{x^2}\sin\frac{1}{x}\mathrm{d}x$.

解　$\int_{\frac{1}{\pi}}^{\frac{2}{\pi}} \frac{1}{x^2}\sin\frac{1}{x}\mathrm{d}x = -\int_{\frac{1}{\pi}}^{\frac{2}{\pi}} \sin\frac{1}{x}\mathrm{d}\left(\frac{1}{x}\right) = \cos\frac{1}{x}\Big|_{\frac{1}{\pi}}^{\frac{2}{\pi}} = \cos\frac{\pi}{2} - \cos\pi = 1.$

注意　不换元就不必换限.

2. 定积分分部法

定积分的分部积分法与不定积分的分部积分法有类似的公式.

设函数 $u=u(x)$,$v=v(x)$ 在区间 $[a,b]$ 上有连续的可导函数,则有

$$\int_a^b u\mathrm{d}v = uv\big|_a^b - \int_a^b v\mathrm{d}u.$$

这就是定积分的分部积分公式.

例 7 求 $\int_0^1 x e^{2x} dx$.

解 由分部积分公式得

$$\int_0^1 x e^{2x} dx = \frac{1}{2}\int_0^1 x d(e^{2x}) = \frac{1}{2} x e^{2x}\Big|_0^1 - \frac{1}{2}\int_0^1 e^{2x} dx$$

$$= \frac{1}{2}e^2 - \frac{1}{4}e^{2x}\Big|_0^1 = \frac{1}{2}e^2 - \frac{1}{4}(e^2-1) = \frac{1}{4}(e^2+1).$$

例 8 求 $\int_0^{\frac{\pi}{2}} x^2 \cos x dx$.

解 由分部积分公式得

$$\int_0^{\frac{\pi}{2}} x^2 \cos x dx = \int_0^{\frac{\pi}{2}} x^2 d(\sin x) = x^2 \sin x\Big|_0^{\frac{\pi}{2}} - \int_0^{\frac{\pi}{2}} \sin x \cdot 2x dx$$

$$= \frac{\pi^2}{4} + \int_0^{\frac{\pi}{2}} 2x d\cos x = \frac{\pi^2}{4} + 2x\cos x\Big|_0^{\frac{\pi}{2}} - 2\int_0^{\frac{\pi}{2}} \cos x dx$$

$$= \frac{\pi^2}{4} - 2\sin x\Big|_0^{\frac{\pi}{2}} = \frac{\pi^2}{4} - 2.$$

4.3.3 无穷区间上的广义积分

前面讨论定积分 $\int_a^b f(x)dx$，都假定积分区间 $[a,b]$ 是有限区间，且被积函数 $f(x)$ 在积分区间上连续或只存在有限个第一类间断点.但在许多实际问题中，常常会遇到积分区间为无穷区间的积分，这就是下面要介绍的广义积分.

先看一个例子:求由 x 轴，y 轴以及曲线 $y=e^{-x}$ 所围成，延伸到无穷远处的图形的面积 A，如图 4-7 所示.

要求出此面积，可以分两步来完成.

(1) 先求出 x 轴，y 轴,曲线 $y=e^{-x}$ 和 $x=b(b>0)$ 所围成的曲边梯形的面积 A_b，如图 4-8 所示.由定积分的几何意义有

$$A_b = \int_0^b e^{-x} dx.$$

(2) 求 $\lim_{b\to+\infty} A_b$，如果该极限存在，则极限值便是所求的面积 A，即

$$A = \lim_{b\to+\infty} A_b = \lim_{b\to+\infty}\int_0^b e^{-x} dx.$$

以上过程其实就是对函数 $y=e^{-x}$ 在 $[0,+\infty)$ 求了一种积分，称这种积分为广义积分.

图 4-7

图 4-8

定义　设函数 $f(x)$ 在区间 $[a,+\infty)$ 上连续,任取 $b>a$,若极限 $\lim\limits_{b\to+\infty}\int_a^b f(x)\mathrm{d}x$ 存在,则

称该极限值为**函数 $f(x)$ 在 $[a,+\infty)$ 上的广义积分**,记为 $\int_a^{+\infty} f(x)\mathrm{d}x$,即

$$\int_a^{+\infty} f(x)\mathrm{d}x = \lim_{b\to+\infty}\int_a^b f(x)\mathrm{d}x.$$

此时也称广义积分 $\int_a^{+\infty} f(x)\mathrm{d}x$ 收敛,否则称广义积分 $\int_a^{+\infty} f(x)\mathrm{d}x$ 发散.

类似地,还可定义 $f(x)$ 在区间 $(-\infty,b]$ 和 $(-\infty,+\infty)$ 上的广义积分,分别表示如下.

$f(x)$ 在区间 $(-\infty,b]$ 上的广义积分为

$$\int_{-\infty}^b f(x)\mathrm{d}x = \lim_{a\to-\infty}\int_a^b f(x)\mathrm{d}x \quad (a<b).$$

当该式的极限 $\lim\limits_{a\to-\infty}\int_a^b f(x)\mathrm{d}x$ 存在时,称广义积分 $\int_{-\infty}^b f(x)\mathrm{d}x$ 收敛,否则称为发散.

$f(x)$ 在区间 $(-\infty,+\infty)$ 上的广义积分为

$$\int_{-\infty}^{+\infty} f(x)\mathrm{d}x = \int_{-\infty}^c f(x)\mathrm{d}x + \int_c^{+\infty} f(x)\mathrm{d}x$$
$$= \lim_{a\to-\infty}\int_a^c f(x)\mathrm{d}x + \lim_{b\to+\infty}\int_c^b f(x)\mathrm{d}x,$$

其中,c 是介于 a 与 b 之间的任意常数,当该式的两个极限 $\lim\limits_{a\to-\infty}\int_a^c f(x)\mathrm{d}x$ 和 $\lim\limits_{b\to+\infty}\int_c^b f(x)\mathrm{d}x$ 都

存在时,广义积分 $\int_{-\infty}^{+\infty} f(x)\mathrm{d}x$ 才被称为是收敛的,否则称为发散的.

例 9　讨论广义积分 $\int_2^{+\infty} \mathrm{e}^{-x}\mathrm{d}x$ 的敛散性.

解　由于

$$\int_2^{+\infty} \mathrm{e}^{-x}\mathrm{d}x = \lim_{b\to+\infty}\int_2^b \mathrm{e}^{-x}\mathrm{d}x = \lim_{b\to+\infty}\left[-\int_2^b \mathrm{e}^{-x}\mathrm{d}(-x)\right] = \lim_{b\to+\infty}\left[-\mathrm{e}^{-x}\right]_2^b$$
$$= \lim_{b\to+\infty}(-\mathrm{e}^{-b}+\mathrm{e}^{-2}) = \mathrm{e}^{-2},$$

所以广义积分 $\int_2^{+\infty} \mathrm{e}^{-x}\mathrm{d}x$ 是收敛的.

注意　计算广义积分时,为了书写上的方便,可以省去极限符号,将其形式改为类似牛顿-莱布尼茨公式的形式,如上式可以写为

$$\int_2^{+\infty} \mathrm{e}^{-x}\mathrm{d}x = -\int_2^{+\infty} \mathrm{e}^{-x}\mathrm{d}(-x) = -\mathrm{e}^{-x}\Big|_2^{+\infty} = 0+\mathrm{e}^{-2} = \mathrm{e}^{-2}.$$

设 $F(x)$ 为 $f(x)$ 的一个原函数,若记 $F(+\infty)=\lim\limits_{x\to+\infty}F(x)$,$F(-\infty)=\lim\limits_{x\to-\infty}F(x)$,则

$$\int_a^{+\infty} f(x)\mathrm{d}x = F(+\infty)-F(a);$$
$$\int_{-\infty}^b f(x)\mathrm{d}x = F(b)-F(-\infty).$$

例 10　讨论 $\int_{-\infty}^{-1} \frac{1}{x^2}\mathrm{d}x$ 的收敛性.

解　因为 $\int_{-\infty}^{-1} \frac{1}{x^2}\mathrm{d}x = -\frac{1}{x}\Big|_{-\infty}^{-1} = 1-0 = 1$,所以广义积分 $\int_{-\infty}^{-1} \frac{1}{x^2}\mathrm{d}x$ 收敛.

例 11 讨论广义积分 $\displaystyle\int_{-\infty}^{+\infty}\cos x\mathrm{d}x$ 的敛散性.

解 $\displaystyle\int_{-\infty}^{+\infty}\cos x\mathrm{d}x = \int_{-\infty}^{0}\cos x\mathrm{d}x + \int_{0}^{+\infty}\cos x\mathrm{d}x.$ 由于

$$\int_{-\infty}^{0}\cos x\mathrm{d}x = \sin x\Big|_{-\infty}^{0} = \sin 0 - \sin(-\infty) = -\sin(-\infty)$$

不存在,所以 $\displaystyle\int_{-\infty}^{0}\cos x\mathrm{d}x$ 发散,从而广义积分 $\displaystyle\int_{-\infty}^{+\infty}\cos x\mathrm{d}x$ 发散.

 习题 4.3

1. 用直接法求下列定积分:

(1) $\displaystyle\int_{0}^{a}(3x^2 - x + 1)\mathrm{d}x$;

(2) $\displaystyle\int_{1}^{2}\frac{x^3 - x\sqrt{x} + 1}{x^2}\mathrm{d}x$;

(3) $\displaystyle\int_{0}^{1}(3-x)(2-x^2)\mathrm{d}x$;

(4) $\displaystyle\int_{0}^{4}\frac{x-9}{\sqrt{x}+3}\mathrm{d}x$.

2. 用凑微分法求下列定积分:

(1) $\displaystyle\int_{-2}^{2}\frac{x}{1+x^2}\mathrm{d}x$;

(2) $\displaystyle\int_{1}^{\mathrm{e}^2}\frac{\ln x}{x}\mathrm{d}x$;

(3) $\displaystyle\int_{0}^{1}x\mathrm{e}^{-x^2}\mathrm{d}x$;

(4) $\displaystyle\int_{-2}^{2}\frac{\mathrm{e}^x}{\mathrm{e}^x+1}\mathrm{d}x$;

(5) $\displaystyle\int_{1}^{\mathrm{e}}\frac{1+\ln x}{x}\mathrm{d}x$;

(6) $\displaystyle\int_{0}^{1}\mathrm{e}^x\cos(\mathrm{e}^x)\mathrm{d}x$;

(7) $\displaystyle\int_{0}^{\frac{\pi}{4}}\frac{\sin x}{\sqrt{\cos x}}\mathrm{d}x$;

(8) $\displaystyle\int_{\frac{1}{\pi}}^{\frac{2}{\pi}}\frac{1}{x^2}\cos\left(\frac{1}{x}\right)\mathrm{d}x$.

3. 用分部法求下列定积分:

(1) $\displaystyle\int_{0}^{\frac{\pi}{2}}x\sin x\mathrm{d}x$;

(2) $\displaystyle\int_{0}^{1}x\mathrm{e}^{-x}\mathrm{d}x$;

(3) $\displaystyle\int_{0}^{1}x\mathrm{e}^{2x}\mathrm{d}x$;

(4) $\displaystyle\int_{1}^{\mathrm{e}}x^2\ln x\mathrm{d}x$;

(5) $\displaystyle\int_{0}^{\sqrt{\ln 2}}x^3\mathrm{e}^{x^2}\mathrm{d}x$;

(6) $\displaystyle\int_{0}^{\frac{\pi}{2}}\mathrm{e}^x\sin x\mathrm{d}x$.

4. 计算下列广义积分:

(1) $\displaystyle\int_{-\infty}^{0}\mathrm{e}^{2x}\mathrm{d}x$;

(2) $\displaystyle\int_{0}^{+\infty}x\mathrm{e}^{-x}\mathrm{d}x$;

(3) $\displaystyle\int_{1}^{+\infty}\frac{1}{x(1+x^2)}\mathrm{d}x$;

(4) $\displaystyle\int_{-\infty}^{+\infty}\frac{1}{x^2+2x+2}\mathrm{d}x$.

5. 判断下列广义积分敛散性:

(1) $\displaystyle\int_{0}^{+\infty}\frac{\ln x}{x}\mathrm{d}x$;

(2) $\displaystyle\int_{0}^{+\infty}\sin x\mathrm{d}x$.

4.4 定积分的应用

【教学要求】 本节要求掌握定积分的"微元法",微元法求平面图形面积的基本方法,并学会求旋转体的体积,以及了解定积分在几何、物理上的一些简单应用.

4.4.1 微元法

在前面所讲的求曲边梯形的面积中,是将区间 $[a,b]$ 无限细分,则相应的曲边梯形被分为无穷多个小竖条.现考虑以任意一点 $x\in[a,b]$ 为左端点的小竖条,其底边为 $\mathrm{d}x(\mathrm{d}x>0)$,

如图 4-9 所示.在无限细分的条件下,小竖条的面积就近似等于以 $f(x)$ 为高,以 $\mathrm{d}x$ 为底的小矩形的面积,记为 $\mathrm{d}A=f(x)\mathrm{d}x$,称为**面积微元**(简称**微元**).将这种无穷多个极其微小的面积由 $x=a$ 到 $x=b$"积累"起来,就成为总面积 A,也就是定积分 $\int_a^b f(x)\mathrm{d}x$,即 $A=\int_a^b f(x)\mathrm{d}x$.

由此可见,定积分 $\int_a^b f(x)\mathrm{d}x$ 实际上就是无穷多个微元" $f(x)\mathrm{d}x$ "累加求和.这种"微元求和"的思想,就是定积分的实质.

图 4-9

一般来说,用定积分解决实际问题时,通常按以下几个步骤来进行:

(1) 确定积分变量 x,并确定出相应的积分区间 $[a,b]$;

(2) 在区间 $[a,b]$ 上任取一个小区间 $[x,x+\mathrm{d}x]$,并在小区间上找出所求量 F 的微元 $\mathrm{d}F=f(x)\mathrm{d}x$;

(3) 写出所求量 F 的积分表达式 $F=\int_a^b f(x)\mathrm{d}x$,然后计算它的值.

利用定积分按上述步骤解决实际问题的方法,就叫做定积分的**微元法**.

4.4.2 平面图形的面积

下面用微元法来讨论定积分在求平面图形面积上的应用.

由上一节知道,若 $f(x)\geqslant0$,则曲线 $y=f(x)$ 与直线 $x=a,x=b$ 及 x 轴所围成的平面图形的面积 A 的微元(如图 4-9 所示)为

$$\mathrm{d}A=f(x)\mathrm{d}x,$$

由此可得到平面图形的面积为

$$A=\int_a^b \mathrm{d}A=\int_a^b f(x)\mathrm{d}x.$$

若平面图形是由连续曲线 $y=f(x),y=g(x)$ 和直线 $x=a,x=b(a<b)$ 所围成,在区间 $[a,b]$ 上有 $f(x)\geqslant g(x)$,如图 4-10 所示,就称这样的图形是 **X-型图形**.

同理,若平面图形是由连续曲线 $x=\varphi(y),x=\psi(y)$ 和直线 $y=c,y=d(c<d)$ 所围成,且在区间 $[c,d]$ 上有 $\varphi(y)\geqslant\psi(y)$,如图 4-11 所示,就称这样的图形是 **Y-型图形**.

注意 构成图形的两条直线,有时也可能蜕化为点.如何求平面图形的面积 A？仍可采用微元法求解该问题.

图 4-10   图 4-11

1. 用微元法求 X-型图的面积

① 取 x 为积分变量,$y\in[c,d]$.

② 在区间 $[a,b]$ 上任取一小区间 $[x,x+dx]$,该区间上面积 dA 可以用高为 $f(x)-g(x)$、底为 dx 的矩形的面积近似代替,如图 4-10 所示,从而得到面积微元

$$dA=[f(x)-g(x)]dx.$$

③ 写出积分表达式,即

$$A=\int_a^b[f(x)-g(x)]dx. \tag{1}$$

(1) 式可作为计算 X-型图的平面图形的面积公式.

2. 用微元法求 Y-型图的面积

① 取 y 为积分变量,$x\in[a,b]$.

② 在区间 $[c,d]$ 上任取一小区间 $[y,y+dy]$,该区间上面积 dA 可以用高为 $\varphi(y)-\psi(y)$、底为 dy 的矩形的面积近似代替,如图 4-11 所示,从而得到面积微元

$$dA=[\varphi(y)-\psi(y)]dy.$$

③ 写出积分表达式,即

$$A=\int_c^d[\varphi(y)-\psi(y)]dy. \tag{2}$$

(2) 式可作为计算 Y-型图的平面图形的面积公式.

对于非 X-型、非 Y-型平面图形,可以进行适当的分割,划分成若干个 X-型图形和 Y-型图形,然后利用前面介绍的方法去求面积.

例 1 求由抛物线 $y=x^2$ 和 $x=y^2$ 所围成图形的面积 A.

解 如图 4-12 所示.由题意知两条曲线的交点满足方程组 $\begin{cases} y=x^2 \\ x=y^2 \end{cases}$,解得交点为 $(0,0)$ 和 $(1,1)$,因此所求面积可看做是曲线 $y=x^2$,$x=y^2$,$x=0$ 和 $x=1$ 所围图形的面积.

将该平面图形视为 X-型图形,确定积分变量为 x,积分区间为 $[0,1]$,在 $[0,1]$ 上任取一小区间 $[x,x+dx]$,则可得到 A 的面积微元

$$dA=[\sqrt{x}-x^2]dx,$$

应用公式(1)，所求平面图形的面积为

$$A = \int_0^1 \left[\sqrt{x} - x^2\right] \mathrm{d}x = \left(\frac{2}{3} x^{\frac{3}{2}} - \frac{1}{3} x^3\right) \Big|_0^1 = \frac{1}{3}.$$

例 2　求由抛物线 $y = x^2 - 2x$ 与直线 $y = x$ 所围成的平面图形的面积 A.

解　如图 4-13 所示. 由题意知两条曲线的交点满足方程组 $\begin{cases} y = x^2 - 2x \\ y = x \end{cases}$，解得交点为

$(0, 0)$ 和 $(3, 3)$，因此所求面积可看做是曲线 $y = x^2 - 2x, y = x, x = 0$ 和 $x = 3$ 所围图形的面积.

图 4-12　　　　　　　　　　　　　图 4-13

将该平面图形视为 X-型图形，选取 x 为积分变量，$x \in [0, 3]$，在 $[0, 3]$ 上任取一小区间 $[x, x + \mathrm{d}x]$，则可得到 A 的面积微元

$$\mathrm{d}A = \left[x - (x^2 - 2x)\right] \mathrm{d}x,$$

应用公式(1)，所求平面图形的面积为

$$A = \int_0^3 \left[x - (x^2 - 2x)\right] \mathrm{d}x = \int_0^3 \left[3x - x^2\right] \mathrm{d}x = \left[\frac{3}{2} x^2 - \frac{1}{3} x^3\right]_0^3 = \frac{9}{2}.$$

例 3　求由抛物线 $y^2 = 2x$ 与直线 $y = x - 4$ 所围成的平面图形的面积 A.

解　如图 4-14 所示. 由题意知两条曲线的交点满足方程组 $\begin{cases} y^2 = 2x \\ y = x - 4 \end{cases}$，解得交点为

$(2, -2)$ 和 $(8, 4)$，因此所求面积可看做是曲线 $y^2 = 2x, y = x - 4, y = -2$ 和 $y = 4$ 所围图形的面积.

将该平面图形视为 Y-型图形，选取 y 为积分变量，$y \in [-2, 4]$，在 $[-2, 4]$ 上任取一小区间 $[y, y + \mathrm{d}y]$，则可得到 A 的面积微元

$$\mathrm{d}A = \left[(y + 4) - \frac{y^2}{2}\right] \mathrm{d}y,$$

应用公式(2)，所求平面图形的面积为

$$A = \int_{-2}^4 \mathrm{d}A = \int_{-2}^4 \left[(y + 4) - \frac{y^2}{2}\right] \mathrm{d}y = \left[\frac{1}{2} y^2 + 4y - \frac{1}{6} y^3\right]_{-2}^4 = 18.$$

例 4　求曲线 $y = \cos x$ 与 $y = \sin x$ 在区间 $[0, \pi]$ 所围平面图形的面积 A.

解　如图 4-15 所示. 曲线 $y = \cos x$ 与 $y = \sin x$ 交点坐标为 $\left(\frac{\pi}{4}, \frac{\pi}{2}\right)$，该平面图形可视

为 X-型图形,选取 x 为积分变量,$x \in [0, \pi]$,在 $[0, \pi]$ 上该图形被划分成两块,可采用如下方法求面积:

$$A = \int_0^{\frac{\pi}{4}} (\cos x - \sin x) \mathrm{d}x + \int_{\frac{\pi}{4}}^{\pi} (\sin x - \cos x) \mathrm{d}x$$

$$= (\sin x + \cos x) \Big|_0^{\frac{\pi}{4}} + (-\cos x - \sin x) \Big|_0^{\frac{\pi}{4}} = 2\sqrt{2}.$$

图 4-14

图 4-15

4.4.3　旋转体的体积

旋转体是由平面内的一个图形绕平面内的一条定直线旋转一周而生成的立体. 这条定直线叫做旋转体的轴. 工厂中车床加工出来的工件很多都是旋转体,如圆柱体、圆锥体等.

这里讨论用定积分的方法来求旋转体的体积.

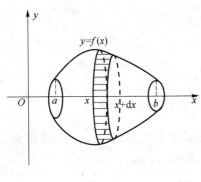

图 4-16

设一旋转体是由连续曲线 $y = f(x) \geqslant 0$,直线 $x = a, x = b (a < b)$ 及 x 轴所围成的平面图形绕 x 轴旋转一周而成,如图 4-16 所示. 现计算它的体积 V.

取 x 为积分变量,积分区间为 $[a, b]$,把区间 $[a, b]$ 分成无限多个小区间(见图 4-16),从而把由 $y = f(x)$,$x = a$,$x = b$ 和 x 轴所围成的曲边梯形分成若干个小窄条的曲边梯形,任取一小区间 $[x, x + \mathrm{d}x]$,则该小区间所对应的小窄曲边梯形绕 x 轴旋转一周而成的旋转体的体积为所求体积的体积微元 $\mathrm{d}V$,该体积微元值近似于以 $f(x)$ 为底半径,以 $\mathrm{d}x$ 为高的小圆柱体的体积,从而得到体积微元,即

$$\mathrm{d}V = \pi [f(x)]^2 \mathrm{d}x,$$

于是可得所求旋转体的体积为

$$V_x = \int_a^b \mathrm{d}V = \pi \int_a^b [f(x)]^2 \mathrm{d}x.$$

同理,由连续曲线 $x = \varphi(y)$ 和直线 $y = c, y = d$ 及 y 轴围成的曲边梯形绕 y 轴旋转而成的旋转体(见图 4-17)的体积为

$$V_y = \pi \int_c^d [\varphi(y)]^2 \mathrm{d}y.$$

例 5　连接坐标原点 O 及点 $P(h, r)$ 的直线,直线 $x = h$ 及 x 轴围成一个直角三角形,如

图 4-18 所示.将它绕 x 轴旋转一周构成一个底半径为 r,高为 h 的圆锥体.试计算此圆锥体的体积.

图 4-17   图 4-18

解 过原点 O 及点 $P(h,r)$ 的直线方程为 $y=\dfrac{r}{h}x$,以 x 为积分变量,它的变化区间为 $[0,h]$.圆锥体中相应于 $[0,h]$ 上任一小区间 $[x,x+\mathrm{d}x]$ 的薄片的体积近似于底半径为 $\dfrac{r}{h}x$,高为 $\mathrm{d}x$ 的扁圆柱体的体积,即体积微元

$$\mathrm{d}V=\pi\left[\frac{r}{h}x\right]^2\mathrm{d}x,$$

故所求圆锥体的体积为

$$V=\int_0^h\mathrm{d}V=\pi\int_0^h\left[\frac{r}{h}x\right]^2\mathrm{d}x$$

$$=\frac{\pi r^2}{3h^2}x^3\Big|_0^h=\frac{1}{3}\pi r^2 h.$$

例 6 求椭圆 $\dfrac{x^2}{a^2}+\dfrac{y^2}{b^2}=1$ 分别绕 x 轴和 y 轴旋转而成的旋转体的体积.

解 (1) 绕 x 轴旋转:所求旋转体的体积为上半个椭圆绕 x 轴旋转而成,如图 4-19 所示.根据图形的对称性,有

$$V_x=2\pi\int_0^a y^2\mathrm{d}x=2\pi b^2\int_0^a\left(1-\frac{x^2}{a^2}\right)\mathrm{d}x$$

$$=2\pi b^2\left[x-\frac{x^3}{3a^2}\right]_0^a=\frac{4}{3}\pi ab^2.$$

(2) 绕 y 轴旋转:所求旋转体的体积为右半个椭圆绕 y 轴旋转而成,如图 4-20 所示,根据图形的对称性,有

$$V_y=2\pi\int_0^b x^2\mathrm{d}y=2\pi a^2\int_0^b\left(1-\frac{y^2}{b^2}\right)\mathrm{d}y$$

$$=2\pi a^2\left[y-\frac{y^3}{3b^2}\right]_0^b=\frac{4}{3}\pi a^2 b.$$

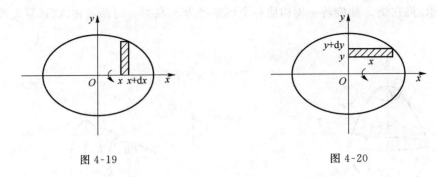

图 4-19   图 4-20

从上例可以看出,当 $a=b$ 时,旋转体就成为半径为 a 的球体,它的体积为 $\frac{4}{3}\pi a^3$.

4.4.4 其他应用

1. 作功问题

一个物体作直线运动,若在运动过程中受一个与运动方向一致的常力 F 作用,那么,当物体有位移 S 时,则力 F 所作的功为

$$W = F \cdot S.$$

现设有一物体沿 x 轴正向运动,且在从点 a 移动到点 b 过程中,受与 x 轴正向一致的变力 F 的作用. 由于物体位于 x 轴上不同的位置时所受力的大小不同,力 F 可看做是 x 的函数 $F = F(x)$.试确定变力 F 在区间 $[a,b]$ 上所作的功(如图 4-21 所示).

图 4-21

在区间上任取一个小区间 $[x, x+\mathrm{d}x]$,物体由点 x 移动到点 $x+\mathrm{d}x$ 时,变力 F 所作功的近似值就是功的微元

$$\mathrm{d}W = F(x)\mathrm{d}x.$$

于是,物体从点 a 移动到点 b 所作的功为

$$W = \int_a^b F(x)\mathrm{d}x.$$

例 7 在一个带电量为 $+q$ 的点电荷所产生的电场作用下,一个单位正电荷在电场中沿直线从距离点电荷 a 处移动到 $b(a<b)$ 处时,计算电场力 F 对它所作的功.

解 由物理学知道,如果有一个单位正电荷放在这个电场中距离原点 O 为 r 的地方,那么电场对它的作用力的大小为 $F = k\dfrac{q}{r^2}$(k 是常数)(如图 4-22 所示). 在 $[a,b]$ 上

图 4-22

任取一小区间 $[r, r+\mathrm{d}r]$,当单位正电荷从 r 移动到 $r+\mathrm{d}r$ 时,电场力对它所作的功近似于 $\dfrac{kq}{r^2}\mathrm{d}r$,即功元素为

$$dW = \frac{kq}{r^2}dr$$

于是所求的功为

$$W = \int_a^b \frac{kq}{r^2}dr = kq\left[-\frac{1}{r}\right]\Big|_a^b = kq\left(\frac{1}{a} - \frac{1}{b}\right).$$

2. 现金流量的现值问题

如果收益(或支出)不是单一数额,而是在每单位时间内(如在每一年年末)都有收益(或支出),就称为现金流量.

设现金流量是连续的,则现金流量将是时间 t 的函数 $R(t)$:若 t 以年为单位,在时间点 t 每年的流量是 $R(t)$,这样,在一个很短的时间间隔 $[t, t+dt]$ 内,现金流量的总量的近似值是

$$R(t)dt.$$

当贴现率为 r,按连续复利计算,其现值应是

$$R(t) \cdot e^{-rt}dt,$$

那么,到 n 年末收益流量的总量的现值就可用如下定积分表示:

$$R = \int_0^n R(t) \cdot e^{-rt}dt$$

特别地,当 $R(t)$ 是常量 A(每年收益不变,都是 A,这就称为均匀流),则

$$R = A\int_0^n e^{-rt}dt = \frac{A}{r}(1 - e^{-rn}).$$

例 8　若连续收益流每年按 6 000 元的不变比率持续两年,且贴现率为 6% ,求其现值.

解　$R = 6\,000\int_0^2 e^{-0.06t}dt = \dfrac{6\,000}{0.06}(1 - e^{-0.06\times 2}) = 100\,000 \times (1 - 0.886\,9) = 11\,310$ 元.

例 9　一栋楼房现价 5 000 万元,分期付款购买,10 年付清,每年付款数额相同,若贴现率为 4% ,按连续复利计算,则每年应付款多少万元?

解　这是均匀现金流问题,设每年付款 A 万元.全部付款的总现值是已知的,即房现价 5 000 万元,于是根据均匀流量的贴现公式,有

$$5\,000 = A\int_0^{10} e^{-0.04t}dt = \frac{A}{0.04}(1 - e^{-0.04\times 10}),$$

即　　　　　　　　　　$200 = A(1 - 0.670\,3),$

$$A = 606.612\,1 \text{ 万元},$$

则每年应付款 606.612 1 万元.

 习题 4.4

1. 求由下列曲线所围成图形的面积:

(1) $y = x^2, y = 3x + 4$;　　　　　　　　(2) $y = \ln x, y = 0, x = e$;

(3) $y = x^3, y = x$;　　　　　　　　　　(4) $y^2 = x, x - 2y - 3 = 0.$

2．求下列曲线所围成图形绕 x 轴或 y 轴旋转所成旋转体的体积：

（1）$y=x^2$，$x=y^2$，绕 x 轴；

（2）$y=\dfrac{1}{x}$，$y=4x$，$y=0$，$x=2$，绕 x 轴；

（3）椭圆 $\dfrac{x^2}{a^2}+\dfrac{y^2}{b^2}=1$，绕 y 轴；

（4）$y=\mathrm{e}^{-x}$（$0\leqslant x<+\infty$），$y=0$，绕 y 轴.

3．求由抛物线 $y=1-x^2$ 及其在点 $(1,0)$ 处的切线和 y 轴所围平面图形的面积.

4．求由曲线 $y=\ln x$ 及其上一点 $(\mathrm{e},1)$ 处的切线和 x 轴所围平面图形的面积.

5．求由直线 $x+y=4$ 与曲线 $xy=3$，绕 x 轴旋转一周所得旋转体体积.

6．求由直线 $y=\dfrac{R}{h}x$，$x\in(0,h)$ 和直线 $x=h$，绕 x 轴旋转一周所得旋转体体积.

7．连续收益流每年 500 元，设年利率为 8％，按连续复利计算为期 10 年，求总值为多少，现值为多少.

8．年利率为 9％，抵押借债 35 000 元，为期 25 年，按连续复利计算，每月应还债多少才能付清？

综合练习题四

1．填空题

（1）设 $\displaystyle\int_0^x f(t)\mathrm{d}t=a^{3x}$，则 $f(x)=$ ＿＿＿＿＿＿＿＿＿＿＿＿＿＿；

（2）设 $F(x)=\displaystyle\int_0^x \sin t^2\,\mathrm{d}t$，则 $F'(x)=$ ＿＿＿＿＿＿＿＿＿＿＿＿＿；

（3）设 $F(x)=\displaystyle\int_x^{-1} t\,\mathrm{e}^{-t}\mathrm{d}t$，则 $F'(x)=$ ＿＿＿＿＿＿＿＿＿＿＿＿；

（4）连续曲线 $y=f(x)$ 在区间 $[a,b]$ 上与 x 轴围成 3 块面积 S_1、S_2、S_3，其中，S_2 在 x 轴上方，S_1 和 S_3 在 x 轴下方，已知 $S_1=2S_2-q$，$S_2+S_3=p（p\neq q）$，则

$$\int_a^b f(x)\mathrm{d}x=\underline{\hspace{6cm}}；$$

2．单选题

（1）函数 $f(x)$ 在闭区间 $[a,b]$ 上可积的必要条件是 $f(x)$ 在 $[a,b]$ 上（　　　　）.

A．有界　　　　　　B．无界　　　　　　C．单调　　　　　　D．连续

（2）函数 $f(x)$ 在闭区间 $[a,b]$ 上连续是 $f(x)$ 在 $[a,b]$ 上可积的（　　　　）.

A．必要非充分条件　　　　　　　　B．充分非必要条件

C．充分必要条件　　　　　　　　　D．无关条件

（3）初等函数在其定义区间 $[a,b]$ 上一定（　　　　）.

A．可导　　　　　　B．可微　　　　　　C．可积　　　　　　D．以上均不成立

（4）设 $\displaystyle\int_0^2 xf(x)\mathrm{d}x=k\int_0^1 xf(2x)\mathrm{d}x$，则 $k=$（　　　　）.

A．1　　　　　　　　B．2　　　　　　　　C．3　　　　　　　　D．4

(5) $\dfrac{\mathrm{d}}{\mathrm{d}x}\displaystyle\int_a^b \arctan x\,\mathrm{d}x = (\qquad)$.

A. $\arctan x$ B. $\arctan b - \arctan a$

C. 0 D. $\dfrac{1}{1+x^2}$

3. 计算下列不定积分：

(1) $\displaystyle\int 3^{\sin x}\cos x\,\mathrm{d}x$；

(2) $\displaystyle\int \dfrac{\arctan x}{1+x^2}\mathrm{d}x$；

(3) $\displaystyle\int \dfrac{x^4}{1+x^2}\mathrm{d}x$；

(4) $\displaystyle\int \dfrac{1}{\sqrt{x}(1+x)}\mathrm{d}x$；

(5) $\displaystyle\int \dfrac{\mathrm{e}^x}{1+\mathrm{e}^{2x}}\mathrm{d}x$；

(6) $\displaystyle\int \dfrac{1}{x\ln x}\mathrm{d}x$；

(7) $\displaystyle\int \dfrac{\arccos x}{\sqrt{1-x^2}}\mathrm{d}x$；

(8) $\displaystyle\int \dfrac{\ln x+2}{x}\mathrm{d}x$；

(9) $\displaystyle\int \mathrm{e}^{-x}\sin x\,\mathrm{d}x$；

(10) $\displaystyle\int \sin^3 x\,\mathrm{d}x$．

4. 计算下列定积分：

(1) $\displaystyle\int_1^3 \dfrac{1+2x^2}{x^2(1+x^2)}\mathrm{d}x$；

(2) $\displaystyle\int_{-(e+1)}^{-2} \dfrac{1}{x+1}\mathrm{d}x$；

(3) $\displaystyle\int_{\frac{\pi}{4}}^{\frac{\pi}{2}} \cot^2 x\,\mathrm{d}x$；

(4) $\displaystyle\int_0^{\frac{\pi}{2}} |\sin x - \cos x|\,\mathrm{d}x$；

(5) $\displaystyle\int_0^3 \dfrac{x}{\sqrt{1+x}}\mathrm{d}x$；

(6) $\displaystyle\int_0^2 |1-x|\,\mathrm{d}x$；

(7) $\displaystyle\int_1^2 \dfrac{1}{x^2}\mathrm{e}^{\frac{1}{x}+1}\mathrm{d}x$；

(8) $\displaystyle\int_0^{\frac{\pi}{4}} \dfrac{1}{1+\sin x}\mathrm{d}x$；

(9) $\displaystyle\int_0^1 \dfrac{1}{\mathrm{e}^x + \mathrm{e}^{-x}}\mathrm{d}x$；

(10) $\displaystyle\int_1^e \cos \ln x\,\mathrm{d}x$．

5. 用适当方法计算下列定积分：

(1) $\displaystyle\int_{\frac{\pi}{2}}^{\pi} (1+\cos x)^2 \sin x\,\mathrm{d}x$；

(2) $\displaystyle\int_0^{\frac{\pi}{4}} \dfrac{\cos 2x}{\cos x + \sin x}\mathrm{d}x$；

(3) $\displaystyle\int_0^1 \mathrm{e}^{\sqrt{x}}\mathrm{d}x$；

(4) $\displaystyle\int_0^1 \dfrac{1}{\sqrt{x}}\mathrm{e}^{\sqrt{x}}\mathrm{d}x$；

(5) $\displaystyle\int_0^1 x\mathrm{e}^{2x}\mathrm{d}x$；

(6) $\displaystyle\int_0^{\frac{\pi}{4}} x\sec^2 x\,\mathrm{d}x$；

(7) $\displaystyle\int_{\frac{1}{e}}^e |\ln x|\,\mathrm{d}x$；

(8) $\displaystyle\int_0^4 \dfrac{\sqrt{x}}{1+\sqrt{x}}\mathrm{d}x$．

6. 判断广义积分的敛散性，若收敛，则计算它的值.

(1) $\displaystyle\int_1^{+\infty} \mathrm{e}^{-\sqrt{x}}\mathrm{d}x$；

(2) $\displaystyle\int_{-\infty}^{+\infty} \dfrac{1}{x^2+2x+2}\mathrm{d}x$；

(3) $\displaystyle\int_{-\infty}^0 x\mathrm{e}^x\,\mathrm{d}x$；

(4) $\displaystyle\int_0^1 \dfrac{\arcsin x}{\sqrt{1-x^2}}\mathrm{d}x$．

7. 选择恰当的积分变量求图 4-26 中阴影部分的面积：

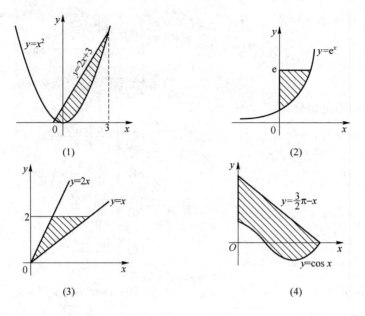

(1)

(2)

(3)

(4)

图 4-26

8. 求由曲线 $y=e^x$，$y=e^{-x}$ 及 $x=1$ 所围成图形的面积.

9. 求曲线 $y=4-x^2(x>0)$ 与 y 轴及 $y=-4$ 所围成图形的面积.

10. 求抛物线 $y=x^2$，直线 $x=2$ 与 x 轴绕 x 轴旋转而成的旋转体的体积.

11. 求直线 $y=2x(-1\leqslant x\leqslant 2)$ 绕 x 轴旋转而成的旋转体的体积.

12. 计算 $y=\sin x$ 在 $[0,\pi]$ 上的图形绕 x 轴旋转而成的旋转体的体积.

13. 一弹簧原长为 $1\,\mathrm{m}$，把它压缩为 $1\,\mathrm{cm}$ 所用的力为 $5\,\mathrm{g}$，求把它从 $80\,\mathrm{cm}$ 压缩到 $60\,\mathrm{cm}$ 所作的功是多大？

14. 某一机器使用寿命为 10 年，如购进机器需要 40 000 元，如租用此机器每月租金为 500 元，设投资年利率为 14%，按连续复利计算，问购进与租用哪一种方式合算？

第5章 微分方程

【导学】 微积分研究的对象是函数关系,但在实际问题中,常常很难直接建立所研究的变量之间的函数关系,却比较容易建立这些变量与它们的导数或微分之间的联系,从而得到一个关于未知函数的导数或微分的方程,该方程即所谓的微分方程.微分方程在自然科学、工程技术和经济学等领域中有着广泛的应用.本章重点研究常见的微分方程的解法,并结合实际探讨微分方程的应用问题.

5.1 微分方程的基本概念

【教学要求】 本节介绍微分方程的基本概念,要求掌握微分方程的阶、解、通解、初始条件和特解等一些基本概念.

5.1.1 认识微分方程

什么是微分方程呢?下面通过两个实例来认识一下微分方程.

例 1 一曲线通过点 $(-1,2)$,且在该曲线上任一点 $M(x,y)$ 处的切线的斜率为 $2x$,求这曲线的方程.

解 设所求曲线的方程为 $y=y(x)$.根据题意和导数的几何意义,该曲线应满足下面关系:

$$\frac{\mathrm{d}y}{\mathrm{d}x}=2x.$$

目的是寻找一个符合上述条件且符合 $x=-1,y=2$ 条件的方程.有两种方法解决这个问题.

方法 1 当一个等式是 $\frac{\mathrm{d}y}{\mathrm{d}x}=g(x)$ 形式的时候,通过观察可知 y 必是 $g(x)$ 的一个不定积分.这就是说

$$y=\int g(x)\mathrm{d}x,$$

在题中,

$$y=\int 2x\mathrm{d}x=x^2+C,$$
$$y=x^2+C.$$

方法 2 将 $\frac{\mathrm{d}y}{\mathrm{d}x}$ 看做两个微分的商,当将等式 $\frac{\mathrm{d}y}{\mathrm{d}x}=2x$ 两边同时乘以 $\mathrm{d}x$,得到

$$dy = 2x dx,$$

接着，将等式 $dy = 2x dx$ 两边同时积分，结果是一样的：

$$\int dy = \int 2x dx,$$

$$y + C_1 = x^2 + C_2,$$

$$y = x^2 + C_2 - C_1,$$

$$y = x^2 + C.$$

第二种方法不仅仅限于解决类似 $\dfrac{dy}{dx} = g(x)$ 形式的简单问题，它运用范围十分广泛，之后将会看到这一点.

把条件 $x = -1, y = 2$ 代入 $y = x^2 + C$，得

$$2 = 1^2 + C,$$

由此得出 $C = 1$，把 $C = 1$ 代入 $y = x^2 + C$，得所求曲线方程

$$y = x^2 + 1.$$

例 2　列车在平直线路上以 20 m/s（相当于 72 km/h）的速度行驶，当制动时列车获得加速度 -0.4 m/s²，问开始制动后多少时间列车才能停住？列车在这段时间里行驶了多少路程？

解　设列车开始制动后 t 秒内行驶了 s 米，根据题意，反映制动阶段列车运动规律的函数 $s = s(t)$ 应满足方程

$$\frac{d^2 s}{dt^2} = -0.4,$$

另外，未知函数 $s = s(t)$ 还应满足下列条件：$s(0) = 0$，$v(0) = s'(0) = 20$.

把等式 $\dfrac{d^2 s}{dt^2} = -0.4$ 两端积分一次，得

$$v(t) = -0.4t + C_1,$$

再积分一次，得

$$s(t) = -0.2t^2 + C_1 t + C_2,$$

这里 C_1, C_2 都是任意常数.

把条件 $v(0) = 20$ 代入 $v(t) = \dfrac{ds}{dt} = -0.4t + C_1$，得 $C_1 = 20$；把条件 $s(0) = 0$ 代入 $s(t) = -0.2t^2 + C_1 t + C_2$，得 $C_2 = 0$，由此可得

$$v(t) = -0.4t + 20,$$

$$s(t) = -0.2t^2 + 20t.$$

令 $v(t) = 0$，得到列车从开始制动到完全停住所需的时间

$$t = \frac{20}{0.4} = 50 \text{ s},$$

把 $t = 50$ 代入 $s(t) = -0.2t^2 + 20t$，得到列车在制动阶段行驶的路程

$$s(50) = -0.2 \times 50^2 + 20 \times 50 = 500 \text{ m}.$$

从上述两个例子得到的两个等式中都含有未知函数导数，称它们为微分方程.

5.1.2　微分方程的基本概念

1. 微分方程的概念

定义 1　凡含有自变量、未知函数及未知函数的某些阶导数（或微商）的方程,称为**微分方程**.

当微分方程中的未知函数为一元函数时,称此微分方程为**常微分方程**.当未知函数为多元函数,微分方程中含有未知函数的偏导数,称此微分方程为**偏微分方程**.

例如：$y'=x^2$,$\dfrac{\mathrm{d}y}{\mathrm{d}x}+p(x)y=Q(x)$,$\dfrac{\mathrm{d}^2u}{\mathrm{d}t^2}=-0.6$ 均为常微分方程.而 $\dfrac{\partial^2 T}{\partial x^2}=4\dfrac{\partial T}{\partial t}$ 则是偏微分方程.

本章只讨论常微分方程.

2. 微分方程的阶

定义 2　微分方程中所出现的未知函数的最高阶导数的阶数,称为**该微分方程的阶**.

如前面例 1 中方程 $\dfrac{\mathrm{d}y}{\mathrm{d}x}=2x$ 是一阶微分方程;前面例 2 中方程 $\dfrac{\mathrm{d}^2s}{\mathrm{d}t^2}=-0.4$ 是二阶微分方程.

又如,$y'''+x^3y''-xy^2=\cos x$ 是三阶微分方程；$xy^{(4)}+y'''-5y'+13xy=\mathrm{e}^{2x}$ 是四阶微分方程.

一阶常微分方程的一般**隐式形式**为：$F(x,y,y')=0$.

一阶常微分方程的一般**显式形式**为：$y'=f(x,y)$.

类似地,**n 阶隐方程**的一般形式为：$F(x,y,y',\cdots,y^{(n)})=0$;**$n$ 阶显方程**的一般形式为：$y^{(n)}=f(x,y,y',\cdots,y^{(n-1)})$.其中,$F$ 及 f 分别是它所依赖的变元的已知函数.

例 3　判断下列微分方程的阶.

(1) $y''-5xy'=1$;　　　　　　　(2) $\dfrac{\mathrm{d}y}{\mathrm{d}x}=x^2+5$;

(3) $y^{(4)}+xy''-3xy'=0$;　　　(4) $\dfrac{\mathrm{d}^ny}{\mathrm{d}x^n}=x^2+1$.

解　(1) 2 阶；(2) 1 阶;(3) 4 阶;(4) n 阶.

3. 微分方程的解、通解和特解

定义 3　若将一个函数代入微分方程中,使微分方程成为恒等式,则称这个函数是**该微分方程的解**.

有时也常说一个函数"满足"某方程,这句话的意思就是一个函数是某方程的解.从解的定义上看,微分方程的解与代数方程的解类似,但微分方程的解要复杂得多.

如前面例 1 中的函数 $y=x^2+C$ 与 $y=x^2+1$ 都是微分方程 $\dfrac{\mathrm{d}y}{\mathrm{d}x}=2x$ 的解,而例 2 中的函数 $s(t)=-0.2t^2+C_1t+C_2$,$s(t)=-0.2t^2+20t$ 都是微分方程 $\dfrac{\mathrm{d}^2s}{\mathrm{d}t^2}=-0.4$ 的解.

再如,一阶微分方程 $\dfrac{\mathrm{d}y}{\mathrm{d}x}=-\dfrac{x}{y}$,有解 $y=\pm\sqrt{1-x^2}$,即关系式 $x^2+y^2=1$ 包含了方程

的解. 像这种方程的解是某关系式的隐函数, 称这个关系式为该方程的**隐式解**. 通常把方程解和隐式解统称为方程的解.

定义 4 如果微分方程的解中所含的相互独立的任意常数的个数与微分方程的阶数相等, 则称此解为**微分方程的通解**.

如前面例 1 中的方程 $\dfrac{\mathrm{d}y}{\mathrm{d}x}=2x$ 是一阶微分方程, 它的通解 $y=x^2+C$ 中含有一个任意常数, 而例 2 中的方程 $\dfrac{\mathrm{d}^2 s}{\mathrm{d}t^2}=-0.4$ 是二阶微分方程, 它的通解 $s(t)=-0.2t^2+C_1 t+C_2$ 中恰含有两个独立的任意常数.

例 4 验证 $\mathrm{e}^y-\mathrm{e}^x=C$ (C 为任意常数) 为微分方程 $\dfrac{\mathrm{d}y}{\mathrm{d}x}=\mathrm{e}^{x-y}$ 的通解.

解 对方程 $\mathrm{e}^y-\mathrm{e}^x=C$ 两边同时求导得

$$\mathrm{e}^y \cdot y'-\mathrm{e}^x=0.$$

整理后得到

$$y'=\frac{\mathrm{e}^x}{\mathrm{e}^y}=\mathrm{e}^{x-y},$$

即

$$\frac{\mathrm{d}y}{\mathrm{d}x}=\mathrm{e}^{x-y}.$$

又因 $\mathrm{e}^y-\mathrm{e}^x=C$ 含有一个任意常数, 而 $\dfrac{\mathrm{d}y}{\mathrm{d}x}=\mathrm{e}^{x-y}$ 为一阶微分方程, 故

$$\mathrm{e}^y-\mathrm{e}^x=C \quad (C \text{ 为任意常数})$$

是微分方程的通解.

从例 4 中可知, 要验证一个函数是否为微分方程的通解, 首先要看函数所含的相互独立的任意常数是否和微分方程的阶数相等, 其次将函数代入方程看是否使之成为恒等式.

由于通解中含有任意常数, 所以它还不能完全准确地反映出某一客观事物的特性, 要想完全准确地反映客观事物的特性, 必须确定这些常数的值. 因此, 要根据具体问题, 给出确定这些常数的条件.

一般地, 一阶微分方程的**初始条件**为当 $x=x_0$ 时, $y=y_0$, 常记做

$$y\big|_{x=x_0}=y_0 \quad \text{或} \quad y(x_0)=y_0.$$

二阶微分方程的**初始条件**为当 $x=x_0$ 时, $y=y_0$, $y'=y_0'$, 常记做

$$y\big|_{x=x_0}=y_0, y'\big|_{x=x_0}=y_0' \quad \text{或} \quad y(x_0)=y_0, y'(x_0)=y_0'.$$

如前面例 1 中的条件 $x=-1, y=2$, 前面例 2 中的条件 $s(0)=0, v(0)=s'(0)=20$.

定义 5 微分方程满足某个初始条件的解称为**微分方程的特解**.

如前面例 1 中的函数 $y=x^2+1$ 就是方程 $\dfrac{\mathrm{d}y}{\mathrm{d}x}=2x$ 满足初始条件 $x=-1, y=2$ 的特解, 例 2 中的函数 $s(t)=-0.2t^2+20t$ 就是方程 $\dfrac{\mathrm{d}^2 s}{\mathrm{d}t^2}=-0.4$ 满足初始条件 $s(0)=0, v(0)=s'(0)=20$ 的特解.

在初始条件下求微分方程的解的问题称为**微分方程的初值问题**.

一阶微分方程的初值问题, 可表示为

$$\begin{cases} y'=f(x,y), \\ y|_{x=x_0}=y_0. \end{cases}$$

二阶微分方程的初值问题,可表示为

$$\begin{cases} y''=f(x,y,y'), \\ y|_{x=x_0}=y_0,\ y'|_{x=x_0}=y_0'. \end{cases}$$

例 5　验证函数 $y=(x^2+C)\sin x$(C 为任意常数)是方程

$$\frac{\mathrm{d}y}{\mathrm{d}x}-y\cot x-2x\sin x=0$$

的通解,并求满足初始条件 $y|_{x=\frac{\pi}{2}}=0$ 的特解.

解　函数 $y=(x^2+C)\sin x$ 含有一个任意常数,其个数与方程的阶数相等.对函数求导,得

$$\frac{\mathrm{d}y}{\mathrm{d}x}=2x\sin x+(x^2+C)\cos x.$$

把 y 和 $\dfrac{\mathrm{d}y}{\mathrm{d}x}$ 代入方程 $\dfrac{\mathrm{d}y}{\mathrm{d}x}-y\cot x-2x\sin x=0$,得

左端 $=[2x\sin x+(x^2+C)\cos x]-[(x^2+C)\sin x]\cot x-2x\sin x=0=$ 右端.

所以,函数 $y=(x^2+C)\sin x$ 是该微分方程的通解.

将初始条件 $y|_{x=\frac{\pi}{2}}=0$ 代入通解 $y=(x^2+C)\sin x$ 中,得 $C=-\dfrac{\pi^2}{4}$,从而所求特解为

$$y=\left(x^2-\frac{\pi^2}{4}\right)\sin x.$$

一般地,微分方程特解的图形是一条曲线,称为该微分方程的一条**积分曲线**.已经知道:一个微分方程的解有无穷多个,它对应于平面上无穷多条积分曲线,称为该微分方程的**积分曲线族**.通解是一簇曲线.而初值问题 $\begin{cases} y'=f(x,y) \\ y|_{x=x_0}=y_0 \end{cases}$ 就是微分方程过点 (x_0,y_0) 的那条积分曲线.

 习题 5.1

1. 指出下列微分方程的阶数:

(1) $\dfrac{\mathrm{d}y}{\mathrm{d}x}+3xy=\mathrm{e}^x-\sin x$;

(2) $y'+(y')^2+y=0$;

(3) $(y'')^2+4y'-5y+x=0$;

(4) $L\dfrac{\mathrm{d}^2Q}{\mathrm{d}t^2}+R\dfrac{\mathrm{d}Q}{\mathrm{d}t}+\dfrac{Q}{t}=0$.

2. 验证下列各题中的函数是否为相应方程的解,并指出是通解还是特解.

(1) $y''+y=0$,$y=3\sin x-4\cos x$.

(2) $y'-2y=0$,$y=\sin x$,$y=c\mathrm{e}^{2x}$,$y=\mathrm{e}^x$,$y=\mathrm{e}^{2x}$.

(3) $(x-2y)y'=2x-y$,由方程 $x^2-xy+y^2=c$ 所确定的函数.

(4) $y''-2y'+y=0$,$y=\mathrm{e}^x$,$y=(c_1+c_2x)\mathrm{e}^x$,$y=x^2\mathrm{e}^x$.

3. 验证函数 $y=cx^3$ 是微分方程 $3y-xy'=0$ 的通解,并求满足初始条件 $y|_{x=1}=2$ 的特解.

5.2　一阶微分方程

【教学要求】　本节要求掌握可分离变量的微分方程、齐次型微分方程和一阶线性微分方程的求解方法.

一阶微分方程的一般形式是

$$F(x,y,y')=0 \quad 或 \quad y'=f(x,y).$$

下面介绍几种常见一阶微分方程及其解法.

5.2.1　可分离变量微分方程

微分方程的种类繁多,解法也各不相同,自本节开始讨论几种常见的一阶微分方程的解法.下面研究一阶微分方程的**初等解法**,即把微分方程的求解问题化为积分问题,因此也称**初等积分法**.虽然能用初等积分法求解的方程属特殊类型,但它们却经常出现在实际应用中,同时掌握这些方法与技巧,可为今后研究新问题时提供参考和借鉴.下面先介绍可分离变量的微分方程及其解法.

定义 1　若微分方程具有如下形式:

$$\frac{\mathrm{d}y}{\mathrm{d}x}=f(x)\cdot g(y),$$

则称该方程为**可分离变量的微分方程**,其中 $f(x)$ 和 $g(y)$ 都是连续函数.

该方程的特点是:一端是只含有 y 的函数和 $\mathrm{d}y$,另一端是只含有 x 的函数和 $\mathrm{d}x$.

可分离变量方程的求解步骤为:

第一步,分离变量　　　　　　$\dfrac{\mathrm{d}y}{g(y)}=f(x)\mathrm{d}x \quad (g(y)\neq 0)$,

第二步,两边积分　　　　　　$\displaystyle\int \dfrac{\mathrm{d}y}{g(y)}=\int f(x)\mathrm{d}x$,

第三步,得出通解　　　　　　$G(y)=F(x)+C$,

其中,$G(y)$ 和 $F(x)$ 分别为 $\dfrac{1}{g(y)}$ 和 $f(x)$ 的原函数.

方程 $G(y)=F(x)+C$ 所确定的隐函数就是方程 $\dfrac{\mathrm{d}y}{\mathrm{d}x}=f(x)g(y)$ 的通解,故称方程 $G(y)=F(x)+C$ 为方程 $\dfrac{\mathrm{d}y}{\mathrm{d}x}=f(x)g(y)$ 的**隐式通解**.

若存在 y_0,使 $g(y_0)=0$,则可直接验证 $y=y_0$ 也是方程 $\dfrac{\mathrm{d}y}{\mathrm{d}x}=f(x)g(y)$ 的解(称为**常数解**).一般而论,这种解会在分离变量时丢失,且可能不含于通解 $G(y)=F(x)+C$ 中,应注意补上这些可能丢失的解.上述求可分离变量方程的通解的方法称为解微分方程的**分离变量法**.

例 1　求微分方程 $\dfrac{\mathrm{d}y}{\mathrm{d}x}-y\sin x=0$ 的通解.

解　分离变量　　　　　　$\dfrac{\mathrm{d}y}{y}=\sin x\mathrm{d}x$,

两边积分
$$\int \frac{\mathrm{d}y}{y} = \int \sin x \mathrm{d}x,$$

得出通解
$$\ln |y| = -\cos x + C_1.$$

故方程通解为
$$y = \pm e^{C_1} e^{-\cos x}$$

或
$$y = Ce^{-\cos x} \text{（其中，} C = \pm e^{C_1} \text{）}.$$

例 2　求微分方程 $\dfrac{\mathrm{d}y}{\mathrm{d}x} = e^{2x-y}$ 满足初始条件 $y|_{x=0} = 1$ 的特解.

解　分离变量
$$e^y \mathrm{d}y = e^{2x} \mathrm{d}x,$$

两边积分
$$\int e^y \mathrm{d}y = \int e^{2x} \mathrm{d}x,$$

得出通解
$$e^y = \frac{1}{2} e^{2x} + C \quad \text{（其中，} C \text{为任意常数）}$$

将初始条件 $y|_{x=0}=1$ 代入通解中，得到 $C = e - \dfrac{1}{2}$，故所求特解为

$$e^y = \frac{1}{2} e^{2x} + e - \frac{1}{2}.$$

例 3　求微分方程 $2(1+e^x)y\mathrm{d}y - e^x \mathrm{d}x = 0$ 满足初始条件 $y|_{x=0} = 1$ 的特解.

解　分离变量
$$2y\mathrm{d}y = \frac{e^x}{1+e^x} \mathrm{d}x,$$

两边积分
$$2\int y\mathrm{d}y = \int \frac{e^x}{1+e^x} \mathrm{d}x,$$

得出通解
$$y^2 = \ln(1+e^x) + C \quad \text{（其中，} C \text{为任意常数）}.$$

将初始条件 $y|_{x=0}=1$ 代入通解中得到 $C = 1 - \ln 2$，故所求特解为
$$y^2 = \ln(1+e^x) + 1 - \ln 2.$$

5.2.2　齐次型微分方程

定义 2　形如
$$\frac{\mathrm{d}y}{\mathrm{d}x} = f\left(\frac{y}{x}\right)$$

的一阶微分方程，称为**齐次型微分方程**，简称**齐次型方程**.

在齐次型方程 $\dfrac{\mathrm{d}y}{\mathrm{d}x} = f\left(\dfrac{y}{x}\right)$ 中，作变量代换，引入新的未知函数 u，令 $u = \dfrac{y}{x}$，则有

$$y = ux,$$

两端关于 x 求导可得

$$\frac{\mathrm{d}y}{\mathrm{d}x} = u + x\frac{\mathrm{d}u}{\mathrm{d}x},$$

代入原方程，得

$$u + x\frac{\mathrm{d}u}{\mathrm{d}x} = f(u).$$

方程 $u + x\dfrac{\mathrm{d}u}{\mathrm{d}x} = f(u)$ 为可分离变量方程，分离变量后可得

$$\frac{\mathrm{d}u}{f(u)-u}=\frac{\mathrm{d}x}{x},$$

两端积分,

$$\int\frac{\mathrm{d}u}{f(u)-u}=\int\frac{\mathrm{d}x}{x}.$$

求出积分后,再用$\frac{y}{x}$代替u,便得方程$\frac{\mathrm{d}y}{\mathrm{d}x}=f\left(\frac{y}{x}\right)$的通解.

例 4 求微分方程$x\mathrm{d}y=(y-x)\mathrm{d}x$的通解.

解 将方程化为$y'=\frac{y}{x}-1$,令$u=\frac{y}{x}$,则$y=xu$,$y'=u+xu'$,代入并化简后得

$$xu'=-1,$$

分离变量,得

$$\mathrm{d}u=-\frac{1}{x}\mathrm{d}x,$$

两边积分,得 $\qquad u=-\ln|x|+C$ （其中,C为任意常数）,

将$u=\frac{y}{x}$代入,得原方程的通解为

$$\frac{y}{x}=-\ln|x|+C \quad \text{或} \quad y=-x\ln|x|+Cx.$$

例 5 求方程$y'=\frac{y}{x}+\tan\frac{y}{x}$的通解.

解 这是一个齐次型方程. 令$u=\frac{y}{x}$,则原方程化为

$$u+xu'=u+\tan u,$$

分离变量,得

$$\frac{\mathrm{d}u}{\tan u}=\frac{\mathrm{d}x}{x},$$

两边积分,得

$$\ln|\sin u|=\ln|x|+\ln|C|,$$

从而,有

$$\sin u=Cx,$$

将$u=\frac{y}{x}$代入上式得原方程的通解为

$$\sin\frac{y}{x}=Cx \quad \text{（其中,C为任意常数）.}$$

例 6 求方程$xy'=y(1+\ln y-\ln x)$满足初始条件$y|_{x=1}=\mathrm{e}$的特解.

解 原方程可化为齐次型方程

$$\frac{\mathrm{d}y}{\mathrm{d}x}=\frac{y}{x}\left(1+\ln\frac{y}{x}\right),$$

令$u=\frac{y}{x}$,则原方程化为

$$x\frac{\mathrm{d}u}{\mathrm{d}x}+u=u(1+\ln u),$$

分离变量,得

$$\frac{\mathrm{d}u}{u\ln u}=\frac{\mathrm{d}x}{x},$$

两端积分,得

$$\ln|\ln u|=\ln|x|+\ln|C|,$$

即

$$u=\mathrm{e}^{Cx},$$

故原方程的通解为

$$y=x\mathrm{e}^{Cx} \quad (其中,C\ 为任意常数).$$

将初始条件 $y|_{x=1}=\mathrm{e}$ 代入通解中,得 $C=1$,则所求特解为

$$y=x\mathrm{e}^{x}.$$

5.2.3　一阶线性微分方程

定义 3　形如

$$\frac{\mathrm{d}y}{\mathrm{d}x}+P(x)y=Q(x)$$

的方程(其中 $P(x),Q(x)$ 为已知函数)称为**一阶线性微分方程**.这里的"线性"是指未知函数 y 和它的导数 y' 最高次幂都是一次的.

若 $Q(x)\equiv0$,上式变为 $\frac{\mathrm{d}y}{\mathrm{d}x}+p(x)y=0$,则称为**一阶线性齐次微分方程**,简称**一阶线性齐次方程**.

若 $Q(x)\neq0$,则方程 $\frac{\mathrm{d}y}{\mathrm{d}x}+P(x)y=Q(x)$ 称为**一阶线性非齐次微分方程**,简称**一阶线性非齐次方程**.

设方程 $\frac{\mathrm{d}y}{\mathrm{d}x}+P(x)y=Q(x)$ 为线性非齐次方程,则称方程 $\frac{\mathrm{d}y}{\mathrm{d}x}+P(x)y=0$ 为**对应于线性非齐次方程 $\frac{\mathrm{d}y}{\mathrm{d}x}+P(x)y=Q(x)$ 的线性齐次方程**.

一阶线性齐次方程 $\frac{\mathrm{d}y}{\mathrm{d}x}+P(x)y=0$ 是可分离变量方程,分离变量,得

$$\frac{\mathrm{d}y}{y}=-P(x)\mathrm{d}x,$$

两边积分,得

$$\ln|y|=-\int P(x)\mathrm{d}x+C_1,$$

即

$$y=\pm\,\mathrm{e}^{C_1}\,\mathrm{e}^{-\int P(x)\mathrm{d}x}.$$

令 $C=\pm\mathrm{e}^{C_1}$,则所给方程的通解为

$$y=C\mathrm{e}^{-\int P(x)\mathrm{d}x}.$$

所以一阶线性齐次方程 $\frac{\mathrm{d}y}{\mathrm{d}x}+P(x)y=0$ 的通解为

$$y=C\mathrm{e}^{-\int P(x)\mathrm{d}x} \quad (其中,C\ 为任意常数).$$

下面讨论一阶线性非齐次方程 $\dfrac{\mathrm{d}y}{\mathrm{d}x}+P(x)y=Q(x)$ 的通解.

将 $\dfrac{\mathrm{d}y}{\mathrm{d}x}+P(x)y=Q(x)$ 改写为 $\dfrac{\mathrm{d}y}{y}=\dfrac{Q(x)}{y}\mathrm{d}x-P(x)\mathrm{d}x$,两边积分,得

$$\ln|y|=\int\dfrac{Q(x)}{y}\mathrm{d}x-\int P(x)\mathrm{d}x.$$

上式右端第一个积分含有未知函数 y,它是 x 的函数. 尽管整个积分算不出来,但这个积分也是 x 的函数,不妨记为 $v(x)$,这是一个待定的函数. 于是

$$\ln|y|=v(x)-\int P(x)\mathrm{d}x,$$

即

$$y=\pm\,\mathrm{e}^{v(x)}\cdot\mathrm{e}^{-\int P(x)\mathrm{d}x}.$$

令 $u=\pm\,\mathrm{e}^{v(x)}$,它也是待定的函数,这时上式变为

$$y=u(x)\cdot\mathrm{e}^{-\int P(x)\mathrm{d}x}.$$

虽然没有求出一阶线性非齐次方程的解,但已经知道解的形式是它相应的一阶线性齐次方程的解 $\mathrm{e}^{-\int P(x)\mathrm{d}x}$ 乘上一个待定函数 $u(x)$.

或者,也可以这样看,将一阶线性齐次方程的通解 $y=C\mathrm{e}^{-\int P(x)\mathrm{d}x}$ 中的任意常数 C,换为 x 的待定函数 $u(x)$,便得到一阶线性非齐次方程的解的形式. 所以,只要设法定出这个函数即可. 这种把齐次方程的通解中的常数变易为待定函数的方法叫做**常数变易法**.

下面来定这个函数 $u(x)$.

将 $y=u(x)\cdot\mathrm{e}^{-\int P(x)\mathrm{d}x}$ 两边求导,得

$$y'=u'(x)\mathrm{e}^{-\int P(x)\mathrm{d}x}+u(x)\mathrm{e}^{-\int P(x)\mathrm{d}x}[-P(x)].$$

把 y,y' 代入非齐次方程,整理化简,得

$$u'(x)\cdot\mathrm{e}^{-\int P(x)\mathrm{d}x}=Q(x),$$

即

$$u'(x)=Q(x)\cdot\mathrm{e}^{\int P(x)\mathrm{d}x}.$$

两边积分,得

$$u(x)=\int Q(x)\mathrm{e}^{\int P(x)\mathrm{d}x}\mathrm{d}x+C.$$

所以,一阶线性非齐次方程的通解为

$$y=\left[\int Q(x)\mathrm{e}^{\int P(x)\mathrm{d}x}\mathrm{d}x+C\right]\mathrm{e}^{-\int P(x)\mathrm{d}x}$$

或

$$y=C\mathrm{e}^{-\int P(x)\mathrm{d}x}+\mathrm{e}^{-\int P(x)\mathrm{d}x}\int Q(x)\mathrm{e}^{\int P(x)\mathrm{d}x}\mathrm{d}x.$$

上式右端第一项是对应的一阶线性齐次方程 $\dfrac{\mathrm{d}y}{\mathrm{d}x}+P(x)y=0$ 的通解,第二项是一阶线性非齐次方程 $\dfrac{\mathrm{d}y}{\mathrm{d}x}+P(x)y=Q(x)$ 的一个特解. 由此可知,一阶线性非齐次微分方程的通解等于对应的齐次微分方程的通解与非齐次微分方程的一个特解之和.

上面用常数变易法导出了一阶线性非齐次微分方程的通解公式,但这个公式形式难记,

计算也比较复杂,所以求解时通常不代公式,而直接采用推导这个公式的方法(即常数变易法)求解,下面举例说明.

例 7　求微分方程 $\dfrac{\mathrm{d}y}{\mathrm{d}x}-y\cot x=2x\sin x$ 的通解.

解　这是一阶线性非齐次方程.

① 先解相应的齐次方程

$$\frac{\mathrm{d}y}{\mathrm{d}x}-y\cot x=0,$$

$$\frac{\mathrm{d}y}{y}=\cot x\mathrm{d}x,$$

$$\ln|y|=\ln|\sin x|+\ln|C|,$$

得齐次方程通解 $\qquad\qquad y=C\sin x.$

② 用常数变易法求非齐次方程的通解,设 $y=u(x)\sin x$,则

$$y'=u'(x)\sin x+u(x)\cos x.$$

将 y,y' 代入原方程,得到

$$u'(x)\sin x+u(x)\cos x-u(x)\sin x\cot x=2x\sin x.$$

注意　这里第二、三项必然消去.这也可以作为前面的计算过程是否正确的一种检查方法,若这里第二、三两项不能消去,那必定是其相应的齐次方程的通解求错了.

$$u'(x)\sin x=2x\sin x,$$

即 $\qquad\qquad\qquad\qquad u'(x)=2x,$

积分得到

$$u(x)=x^2+C,$$

所以,原非齐次方程的通解为

$$y=(x^2+C)\sin x\qquad(\text{其中},C\text{为任意常数}).$$

例 8　求解 $x\dfrac{\mathrm{d}y}{\mathrm{d}x}-y=x,y|_{x=1}=1.$

解　先将方程化成标准形式

$$\frac{\mathrm{d}y}{\mathrm{d}x}-\frac{y}{x}=1.$$

① 解相应的齐次方程 $\dfrac{\mathrm{d}y}{\mathrm{d}x}-\dfrac{y}{x}=0$,分离变量,得 $\dfrac{\mathrm{d}y}{y}=\dfrac{1}{x}\mathrm{d}x$,积分可得

$$\ln|y|=\ln|x|+\ln|C|,$$

得齐次方程通解为

$$y=Cx\qquad(\text{其中},C\text{为任意常数}).$$

② 常数变易法解非齐次方程.设 $y=u(x)\cdot x$,则 $y'=u'(x)x+u(x)$,将 y,y' 代入原方程,得到

$$u'(x)\cdot x+u(x)-\frac{1}{x}u(x)\cdot x=1,$$

化简得 $\qquad\qquad\qquad\qquad u'(x)=\dfrac{1}{x},$

积分得 $\qquad\qquad\qquad\qquad u(x)=\ln|x|+C,$

所以,非齐次方程的通解为

$$y=(\ln|x|+C)x.$$

③ 将初始条件 $y|_{x=1}=1$ 代入通解,可得

$$1=(\ln 1+C),$$

即

$$C=1,$$

所以满足初始条件的特解为

$$y=(\ln|x|+1)x.$$

习题 5.2

1. 求下列微分方程的通解:

(1) $xy\mathrm{d}x+\sqrt{1-x^2}\mathrm{d}y=0$;

(2) $y'=\mathrm{e}^{x+y}$;

(3) $y'-\mathrm{e}^{x-y}+\mathrm{e}^x=0$;

(4) $xy'-y+1=0$;

(5) $(y+1)^2 y'+x^3=0$;

(6) $(1+x)y'+1=2\mathrm{e}^{-y}$;

(7) $y'+y\tan x=\sin 2x$;

(8) $(1+x^2)y'-2xy=(1+x^2)^2$;

(9) $y'-y\tan x=\sec x$;

(10) $xy'+y=x^3+3x+2$;

(11) $xy'\ln x+y=x(\ln x+1)$;

(12) $\dfrac{\mathrm{d}y}{\mathrm{d}x}+\dfrac{y}{x}=x\sin x$;

(13) $(x^2+y^2)\mathrm{d}x-xy\mathrm{d}y=0$;

(14) $x\dfrac{\mathrm{d}y}{\mathrm{d}x}=y\ln\dfrac{y}{x}$.

2. 求下列满足初始条件的微分方程的特解:

(1) $\dfrac{\mathrm{d}y}{\mathrm{d}x}=-\dfrac{x(1+y^2)}{y(1+x^2)},y\Big|_{x=1}=1$;

(2) $\dfrac{x}{1+y}\mathrm{d}x-\dfrac{y}{1+x}\mathrm{d}y=0,y\Big|_{x=0}=1$;

(3) $y'=\dfrac{x}{y}+\dfrac{y}{x},y\Big|_{x=1}=2$;

(4) $y'=\mathrm{e}^{-\frac{x}{x}}+\dfrac{y}{x},y\Big|_{x=1}=1$;

(5) $xy\dfrac{\mathrm{d}y}{\mathrm{d}x}=x^2+y^2,y\Big|_{x=e}=2e$;

(6) $y'+\dfrac{y}{x}=x\sin x,y\Big|_{x=\pi}=1$.

5.3 常微分方程应用举例

【教学要求】 本节要求根据简单的实际问题会建立微分方程,这里介绍几个常用微分方程建立数学模型的例子.

常微分方程有着深刻而生动的实际背景,它从生产实践与科学技术中产生,又成为现代科学技术分析问题与解决问题的强有力工具.它在工程力学、流体力学、天体力学、工业自动控制以及化学、生物、经济学等多个领域都有很重要的应用.下面介绍几个常见模型.

1. 冷却问题

例1 将某物体放置于空气中,在时刻 $t=0$ 时,测得它的温度为 $\theta_0=150\ ℃$,10 分钟后,测得温度为 $\theta_1=100\ ℃$,试确定该物体的温度与时间的关系,并计算 20 分钟后物体的温度. (假定空气温度保持为 $\theta_a=24\ ℃$.)

解 这是一个冷却问题.

设物体在时刻 t 的温度为 $\theta = \theta(t)$，由牛顿冷却定律可得

$$\frac{\mathrm{d}\theta}{\mathrm{d}t} = -k(\theta - \theta_a) \quad （其中，k > 0, \theta > \theta_a).$$

这是一个一阶微分方程. 将上述方程改写成

$$\frac{\mathrm{d}\theta}{\theta - \theta_a} = -k\mathrm{d}t,$$

两边积分，可得

$$\ln (\theta - \theta_a) = -kt + \ln C \quad （C 为任意常数），$$

进而，

$$\theta - \theta_a = Ce^{-kt}.$$

根据初始条件，当 $t = 0$ 时，$\theta = \theta_0$，解得常数

$$C = \theta_0 - \theta_a,$$

于是，

$$\theta = \theta_a + (\theta_0 - \theta_a)e^{-kt}.$$

再根据 $t = 10$ 分钟时，$\theta = \theta_1$，得到

$$\theta_1 = \theta_a + (\theta_0 - \theta_a)e^{-10k},$$

$$k = \frac{1}{10}\ln \frac{\theta_0 - \theta_a}{\theta_1 - \theta_a}.$$

将 $\theta_0 = 150, \theta_1 = 100, \theta_a = 24$ 代入上式，可得

$$k = \frac{1}{10}\ln \frac{150 - 24}{100 - 24} = \frac{1}{10}\ln 1.66 \approx 0.051.$$

从而该物体的温度与时间的关系如下：

$$\theta = 24 + 126e^{-0.051t},$$

并计算出 20 分钟后物体的温度为

$$\theta_2 = 24 + 126e^{-0.051 \times 20} \approx 70 \ ℃.$$

说明　当 $t \to +\infty$ 时，$\theta \to 24 \ ℃$.

经过一段时间后，物体的温度将会接近空气的温度. 事实上，经过 2 小时后，物体的温度已经变为了 24 ℃，与空气的温度相当接近了. 该原理经常被用来作为刑事侦破案件中"尸体死亡时间的判断".

2. 衰变问题

例 2　已知某放射性材料在任何时刻 t 的衰变速度与该时刻的质量成正比，若最初有 50 g 的材料，2 小时后减少了 10%，求在任何时刻 t，该放射性材料质量的表达式.

解　这是一个衰变问题.

设时刻 t 材料的质量为 $M(t)$，材料的衰变速度就是 $M(t)$ 对时间 t 的导数 $\dfrac{\mathrm{d}M}{\mathrm{d}t}$，由题意可得

$$\frac{\mathrm{d}M}{\mathrm{d}t} = -kM \quad （其中，k(k > 0) 是比例系数），$$

这是一个可分离变量的微分方程.

分离变量后积分可得

$$M = Ce^{-kt}.$$

当 $t = 0$ 时，$M = 50$，代入上式可得 $C = 50$，则有

$$M = 50\mathrm{e}^{-kt}.$$

由题意可知,当 $t=2$ 时, $M=50-50\times10\%=45$,代入上式可得 $45=50\mathrm{e}^{-2k}$,即

$$k=-\frac{1}{2}\ln\frac{45}{50}=0.053.$$

所以该放射性材料在任何时刻 t 的质量为

$$M=50\mathrm{e}^{-0.053t}.$$

3. 动力学问题

例 3 在空气中自由落下初始质量为 m_0 的雨点均匀地蒸发着,设每秒蒸发 m ,空气阻力和雨点速度成正比,如果开始雨点速度为零,试求雨点运动速度和时间的关系.

解 这是一个动力学问题.

设时刻 t 雨点运动速度为 $v(t)$,这时雨点的质量为 m_0-mt ,由牛顿第二定律知

$$(m_0-mt)\frac{\mathrm{d}v}{\mathrm{d}t}=(m_0-mt)g-kv, \quad v(0)=0.$$

这是一个一阶线性方程,其通解为

$$v=\mathrm{e}^{-\int\frac{k}{m_0-mt}\mathrm{d}t}\left(C+\int g\mathrm{e}^{\int\frac{k}{m_0-mt}\mathrm{d}t}\mathrm{d}t\right)$$

$$=-\frac{g}{m-k}(m_0-mt)+C(m_0-mt)^{\frac{k}{m}}.$$

由 $v(0)=0$,得 $C=\frac{g}{m-k}m_0^{\frac{m-k}{m}}$.故雨点运动速度和时间的关系为

$$v=\frac{g}{m-k}(m_0-mt)+\frac{g}{m-k}m_0^{\frac{m-k}{m}}(m_0-mt)^{\frac{k}{m}}.$$

4. 混合溶液问题

例 4 设一容器有 100 L,内含有盐 10 kg,现以 3 L/min 的速度注入质量浓度为 0.01 kg/L 的淡盐水,同时以 2 L/min 的速度抽出混合均匀的盐水,求容器内盐量变化的数学模型.

解 设 t 时刻容器内的盐量为 $x(t)$,考虑 t 到 $t+\mathrm{d}t$ 时间内容器中盐的变化情况,在 $\mathrm{d}t$ 时间内,容器中盐的改变量=注入的盐水中所含盐量-抽出的盐水中所含盐量.

容器内盐的改变量为 $\mathrm{d}x$,注入的盐水中所含盐量为 $0.01\times3\mathrm{d}t$, t 时刻容器内溶液的质量浓度为 $\frac{x(t)}{100+(3-2)t}$,假设 t 到 $t+\mathrm{d}t$ 时间内容器内溶液的质量浓度不变(事实上,容器内的溶液质量浓度时刻在变,由于 $\mathrm{d}t$ 时间很短,可以这样看),于是抽出的盐水中所含盐量为 $\frac{x(t)}{100+(3-2)t}2\mathrm{d}t$,这样即可列出方程

$$\mathrm{d}x=0.03\mathrm{d}t-\frac{2x}{100+t}\mathrm{d}t,$$

即

$$\frac{\mathrm{d}x}{\mathrm{d}t}=0.03-\frac{2x}{100+t}.$$

又因为 $t=0$ 时,容器内有盐 10 kg,于是得该问题的数学模型为

$$\begin{cases} \dfrac{\mathrm{d}x}{\mathrm{d}t} + \dfrac{2x}{100+t} = 0.03, \\[2mm] x(0) = 10. \end{cases}$$

这是一阶非齐次线性方程的初值问题,其解为

$$x(t) = 0.01(100+t) + \frac{9 \times 10^4}{(100+t)^2}.$$

下面对该问题进行简单的讨论.由上式不难发现:t 时刻容器内溶液的质量浓度为

$$p(t) = \frac{x(t)}{100+t} = 0.01 + \frac{9 \times 10^4}{(100+t)^3},$$

且当 $t \to +\infty$ 时,$p(t) \to 0.01$,即长时间地进行上述稀释过程,容器内盐水的质量浓度将趋于注入溶液的质量浓度.

溶液混合问题的更一般的提法是:设有一容器装有某种质量浓度的溶液,以流量 V_1 注入质量浓度为 C_1 的溶液(指同一种类溶液,只是质量浓度不同),假定溶液立即被搅匀,并以 V_2 的流量流出这种混合溶液,试建立容器中质量浓度与时间的数学模型.

首先设容器中溶质的质量为 $x(t)$,原来的初始质量为 x_0,$t=0$ 时溶液的体积为 V_2,在 $\mathrm{d}t$ 时间内,容器内溶质的改变量等于流入溶质的数量减去流出溶质的数量,即

$$\mathrm{d}x = C_1 V_1 \mathrm{d}t - C_2 V_2 \mathrm{d}t,$$

其中,C_1 是流入溶液的质量浓度,C_2 是 t 时刻容器中溶液的质量浓度,$C_2 = \dfrac{x}{V_0 + (V_1 - V_2)t}$,于是,有混合溶液的数学模型:

$$\begin{cases} \dfrac{\mathrm{d}x}{\mathrm{d}t} = C_1 V_1 - C_2 V_2, \\[2mm] x(0) = x_0. \end{cases}$$

该模型不仅适用于液体的混合,而且还适用于讨论气体的混合.

 习题 5.3

1. 镭、铀等放射性元素因不断放射出各种射线而逐渐减少其质量,这种现象称为放射性物质的衰变.根据实验得知,衰变速度与现存物质的质量成正比,求放射性元素在时刻 t 的质量.

2. 一棵小树刚栽下去的时候长得比较慢,渐渐地,小树长高了而且长得越来越快,几年不见,绿荫底下已经可以乘凉了.但长到某一高度后,它的生长速度趋于稳定,然后再慢慢降下来.这一现象很具有普遍性.试建立这种现象的数学模型.

3. 有一房间容积为 100 m^3,开始时房间空气中含有二氧化碳 0.12%,为了改善空气质量,用一台风量为 $10 \text{ m}^3/\text{min}$ 的排风扇通入含 0.04% 的二氧化碳的新鲜空气,同时以相同的风量将混合均匀的空气排出,求排出 10 min 后,房间中二氧化碳的含量百分比.

4. 细菌的增长率与细菌总数成正比,如果培养的细菌总数在 24 小时内由 100 增长为 400,那么前 12 小时后细菌总数是多少?

5. 一块甘薯被放于 $200 \ ^\circ\!C$ 的炉子内,其温度上升的规律可用下面微分方程表示:

$$\frac{\mathrm{d}y}{\mathrm{d}x} = -k(y - 200),$$

其中，y 表示温度（单位：℃），x 表示时间（单位：min），k 为正常数.

（1）如果甘薯被放到炉子内时的温度为 20 ℃，试求解上面的微分方程；

（2）若 30 分钟后甘薯的温度达到 120 ℃，试求这一条件下的 k 值.

6. 一个容器中盛有盐的水溶液 100 L，净含盐 10 kg，现以每分钟 3 L 的流量注入净水使盐水冲淡，同时以每分钟 2 L 的流量让盐水流出. 设容器中盐水的浓度在任何时候都是均匀的，求出任意时刻 t 容器中净盐量所满足的微分方程.

综合练习题五

1. 填空题

（1）微分方程中自变量的个数只有一个，称这种方程为＿＿＿＿＿＿＿＿＿＿＿＿方程；

（2）微分方程 $\dfrac{d^3 y}{dx^3} + \dfrac{dy}{dx} - y^2 + x^2 = 0$ 的阶数是＿＿＿＿＿＿＿＿＿＿＿＿；

（3）形如＿＿＿＿＿＿＿＿＿＿＿＿的方程称为齐次型微分方程；

（4）齐次线性方程 $\dfrac{dy}{dx} + p(x)y = 0$ 的通解是＿＿＿＿＿＿＿＿＿＿＿＿；

（5）一阶线性微分方程 $y' + P(x)y = Q(x)$ 的通解是＿＿＿＿＿＿＿＿＿＿＿＿.

2. 单选题

（1）微分方程 $y\dfrac{dy}{dx} = x(y^2 - 1)$ 是（　　　）.

A. 可分离变量方程   B. 一阶线性方程

C. 全微分方程   D. 齐次型方程

（2）一个三阶微分方程的通解应该含有（　　　）个任意常数.

A. 1   B. 2   C. 3   D. 任意个

（3）下列方程中，不是微分方程的是（　　　）.

A. $\left(\dfrac{dy}{dx}\right)^2 - 3y = 0$ B. $dy - \dfrac{1}{x}dx = 0$

C. $y' = e^{x-y}$ D. $x^2 + y^2 = k$

（4）微分方程 $y' - \dfrac{1}{x} = 0$（　　　）.

A. 不是可分离变量方程   B. 是一阶齐次方程

C. 是一阶线性齐次方程   D. 是一阶线性非齐次方程

（5）下列方程中，不是一阶线性方程的是（　　　）.

A. $(x+1)y' = -(y + 2e^{-x})$ B. $y' = -\dfrac{y}{x} + y^2\ln x$

C. $x^2 dy + (y - 2xy - 2x^2)dx = 0$ D. $y' = \dfrac{1}{1-x^2}y - 1 - x$

3. 求下列微分方程的通解：

（1）$y' = \dfrac{y}{x + y}$；

(2) $y' - \sin(x+y) = \sin(x-y)$;

(3) $y^2 dx + (xy+1)dy = 0$;

(4) $y' = y^2 + 2(\sin x - 1)y + \sin^2 x - 2\sin x - \cos x + 1$.

4. 求下列微分方程满足所给初始条件的特解：

(1) $x\dfrac{dy}{dx} + y = 2\sqrt{xy}, y(1) = 0$; (2) $x^2 y' + xy + 1 = 0, y(2) = 1$;

(3) $(2\cos 2x)y' \cdot y'' + 2\sin 2x \cdot y'^2 = \sin 2x, y(0) = 1, y'(0) = 0$.

5. 设 $y = e^x$ 是微分方程 $xy' + p(x)y = x$ 的一个解,求微分方程满足初始条件 $y(\ln 2) = 0$ 的特解.

6. 一曲线经过点 $(1,4)$,且在两坐标轴之间的切线段被切点平分,求此曲线的方程.

7. 设 $f(x)$ 满足 $f(x) + 2\displaystyle\int_0^x f(t)dt = x^2$,求函数 $f(x)$.

8. 设 $y = y(x)$ 连续,求解积分方程 $\displaystyle\int_0^x ty(t)dt = x^2 + y(x)$.

9. 在鱼塘中捕鱼时,鱼越少捕鱼越困难,捕捞成本也就越高. 一般地,假设每千克鱼的捕捞成本与当时鱼塘中的鱼量成反比,假设当鱼塘中有 x 千克鱼时,每千克的捕捞成本是 $C(x)$ 元.

(1) 若鱼塘中现有鱼量为 A 千克,当捕捞了 x 千克鱼后,此时再捕捞 dx 千克鱼所需要的成本是多少?

(2) 若需要捕捞的鱼量为 T 千克,则捕捞的成本应是多少?

(3) 假设当鱼塘中有 x 千克鱼时,每千克的捕捞成本是 $\dfrac{2\,000}{10+x}$ 元,已知鱼塘中现有鱼 $10\,000$ 千克,问从鱼塘中捕捞 $6\,000$ 千克鱼需要的成本是多少?

第6章 矩 阵

【导学】 矩阵是线性代数中一个重要的运算工具,它是计算机进行数据处理和分析的数学基础,也在经济模型中有着很实际的应用.矩阵不仅可以把头绪纷繁的事物清晰展现出来,还可以通过矩阵的运算和变换来揭示事物之间的内在联系.本章主要介绍矩阵的概念、运算,矩阵的初等变换及逆矩阵.

6.1 矩阵的概念

【教学要求】 本节要求理解矩阵的定义,熟悉几种特殊的矩阵(方阵、单位矩阵、零矩阵、行矩阵、列矩阵、行阶梯形矩阵及行简化阶梯形矩阵).

6.1.1 矩阵的概念及性质

1. 认识矩阵

引例 1 物资调运问题.

现有一个物资调运方案,其中该物资产地有两个:北京、上海,销售地有三个:厦门、广州、深圳,其调运方案见表 6-1.

表 6-1

销售地 数量/t 产地	厦门	广州	深圳
北京	15	20	38
上海	27	35	42

若将表 6-1 中数据在不改变原来位置的前提下,用一个圆(或方)括号括起来,则得到一个相应的 2 行 3 列的矩形数表:

$$\begin{pmatrix} 15 & 20 & 38 \\ 27 & 35 & 42 \end{pmatrix},$$

即上述调运方案可以简化成一个"数表"表示.

引例 2 线性方程组问题.

设线性方程组

$$\begin{cases} a_{11}x_1 + a_{12}x_2 + \cdots + a_{1n}x_n = b_1 \\ a_{21}x_1 + a_{22}x_2 + \cdots + a_{2n}x_n = b_2 \\ \qquad\cdots \\ a_{m1}x_1 + a_{m2}x_2 + \cdots + a_{mn}x_n = b_m \end{cases} \qquad (1)$$

的系数为 $a_{ij}(i=1,2,\cdots,n;j=1,2,\cdots,n)$，常数项为 $b_j(j=1,2,\cdots,m)$，按照它们原来的顺序保持不变，可以将(1)转换成如下一个矩形数表：

$$\begin{bmatrix} a_{11} & a_{12} & \cdots & a_{1n} & b_1 \\ a_{21} & a_{22} & \cdots & a_{2n} & b_2 \\ \vdots & \vdots & & \vdots & \vdots \\ a_{m1} & a_{m2} & \cdots & a_{mn} & b_n \end{bmatrix},$$

即上述线性方程组也可以转化成一个"数表". 今后,对这个数表的研究完全可以判断出线性方程组(1)的解的情况. 故今后对于线性方程组的研究,便可以转化为对一个"数表"的研究.

上述两个引例虽然涉及的内容不同,但都提出了"数表"问题,而这个数表正是下面要引入的矩阵.

2. 矩阵的概念

定义 1 由 $m\times n$ 个数 $a_{ij}(i=1,2,\cdots,m;j=1,2,\cdots,n)$ 排成一个 m 行 n 列的矩形数表

$$\begin{bmatrix} a_{11} & a_{12} & \cdots & a_{1n} \\ a_{21} & a_{22} & \cdots & a_{2n} \\ \vdots & \vdots & & \vdots \\ a_{m1} & a_{m2} & \cdots & a_{mn} \end{bmatrix},$$

称为 m 行 n 列矩阵,简称 $m\times n$ 矩阵,其中 a_{ij} 称为矩阵的第 i 行第 j 列的元素. i 称为元素 a_{ij} 的行标,j 称为元素的列标.

通常用大写字母 $A,B,C,\cdots$ 表示矩阵,矩阵也可用 (a_{ij}) 表示. 有时为了强调矩阵的行数和列数,也写成 $A_{m\times n}$ 或 $(a_{ij})_{m\times n}$.

如果一个矩阵 $A=(a_{ij})$ 的行数与列数都等于 n,则称 A 为 **n 阶矩阵**,简称**方阵**,记为 A_n.

如果两个矩阵的行数相同,列数也相同,则称这两个矩阵为**同型矩阵**.

如果两个矩阵 A,B 是同型矩阵,并且对应位置上的元素均相等,则称矩阵 A 与矩阵 B **相等**,记做 $A=B$.

例 1 设 $A=\begin{pmatrix} 1 & 2-x & 3 \\ 2 & 6 & 5z \end{pmatrix}$,$B=\begin{pmatrix} 1 & x & 3 \\ y & 6 & z-8 \end{pmatrix}$,已知 $A=B$,求 x,y,z.

解 因为 $2-x=x,2=y,5z=z-8$,所以
$$x=1,y=2,z=-2.$$

6.1.2 几种特殊矩阵

1. 行矩阵与列矩阵

只有一行的矩阵称为**行矩阵**,记做 $A_{1\times n}=(a_{11}\quad a_{12}\quad \cdots\quad a_{1n})$.

只有一列的矩阵称为**列矩阵**，记做 $B_{m\times 1}=\begin{pmatrix} b_{11} \\ b_{21} \\ \vdots \\ b_{m1} \end{pmatrix}$.

2. 零矩阵

所有元素均为零的矩阵，称为**零矩阵**，记做 $0_{m\times n}$.

例如，一个 2×3 零矩阵可表示为

$$0_{2\times 3}=\begin{pmatrix} 0 & 0 & 0 \\ 0 & 0 & 0 \end{pmatrix}.$$

注意 零矩阵可以是任意 $m\times n$ 矩阵.

3. 方阵

当矩阵 $A_{m\times n}$ 的行数与列数相等时，即 $m=n$ 时，矩阵 A 称为 n 阶**方阵**，记做 A_n，即

$$A_n=\begin{pmatrix} a_{11} & a_{12} & \cdots & a_{1n} \\ a_{21} & a_{22} & \cdots & a_{2n} \\ \vdots & \vdots & & \vdots \\ a_{n1} & a_{n2} & \cdots & a_{nn} \end{pmatrix}$$

在 n 阶方阵中，从左上角到右下角的连线称为**主对角线**，主对角线上的元素 $a_{11},a_{22},\cdots,$ a_{nn} 称为**主对角线元素**.

4. 对角矩阵

除主对角线外，其他元素全为零的方阵，称为**对角矩阵**，记做

$$\begin{pmatrix} a_{11} & 0 & \cdots & 0 \\ 0 & a_{22} & \cdots & 0 \\ \vdots & \vdots & & \vdots \\ 0 & 0 & \cdots & a_{nn} \end{pmatrix}$$

5. 单位矩阵

主对角线元素全为"1"，其余元素全为零的 n 阶方阵，称为**单位矩阵**，记做 E_n 或 E，即

$$E=\begin{pmatrix} 1 & 0 & \cdots & 0 \\ 0 & 1 & \cdots & 0 \\ \vdots & \vdots & & \vdots \\ 0 & 0 & \cdots & 1 \end{pmatrix}$$

 习题 6.1

1. 简答题

(1) 简述何为零矩阵、方阵和单位矩阵，并分别举例表示之.

(2) 零矩阵是否一定相等？请举例说明.

(3) 单位矩阵是否一定是方阵？

（4）何为矩阵相等？请举例说明.

2. 设 $A=\begin{pmatrix} 2 & 4 \\ x & -4 \end{pmatrix}$，$B=\begin{pmatrix} x+y & 2 \\ -1 & z \end{pmatrix}$，若 $A=B$，求 x,y,z 的值.

3. 试写出下列矩阵：

（1）3 阶零矩阵；　　　　　　（2）4 阶单位矩阵；

（3）$A=(a_{ij})_{2\times3}$，其中，$a_{ij}=(i+j)(i=1,2;j=1,2,3)$.

4. 一家空调商店有两个分店（城里分店，城外分店），现统计两家分店四月份的销售情况，城里分店售出"低、中、高档"空调分别为：31 台、42 台、18 台；城外分店售出低、中、高档空调分别为 22 台、25 台、18 台.

（1）用一个销售矩阵 A 表示这一信息；

（2）假定在五月份，城里分店售出"低、中、高档"空调为 28 台、29 台、20 台；城外分店售出相应档次空调为 20 台、18 台、9 台，试用和 A 相同的矩阵类型表示这一信息.

6.2　矩阵的运算

【教学要求】　本节要求熟练掌握矩阵的加减法，数乘矩阵及矩阵转置的运算.

类似于数的运算一样，可以以矩阵为运算对象定义矩阵的运算，从而使它成为进行理论研究和解决实际问题的有力工具.

6.2.1　矩阵的线性运算

定义 1　设有两个 $m\times n$ 矩阵 $A=(a_{ij})$ 和 $B=(b_{ij})$，矩阵 A 与 B 的和记做 $A+B$，规定为

$$A+B=(a_{ij}+b_{ij})_{m\times n}=\begin{pmatrix} a_{11}+b_{11} & a_{12}+b_{12} & \cdots & a_{1n}+b_{1n} \\ a_{21}+b_{21} & a_{22}+b_{22} & \cdots & a_{2n}+b_{2n} \\ \vdots & \vdots & & \vdots \\ a_{m1}+b_{m1} & a_{m2}+b_{m2} & \cdots & a_{mn}+b_{mn} \end{pmatrix}.$$

注意　只有两个矩阵是同型矩阵时，才能进行矩阵的加法运算. 两个同型矩阵的和，即为两个矩阵对应位置元素相加得到的矩阵.

设矩阵 $A=(a_{ij})$，记

$$-A=(-a_{ij}),$$

称 $-A$ 为矩阵 A 的**负矩阵**，显然有

$$A+(-A)=0.$$

由此规定矩阵的**减法**为

$$A-B=A+(-B).$$

定义 2　数 k 与矩阵 A 的乘积记做 kA 或 Ak，规定为

$$kA=Ak=(ka_{ij})=\begin{pmatrix} ka_{11} & ka_{12} & \cdots & ka_{1n} \\ ka_{21} & ka_{22} & \cdots & ka_{2n} \\ \vdots & \vdots & & \vdots \\ ka_{m1} & ka_{m2} & \cdots & ka_{mn} \end{pmatrix}.$$

数与矩阵的乘积运算称为**数乘运算**.

注意　数 k 与矩阵 A 是用数 k 乘以矩阵 A 中的**每一个元素**.

矩阵的加法与矩阵的数乘两种运算统称为**矩阵的线性运算**. 它满足下列运算规律：

设 $A,B,C,0$ 都是同型矩阵，k,l 是常数，则

(1) $A+B=B+A$；　　　　　　　　　　(2) $(A+B)+C=A+(B+C)$；

(3) $A+0=A$；　　　　　　　　　　　(4) $A+(-A)=0$；

(5) $1A=A$；　　　　　　　　　　　(6) $k(l)A=(klA)$；

(7) $(k+l)A=kA+lA$；　　　　　　　(8) $k(A+B)=kA+kB$.

注意　在数学中，把满足上述八条规律的运算称为**线性运算**.

例 1　设 $A=\begin{pmatrix}1 & -1 & 0 \\ 2 & 3 & 4\end{pmatrix}$，$B=\begin{pmatrix}1 & 3 & 5 \\ 2 & 4 & 6\end{pmatrix}$，求 $B+2A$.

解　由矩阵数乘与加法的定义可得

$$B+2A=\begin{pmatrix}1 & 3 & 5 \\ 2 & 4 & 6\end{pmatrix}+2\begin{pmatrix}1 & -1 & 0 \\ 2 & 3 & 4\end{pmatrix}=\begin{pmatrix}1 & 3 & 5 \\ 2 & 4 & 6\end{pmatrix}+\begin{pmatrix}2 & -2 & 0 \\ 4 & 6 & 8\end{pmatrix}=\begin{pmatrix}3 & 1 & 5 \\ 6 & 10 & 14\end{pmatrix}.$$

例 2　已知 $A=\begin{pmatrix}3 & -1 & 2 & 0 \\ 1 & 5 & 7 & 9 \\ 2 & 4 & 6 & 8\end{pmatrix}$，$B=\begin{pmatrix}7 & 5 & -2 & 4 \\ 5 & 1 & 9 & 7 \\ 3 & 2 & -1 & 6\end{pmatrix}$，且 $A+2X=B$，求 X.

解　$X=\dfrac{1}{2}(B-A)=\dfrac{1}{2}\begin{pmatrix}4 & 6 & -4 & 4 \\ 4 & -4 & 2 & -2 \\ 1 & -2 & -7 & -2\end{pmatrix}=\begin{pmatrix}2 & 3 & -2 & 2 \\ 2 & -2 & 1 & -1 \\ \frac{1}{2} & -1 & -\frac{7}{2} & -1\end{pmatrix}.$

6.2.2　矩阵的乘法

引例 1　设矩阵 A 为某公司向三个商店发送四种产品的数量表：

$$
A=\begin{array}{c} \\ \text{甲商店} \\ \text{乙商店} \\ \text{丙商店}\end{array}
\begin{array}{cccc}\text{空调} & \text{冰箱} & 29'\text{彩电} & 25'\text{彩电}\end{array}
\begin{pmatrix}30 & 20 & 50 & 20 \\ 0 & 7 & 10 & 0 \\ 50 & 40 & 50 & 50\end{pmatrix}
$$

矩阵 B 是这四种产品的售价（单位：百元）及重量（单位：千克）的数表：

$$
B=\begin{array}{c}\text{空调} \\ \text{冰箱} \\ 29'\text{彩电} \\ 25'\text{彩电}\end{array}
\begin{array}{cc}\text{售价} & \text{重量}\end{array}
\begin{pmatrix}30 & 40 \\ 16 & 30 \\ 22 & 30 \\ 18 & 20\end{pmatrix}
$$

则该公司向每个商店售出产品的总售价和总重量可以用矩阵

$$
C=\begin{pmatrix}30\times30+20\times16+50\times22+20\times18 & 30\times40+20\times30+50\times30+20\times20 \\ 0\times30+7\times16+10\times22+0\times18 & 0\times40+7\times30+10\times30+0\times20 \\ 50\times30+40\times16+50\times22+50\times18 & 50\times40+40\times30+50\times30+50\times20\end{pmatrix}
$$

表示.

因为总售价是各个单价与送货数量的乘积,总重量是各个单位重量与送货数量的乘积,因此矩阵 C 就可以看做四种产品的数量表 A 与单价和单位重量数表 B 的乘积,所以 C 可以表示成下列形式:

$$C = \begin{pmatrix} 30 & 20 & 50 & 20 \\ 0 & 7 & 10 & 0 \\ 50 & 40 & 50 & 50 \end{pmatrix} \begin{pmatrix} 30 & 40 \\ 16 & 30 \\ 22 & 30 \\ 18 & 20 \end{pmatrix}$$

上述计算方法实际上就是矩阵的乘法.

定义 3 设

$$A = (a_{ij})_{m \times s} = \begin{pmatrix} a_{11} & a_{12} & \cdots & a_{1s} \\ a_{21} & a_{22} & \cdots & a_{2s} \\ \vdots & \vdots & & \vdots \\ a_{m1} & a_{m2} & \cdots & a_{ms} \end{pmatrix}, \quad B = (b_{ij})_{s \times n} = \begin{pmatrix} b_{11} & b_{12} & \cdots & b_{1n} \\ b_{21} & b_{22} & \cdots & b_{2n} \\ \vdots & \vdots & & \vdots \\ b_{s1} & b_{s2} & \cdots & b_{sn} \end{pmatrix}.$$

矩阵 A 与矩阵 B 的乘积记做 AB,规定为

$$AB = (c_{ij})_{m \times n} = \begin{pmatrix} c_{11} & c_{12} & \cdots & c_{1n} \\ c_{21} & c_{22} & \cdots & c_{2n} \\ \vdots & \vdots & & \vdots \\ c_{m1} & c_{m2} & \cdots & c_{mn} \end{pmatrix},$$

其中,$c_{ij} = a_{i1}b_{1j} + a_{i2}b_{2j} + \cdots + a_{is}b_{sj} = \sum\limits_{k=1}^{s} a_{ik}b_{kj} (i = 1, 2, \cdots, m; j = 1, 2, \cdots, n)$.

记号 AB 常读做 A **左乘** B 或 B **右乘** A.

若 $C = AB$,则矩阵 C 的元素 c_{ij} 即为矩阵 A 的第 i 行元素与矩阵 B 的第 j 列对应元素乘积的和. 即

$$C_{ij} = (a_{i1}, a_{i2}, \cdots, a_{is}) \begin{pmatrix} b_{1j} \\ b_{2j} \\ \vdots \\ b_{sj} \end{pmatrix} = a_{i1}b_{1j} + a_{i2}b_{2j} + \cdots + a_{is}b_{sj}.$$

注意 矩阵乘法要满足如下条件,即"当左边矩阵的列数等于右边矩阵的行数"时,两个矩阵才能进行乘法运算.

矩阵的乘法满足下列运算规律(假定运算都是可行的):

(1) $(AB)C = A(BC)$; (2) $(A+B)C = AC + BC$;

(3) $C(A+B) = CA + CB$; (4) $k(AB) = (kA)B = A(kB)$.

例 3 设 $A = \begin{pmatrix} -2 & 4 \\ 1 & -2 \end{pmatrix}, B = \begin{pmatrix} 2 & 4 \\ -3 & -6 \end{pmatrix}$,求 AB 和 BA.

解 $$AB = \begin{pmatrix} -2 & 4 \\ 1 & -2 \end{pmatrix} \begin{pmatrix} 2 & 4 \\ -3 & -6 \end{pmatrix} = \begin{pmatrix} -16 & -32 \\ 8 & 16 \end{pmatrix},$$

而 $$BA = \begin{pmatrix} 2 & 4 \\ -3 & -6 \end{pmatrix} \begin{pmatrix} -2 & 4 \\ 1 & -2 \end{pmatrix} = \begin{pmatrix} 0 & 0 \\ 0 & 0 \end{pmatrix}.$$

注意 ① 矩阵的乘法一般不满足交换律,故矩阵相乘时必须注意顺序,AB 叫做(用)A

左乘 B，BA 叫做(用)A 右乘 B，一般 $AB \neq BA$.

② 两个非零矩阵的乘积可能是零矩阵，故不能从 $AB=0$ 必然推出 $A=0$ 或 $B=0$.

③ 矩阵乘法一般也不满足消去律，即不能从 $AC=BC$ 必然推出 $A=B$.

例如，设

$$A = \begin{pmatrix} 1 & 2 \\ 0 & 3 \end{pmatrix}, \quad B = \begin{pmatrix} 1 & 0 \\ 0 & 4 \end{pmatrix}, \quad C = \begin{pmatrix} 1 & 1 \\ 0 & 0 \end{pmatrix},$$

则

$$AC = \begin{pmatrix} 1 & 2 \\ 0 & 3 \end{pmatrix} \begin{pmatrix} 1 & 1 \\ 0 & 0 \end{pmatrix} = \begin{pmatrix} 1 & 1 \\ 0 & 0 \end{pmatrix} = \begin{pmatrix} 1 & 0 \\ 0 & 4 \end{pmatrix} \begin{pmatrix} 1 & 1 \\ 0 & 0 \end{pmatrix} = BC,$$

但 $A \neq B$.

注意 对于单位矩阵 E，容易证明

$$E_m A_{m \times n} = A_{m \times n}, \quad A_{m \times n} E_n = A_{m \times n}.$$

或简写成

$$EA = AE = A.$$

可见单位矩阵 E 在矩阵乘法中的作用类似于数"1".

定义 4 设方阵 $A = (a_{ij})_{n \times n}$，规定

$$A^0 = E, A^k = \overbrace{A \cdot A \cdot \cdots \cdot A}^{k \uparrow}, \quad k \text{ 为自然数}.$$

A^k 称为 A 的 k 次幂.

方阵的幂满足以下运算规律(假设运算都是可行的)：

(1) $A^m A^n = A^{m+n} (m, n$ 为非负整数)；

(2) $(A^m)^n = A^{mn}$.

注意 一般地，$(AB)^m \neq A^m B^m$，m 为自然数.

例 4 设 $A = \begin{pmatrix} 3 & 4 \\ 2 & 1 \end{pmatrix}, B = \begin{pmatrix} 3 & 0 & 2 \\ 5 & 1 & 0 \end{pmatrix}$，求 AB.

解 由乘积的定义知

$$AB = \begin{pmatrix} 3 & 4 \\ 2 & 1 \end{pmatrix} \begin{pmatrix} 3 & 0 & 2 \\ 5 & 1 & 0 \end{pmatrix} = \begin{pmatrix} 3\times3+4\times5 & 3\times0+4\times1 & 3\times2+4\times0 \\ 2\times3+1\times5 & 2\times0+1\times1 & 2\times2+1\times0 \end{pmatrix}$$

$$= \begin{pmatrix} 29 & 4 & 6 \\ 11 & 1 & 4 \end{pmatrix}.$$

例 5 已知(1) $A = \begin{pmatrix} 0 & 0 \\ 0 & 1 \end{pmatrix}, B = \begin{pmatrix} 0 & 1 \\ 0 & 0 \end{pmatrix}$，求 AB 与 BA.

(2) $A = \begin{bmatrix} a \\ b \\ c \end{bmatrix}, B = \begin{pmatrix} 0 & 1 & 0 \\ 1 & 0 & 1 \end{pmatrix}$，求 BA(想一想此题可不可以也求出 AB).

解 (1) 由矩阵乘积的定义，有

$$AB = \begin{pmatrix} 0 & 0 \\ 0 & 1 \end{pmatrix} \begin{pmatrix} 0 & 1 \\ 0 & 0 \end{pmatrix} = \begin{pmatrix} 0 & 0 \\ 0 & 0 \end{pmatrix},$$

$$BA = \begin{pmatrix} 0 & 1 \\ 0 & 0 \end{pmatrix} \begin{pmatrix} 0 & 0 \\ 0 & 1 \end{pmatrix} = \begin{pmatrix} 0 & 1 \\ 0 & 0 \end{pmatrix}.$$

（2）$\boldsymbol{BA}=\begin{pmatrix} 0 & 1 & 0 \\ 1 & 0 & 1 \end{pmatrix}\begin{pmatrix} a \\ b \\ c \end{pmatrix}=\begin{pmatrix} b \\ a+c \end{pmatrix}$.

例 6　设 $\boldsymbol{A}=\begin{pmatrix} \lambda & 1 \\ 0 & \lambda \end{pmatrix}$，求 $\boldsymbol{A}^3$.

解
$$\boldsymbol{A}^2=\begin{pmatrix} \lambda & 1 \\ 0 & \lambda \end{pmatrix}\begin{pmatrix} \lambda & 1 \\ 0 & \lambda \end{pmatrix}=\begin{pmatrix} \lambda^2 & 2\lambda \\ 0 & \lambda^2 \end{pmatrix},$$
$$\boldsymbol{A}^3=\boldsymbol{A}^2\boldsymbol{A}=\begin{pmatrix} \lambda^2 & 2\lambda \\ 0 & \lambda^2 \end{pmatrix}\begin{pmatrix} \lambda & 1 \\ 0 & \lambda \end{pmatrix}=\begin{pmatrix} \lambda^3 & 3\lambda^2 \\ 0 & \lambda^3 \end{pmatrix}.$$

例 7　某地区有四个工厂Ⅰ、Ⅱ、Ⅲ、Ⅳ，生产甲、乙、丙三种产品，矩阵 $\boldsymbol{A}$ 表示一年中各工厂生产各种产品的数量，矩阵 $\boldsymbol{B}$ 表示各种产品的单位价格（元）及单位利润（元），矩阵 $\boldsymbol{C}$ 表示各工厂的总收入及总利润.

$$\boldsymbol{A}=\begin{pmatrix} a_{11} & a_{12} & a_{13} \\ a_{21} & a_{22} & a_{23} \\ a_{31} & a_{32} & a_{33} \\ a_{41} & a_{42} & a_{43} \end{pmatrix}\begin{matrix} Ⅰ\\Ⅱ\\Ⅲ\\Ⅳ \end{matrix},\quad \boldsymbol{B}=\begin{pmatrix} b_{11} & b_{12} \\ b_{21} & b_{22} \\ b_{31} & b_{32} \end{pmatrix}\begin{matrix} 甲\\乙\\丙 \end{matrix},\quad \boldsymbol{C}=\begin{pmatrix} c_{11} & c_{12} \\ c_{21} & c_{22} \\ c_{31} & c_{32} \\ c_{41} & c_{42} \end{pmatrix}\begin{matrix} Ⅰ\\Ⅱ\\Ⅲ\\Ⅳ \end{matrix}$$

甲　乙　丙　　　单位　单位
价格　利润　　　总收入　总利润

其中，$a_{ik}(i=1,2,3,4;k=1,2,3)$ 是第 i 个工厂生产第 k 种产品的数量，b_{k1} 及 $b_{k2}(k=1,2,3)$ 分别是第 k 种产品的单位价格及单位利润，c_{i1} 及 $c_{i2}(i=1,2,3,4)$ 分别是第 i 个工厂生产三种产品的总收入及总利润，则矩阵 $\boldsymbol{A},\boldsymbol{B},\boldsymbol{C}$ 的元素之间有下列关系：

$$\begin{pmatrix} a_{11}b_{11}+a_{12}b_{21}+a_{13}b_{31} & a_{11}b_{12}+a_{12}b_{22}+a_{13}b_{32} \\ a_{21}b_{11}+a_{22}b_{21}+a_{23}b_{31} & a_{21}b_{12}+a_{22}b_{22}+a_{23}b_{32} \\ a_{31}b_{11}+a_{32}b_{21}+a_{33}b_{31} & a_{31}b_{12}+a_{32}b_{22}+a_{33}b_{32} \\ a_{41}b_{11}+a_{42}b_{21}+a_{43}b_{31} & a_{41}b_{12}+a_{42}b_{22}+a_{43}b_{32} \end{pmatrix}=\begin{pmatrix} c_{11} & c_{12} \\ c_{21} & c_{22} \\ c_{31} & c_{32} \\ c_{41} & c_{42} \end{pmatrix}.$$

总收入　总利润

其中，$c_{ij}=a_{i1}b_{1j}+a_{i2}b_{2j}+a_{i3}b_{3j}(i=1,2,3,4;j=1,2)$，即 $\boldsymbol{C}=\boldsymbol{AB}$.

6.2.3　矩阵的转置

定义 5　将 $m\times n$ 矩阵 $\boldsymbol{A}$ 的行与列互换，得到一个 $n\times m$ 矩阵，称为 $\boldsymbol{A}$ 的转置矩阵，记做 $\boldsymbol{A}^{\mathrm{T}}$. 即若

$$\boldsymbol{A}=\begin{pmatrix} a_{11} & a_{12} & \cdots & a_{1n} \\ a_{21} & a_{22} & \cdots & a_{2n} \\ \vdots & \vdots & & \vdots \\ a_{m1} & a_{m2} & \cdots & a_{mn} \end{pmatrix},$$

则

$$A^T = \begin{pmatrix} a_{11} & a_{21} & \cdots & a_{m1} \\ a_{12} & a_{22} & \cdots & a_{m2} \\ \vdots & \vdots & & \vdots \\ a_{1n} & a_{2n} & \cdots & a_{mn} \end{pmatrix}.$$

矩阵的转置满足以下运算规律(假设运算都是可行的):

(1) $(A^T)^T = A$;

(2) $(A+B)^T = A^T + B^T$;

(3) $(kA)^T = kA^T$;

(4) $(AB)^T = B^T A^T$.

其中,运算律(4)要特别引起注意.

例8 已知 $A = \begin{pmatrix} 2 & 0 & -1 \\ 1 & 3 & 2 \end{pmatrix}$, $B = \begin{pmatrix} 1 & 7 & -1 \\ 4 & 2 & 3 \\ 2 & 0 & 1 \end{pmatrix}$,求 $(AB)^T$,$B^T A^T$.

解 因为 $AB = \begin{pmatrix} 2 & 0 & -1 \\ 1 & 3 & 2 \end{pmatrix} \begin{pmatrix} 1 & 7 & -1 \\ 4 & 2 & 3 \\ 2 & 0 & 1 \end{pmatrix} = \begin{pmatrix} 0 & 14 & -3 \\ 17 & 13 & 10 \end{pmatrix}$,

故
$$(AB)^T = \begin{pmatrix} 0 & 17 \\ 14 & 13 \\ -3 & 10 \end{pmatrix}.$$

而
$$B^T A^T = \begin{pmatrix} 1 & 4 & 2 \\ 7 & 2 & 0 \\ -1 & 3 & 1 \end{pmatrix} \begin{pmatrix} 2 & 1 \\ 0 & 3 \\ -1 & 2 \end{pmatrix} = \begin{pmatrix} 0 & 17 \\ 14 & 13 \\ -3 & 10 \end{pmatrix}.$$

从本例验证了
$$(AB)^T = B^T A^T.$$

 习题 6.2

1. 计算下列各题:

(1) $\begin{pmatrix} 1 & 2 & 3 & 4 \\ 0 & 2 & -1 & 1 \\ 1 & -1 & 2 & 5 \end{pmatrix} + \frac{1}{2} \begin{pmatrix} 2 & 1 & 4 & 10 \\ 0 & -1 & 2 & 0 \\ 0 & 2 & 3 & -2 \end{pmatrix}$;

(2) $\begin{pmatrix} 1 & 3 \\ -2 & 0 \end{pmatrix} - \sqrt{2} \begin{pmatrix} 0 & 0 \\ 1 & 0 \end{pmatrix}$;

(3) $\begin{pmatrix} 4 & 3 & 1 \\ 1 & -2 & 3 \\ 5 & 7 & 0 \end{pmatrix} \begin{pmatrix} 7 \\ 2 \\ 1 \end{pmatrix}$;

(4) $\begin{pmatrix} a & 0 & 0 \\ 0 & b & 0 \\ 0 & 0 & c \end{pmatrix}^3$;

$(5)\begin{pmatrix} 2 & 1 & -2 \\ 1 & 0 & 4 \\ -3 & 1 & 0 \\ 0 & 1 & 1 \end{pmatrix}\begin{pmatrix} 3 & 1 & 0 \\ 0 & 0 & 1 \\ -1 & 2 & 0 \end{pmatrix}^T.$

2. 已知 $A=(1\quad 2\quad 3)$，$B=\begin{pmatrix} 3 \\ 2 \\ 1 \end{pmatrix}$，求 AB,BA.

3. 设 $A=\begin{pmatrix} 1 & 2 & 1 & 2 \\ 2 & 1 & 2 & 1 \\ 1 & 2 & 3 & 4 \end{pmatrix}$，$B=\begin{pmatrix} 4 & 3 & 2 & 1 \\ -2 & 1 & -2 & 1 \\ 0 & -1 & 0 & -1 \end{pmatrix}.$

(1) 若 X 满足 $A+X=2B$，求 X；

(2) 若 Y 满足 $(2A-Y)+2(B-Y)=0$，求 Y.

4. 矩阵 S 给出了某两个汽车销售店的小、中、大型三种汽车的销量表，矩阵 P 给出了三种车的销售利润（单位：万元），其中：

$$\begin{array}{l}\text{店1 店2}\\ S=\begin{pmatrix} 17 & 13 \\ 20 & 14 \\ 15 & 22 \end{pmatrix}\begin{array}{l}\text{小}\\\text{中，}\\\text{大}\end{array}\quad P=\begin{array}{ccc}\text{小} & \text{中} & \text{大}\\(30 & 55 & 80)\end{array}\text{利润}\end{array}$$

试问：(1) SP 和 PS 哪个有定义？

(2) 求出有定义的矩阵，并说明两个店销售总利润分别是多少万元.

6.3 矩阵的初等行变换

【教学要求】 本节要求熟练掌握矩阵初等行变换，熟练掌握利用矩阵的初等行变换将矩阵化成阶梯矩阵的方法，并会求简化阶梯矩阵、矩阵的秩.

6.3.1 矩阵的初等行变换

定义1 矩阵的下列三种变换称为矩阵的初等行变换：

(1) 交换矩阵的任意两行，记做 $r_i\leftrightarrow r_j$.（即表示交换 i,j 两行）

(2) 以一个非零的数 k 去乘矩阵的某一行，记做 kr_i.（即表示"用数 k 乘以第 i 行所有元素"）

(3) 把矩阵的某一行的 k 倍加到另一行上，记做 kr_i+r_j.（即表示"第 i 行乘 k 加到第 j 行上"）

切记：改变的是第 j 行，第 i 行为基准行，保持不变.

定义2 称一个矩阵与对这个矩阵进行初等变换后所得矩阵是**等价**的. 若 A 等价于 B，则记为 $A\sim B$.

6.3.2 行阶梯形矩阵

满足如下两个条件的矩阵，称之为**行阶梯形矩阵**，简称阶梯矩阵.

（1）若有零行（元素全为零的行），一定位于矩阵的下方；

（2）矩阵中各个非零行的首非零元素，其下方同列元素均为零.

例如：下列矩阵均为阶梯矩阵：

$$A=\begin{pmatrix} 1 & 4 & -7 & 3 \\ 0 & 1 & -3 & 9 \\ 0 & 0 & 0 & 0 \\ 0 & 0 & 0 & 0 \end{pmatrix}, \quad B=\begin{pmatrix} 2 & 0 & 3 & 4 \\ 0 & -1 & 2 & 6 \\ 0 & 0 & 0 & 0 \end{pmatrix}, \quad C=\begin{pmatrix} 4 & 0 & 1 & 2 \\ 0 & 3 & -3 & 1 \\ 0 & 0 & 5 & 0 \\ 0 & 0 & 0 & 3 \end{pmatrix}.$$

下列矩阵就不是阶梯矩阵：

$$D=\begin{pmatrix} 1 & 2 & 3 & 5 \\ 0 & 1 & -3 & 4 \\ 0 & 0 & 0 & 0 \\ 0 & 2 & -1 & 4 \end{pmatrix}, \quad F=\begin{pmatrix} 1 & 0 & 2 & 3 \\ 0 & 2 & 1 & 3 \\ 0 & 4 & 0 & 1 \\ 0 & 0 & 0 & 0 \end{pmatrix}.$$

化阶梯矩阵的一般步骤：

（1）首先将第一行第一个元素化为非零元（最好为"1"），然后将其下方同列元素均化为"0"；

（2）再将第二行第一个非零元素所在列下方元素全化为"0"，依次类推，直至将矩阵化为阶梯矩阵.

例 1 利用初等行变换将矩阵 $A=\begin{pmatrix} 2 & 3 & 1 & 0 \\ 0 & 1 & 3 & -4 \\ 1 & 2 & 5 & 1 \end{pmatrix}$ 化为阶梯矩阵.

解 $A=\begin{pmatrix} 2 & 3 & 1 & 0 \\ 0 & 1 & 3 & -4 \\ 1 & 2 & 5 & 1 \end{pmatrix} \xrightarrow{r_1 \leftrightarrow r_3} \begin{pmatrix} 1 & 2 & 5 & 1 \\ 0 & 1 & 3 & -4 \\ 2 & 3 & 1 & 0 \end{pmatrix}$

$\xrightarrow{-2r_1+r_3} \begin{pmatrix} 1 & 2 & 5 & 1 \\ 0 & 1 & 3 & -4 \\ 0 & -1 & -9 & -2 \end{pmatrix} \xrightarrow{r_2+r_3} \begin{pmatrix} 1 & 2 & 5 & 1 \\ 0 & 1 & 3 & -4 \\ 0 & 0 & -6 & -6 \end{pmatrix}.$

对阶梯矩阵，可以用初等行变换的方法对其作进一步化简，即可得到简化行阶梯形矩阵，如下所述.

6.3.3 简化行阶梯形矩阵

满足如下两个条件的阶梯矩阵，称之为**简化行阶梯形矩阵**，也称**行最简阶梯形矩阵**，一般简称**简化阶梯矩阵**.

（1）各非零行的首非零元素均为 1；

（2）各非零行的首非零元素所在列的其余元素均为零.

例如：

$$A=\begin{pmatrix} 1 & 0 & 0 & 3 \\ 0 & 1 & 0 & -14 \\ 0 & 0 & 1 & -3 \\ 0 & 0 & 0 & 0 \end{pmatrix} \longrightarrow 是简化阶梯矩阵.$$

$$B=\begin{pmatrix} 1 & 4 & 0 & 3 \\ 0 & 1 & 0 & -14 \\ 0 & 0 & 1 & -3 \\ 0 & 0 & 0 & 0 \end{pmatrix}$$——不是简化阶梯矩阵.

对矩阵施以初等行变换是矩阵演变的一种重要手段,并且任一矩阵 A 总可以经过有限次初等行变换化为行阶梯形矩阵,并进而化为行最简形矩阵.

化简化阶梯矩阵的一般步骤:

(1) 首先将矩阵化为阶梯矩阵(如前述方法);

(2) 将上述阶梯矩阵的各非零行的首非零元素化为"1",直至所有非零行第一个元素全为"1";

(3) 从非零行最后一行起,将每行首非零元素"1"的上方元素化为"0",从下向上,直至将所有非零行的首非零元素"1"所在列的其余元素均化为"0",即为简化阶梯矩阵.

例 2 用初等行变换将矩阵 $A=\begin{pmatrix} 3 & 2 & 9 & 6 \\ -1 & -3 & 4 & -17 \\ 1 & 4 & -7 & 3 \\ -1 & -4 & 7 & -3 \end{pmatrix}$ 化为简化阶梯矩阵.

解 $A=\begin{pmatrix} 3 & 2 & 9 & 6 \\ -1 & -3 & 4 & -17 \\ 1 & 4 & -7 & 3 \\ -1 & -4 & 7 & -3 \end{pmatrix} \xrightarrow{r_1 \leftrightarrow r_3} \begin{pmatrix} 1 & 4 & -7 & 3 \\ -1 & -3 & 4 & -17 \\ 3 & 2 & 9 & 6 \\ -1 & -4 & 7 & -3 \end{pmatrix}$

$\xrightarrow[\substack{-3r_1+r_3 \\ r_1+r_4}]{r_1+r_2} \begin{pmatrix} 1 & 4 & -7 & 3 \\ 0 & 1 & -3 & -14 \\ 0 & -10 & 30 & -3 \\ 0 & 0 & 0 & 0 \end{pmatrix} \xrightarrow{10r_2+r_3} \begin{pmatrix} 1 & 4 & -7 & 3 \\ 0 & 1 & -3 & -14 \\ 0 & 0 & 0 & -143 \\ 0 & 0 & 0 & 0 \end{pmatrix}$

$\xrightarrow{-\frac{1}{143}\times r_3} \begin{pmatrix} 1 & 4 & -7 & 3 \\ 0 & 1 & -3 & -14 \\ 0 & 0 & 0 & 1 \\ 0 & 0 & 0 & 0 \end{pmatrix} \xrightarrow{-3r_3+r_1/4r_3+r_2} \begin{pmatrix} 1 & 4 & -7 & 0 \\ 0 & 1 & -3 & 0 \\ 0 & 0 & 0 & 1 \\ 0 & 0 & 0 & 0 \end{pmatrix}$

$\xrightarrow{-4r_2+r_1} \begin{pmatrix} 1 & 0 & 5 & 0 \\ 0 & 1 & -3 & 0 \\ 0 & 0 & 0 & 1 \\ 0 & 0 & 0 & 0 \end{pmatrix} \xlongequal{\text{记做}} B$

矩阵 B 即为简化阶梯矩阵.

在此指出,一个矩阵 A 经过有限次的初等行变换以后,可以得到多种行阶梯矩阵,也即行阶梯矩阵不唯一. 但可以证明,经过初等行变换得到的行最简阶梯形矩阵却是唯一的.

应用初等变换把矩阵化为阶梯矩阵和简化阶梯矩阵,在以下讨论矩阵的秩和线性方程组求解中均有很重要的应用,因此,应熟练掌握初等变换的方法.

6.3.4　矩阵的秩

在对矩阵进行初等行变换时,可知任何一个矩阵都等价于一个行最简阶梯形矩阵,且行最简阶梯形矩阵是唯一的.可见与矩阵等价的行最简阶梯形矩阵的非零行个数(或与其等价的阶梯形矩阵的非零行个数)也是唯一的,这是矩阵所固有的一个特征.

定义 3　设 A 为 $m \times n$ 矩阵,则与 A 等价的行阶梯形矩阵中非零行的个数 r 称为矩阵 A 的秩,记做 $r = r(A)$.

规定:当 $A = 0$ 时,$r(A) = 0$.

由矩阵秩的定义易知等价矩阵必有相同的秩.因为任何一个矩阵,总可以用初等行变换将其化为行阶梯形矩阵,从而容易由行阶梯形矩阵的非零行个数求得矩阵的秩,这也正是用矩阵的初等行变换求矩阵秩的一个方法.

例 3　求矩阵 $A = \begin{bmatrix} 1 & 2 & 3 & 4 \\ -1 & -1 & -4 & -2 \\ 3 & 4 & 11 & 8 \end{bmatrix}$ 的秩.

解

$$\begin{bmatrix} 1 & 2 & 3 & 4 \\ -1 & -1 & -4 & -2 \\ 3 & 4 & 11 & 8 \end{bmatrix} \xrightarrow[-3r_1+r_3]{r_1+r_2} \begin{bmatrix} 1 & 2 & 3 & 4 \\ 0 & 1 & -1 & 2 \\ 0 & -2 & 2 & -4 \end{bmatrix}$$

$$\xrightarrow{2r_2+r_3} \begin{bmatrix} 1 & 2 & 3 & 4 \\ 0 & 1 & -1 & 2 \\ 0 & 0 & 0 & 0 \end{bmatrix} \xrightarrow{-2r_2+r_1} \begin{bmatrix} 1 & 0 & 5 & 0 \\ 0 & 1 & -1 & 2 \\ 0 & 0 & 0 & 0 \end{bmatrix},$$

故 $r(A) = 2$.

例 4　求矩阵 $A = \begin{bmatrix} -1 & 1 & 0 & 5 & 3 \\ 0 & 1 & 4 & -2 & 3 \\ 0 & 0 & 1 & -1 & 6 \\ 0 & 0 & 0 & 0 & 0 \end{bmatrix}$ 的转置矩阵的秩.

解　求出 A 的转置矩阵并施行初等行变换,有

$$A^T = \begin{bmatrix} -1 & 0 & 0 & 0 \\ 1 & 1 & 0 & 0 \\ 0 & 4 & 1 & 0 \\ 5 & -2 & -1 & 0 \\ 3 & 3 & 6 & 0 \end{bmatrix} \xrightarrow[3r_1+r_3]{\substack{r_1+r_2 \\ 5r_1+r_4}} \begin{bmatrix} -1 & 0 & 0 & 0 \\ 0 & 1 & 0 & 0 \\ 0 & 4 & 1 & 0 \\ 0 & -2 & -1 & 0 \\ 0 & 3 & 6 & 0 \end{bmatrix}$$

$$\xrightarrow[\substack{-4r_2+r_3 \\ 2r_2+r_4 \\ -3r_2+r_5}]{} \begin{bmatrix} -1 & 0 & 0 & 0 \\ 0 & 1 & 0 & 0 \\ 0 & 0 & 1 & 0 \\ 0 & 0 & -1 & 0 \\ 0 & 0 & 6 & 0 \end{bmatrix} \xrightarrow[-6r_3+r_5]{r_3+r_4} \begin{bmatrix} -1 & 0 & 0 & 0 \\ 0 & 1 & 0 & 0 \\ 0 & 0 & 1 & 0 \\ 0 & 0 & 0 & 0 \\ 0 & 0 & 0 & 0 \end{bmatrix},$$

所以 $r(A^T) = 3$.

注意到 A 本身就是一个行阶梯形矩阵,其非零行的个数为 3,所以 $r(A) = 3$,正好与其转置矩阵的秩相等,这是否为一巧合呢?

事实上,可以证明,**矩阵的转置不改变矩阵的秩**,即任何矩阵的秩都与其转置矩阵的秩相同.

 习题 6.3

1. 用初等行变换将下列矩阵化为阶梯形矩阵.

$$(1)\begin{pmatrix} 2 & 3 \\ 4 & 6 \end{pmatrix};\qquad (2)\begin{bmatrix} 0 & 3 & -2 \\ 1 & 1 & 2 \\ 2 & 4 & -2 \end{bmatrix};\qquad (3)\begin{bmatrix} 2 & -4 & 1 & 3 \\ -4 & 5 & 7 & 0 \\ 0 & -1 & 3 & 2 \end{bmatrix}.$$

2. 用初等行变换将下列矩阵化为简化阶梯形矩阵.

$$(1)\begin{pmatrix} 3 & 5 \\ 2 & 4 \end{pmatrix};\qquad (2)\begin{bmatrix} -1 & 1 & 2 & 1 \\ 1 & -2 & 1 & 1 \\ 3 & -1 & 1 & 6 \end{bmatrix};\qquad (3)\begin{bmatrix} 1 & 0 & 0 & 1 \\ 2 & 2 & 0 & -2 \\ 3 & 4 & 0 & -5 \\ 1 & 3 & 6 & 5 \end{bmatrix}.$$

3. 用初等行变换法求下列矩阵的秩:

$$(1)\begin{bmatrix} 1 & 2 & 0 \\ 0 & 1 & 1 \\ -1 & 2 & 3 \end{bmatrix};\qquad (2)\begin{bmatrix} 1 & -1 & 0 \\ 2 & 2 & 1 \\ 3 & 0 & 0 \\ 4 & 1 & 2 \end{bmatrix};\qquad (3)\begin{bmatrix} -1 & 2 & 1 & 0 \\ 1 & -2 & -1 & 0 \\ -1 & 0 & 1 & 1 \\ -2 & 0 & 2 & 2 \end{bmatrix}.$$

4. 利用初等行变换将矩阵 $A=\begin{bmatrix} 1 & 1 & 2 & 1 \\ 2 & -1 & 2 & 4 \\ 1 & -2 & 0 & 3 \\ 4 & 1 & 4 & 2 \end{bmatrix}$ 化为简化阶梯形矩阵,并求其秩.

6.4　逆矩阵

【**教学要求**】　本节要求熟练掌握利用矩阵的初等行变换求逆矩阵的方法,并由此求解矩阵方程.

6.4.1　逆矩阵的定义

在实数的运算中,对于数 $a\neq0$,总存在唯一一个数 a^{-1},使得
$$a\cdot a^{-1}=1 \quad 且 \quad a^{-1}\cdot a=1. \tag{1}$$
数的逆在解方程中起着重要作用.例如,解一元线性方程
$$ax=b,$$
当 $a\neq0$ 时,其解为
$$x=a^{-1}b.$$
由于矩阵的乘法不满足交换律,因此将逆元概念推广到矩阵时,类似于上述式子(1)中的两个方程需要同时满足.此外,根据两个矩阵乘积的定义,仅当讨论的矩阵是方阵的时候才有可能得到推广.

定义 1　对于 n 阶方阵 A,如果存在一个 n 阶方阵 B,使得

$$AB = BA = E,$$

则称矩阵 A 是**可逆矩阵**,称 B 是 A 的**逆矩阵**,简称 A 的逆,记做 $B = A^{-1}$.

易知 A 为 B 的逆,则 B 也为 A 的逆,即 A 与 B 互逆.

如果一个矩阵可逆,则它的逆矩阵只有一个.事实上,如果 B_1, B_2 都是 A 的逆矩阵,由

$$AB_1 = B_1 A = E, \qquad AB_2 = B_2 A = E,$$

可知 $B_1 = B_1 E = B_1 A B_2 = E B_2 = B_2$.可见 A 的逆矩阵只有一个.

注意 矩阵逆的运算与数的除法运算有本质区别.

关于矩阵的逆,还有如下运算结论:

(1) $(A^{-1})^{-1} = A$;   (2) $(AB)^{-1} = B^{-1} A^{-1}$;

(3) $(A^T)^{-1} = (A^{-1})^T$;   (4) $(kA)^{-1} = k^{-1} A^{-1}$;

(5) n 阶方阵 A 可逆 $\Leftrightarrow A$ 等价于 n 阶单位矩阵 $\Leftrightarrow A$ 的秩为 n(这里符号 $\Leftrightarrow$ 表示充分必要条件);

(6) 对可逆矩阵 A 施以若干次初等行变换可化为单位矩阵 E,则对 E 施以同样的初等行变换可化为 A^{-1}.

6.4.2 用初等行变换法求逆矩阵

由于对可逆矩阵 A 施以若干次初等行变换可化为单位矩阵 E,则对 E 施以同样的初等行变换可化为 A^{-1}.由此可得到用初等行变换求逆矩阵的方法:

$$(A, E) \xrightarrow{\text{初等行变换}} (E, A^{-1})$$

即将 n 阶矩阵 A 与单位矩阵 E 排在一起,看成一个 $n \times 2n$ 的新矩阵,并施以初等行变换,直到 A 变换成 E,则此时 E 变换成为了 A^{-1}.

例 1 求矩阵 $A = \begin{pmatrix} 0 & -2 & 1 \\ 3 & 0 & -2 \\ -2 & 3 & 0 \end{pmatrix}$ 的逆矩阵.

解 将矩阵 A 与单位矩阵 E 排在一起,并施以初等行变换:

$$(A, E) = \begin{pmatrix} 0 & -2 & 1 & 1 & 0 & 0 \\ 3 & 0 & -2 & 0 & 1 & 0 \\ -2 & 3 & 0 & 0 & 0 & 1 \end{pmatrix} \xrightarrow[3 \times r_3]{r_1 \leftrightarrow r_2} \begin{pmatrix} 3 & 0 & -2 & 0 & 1 & 0 \\ 0 & -2 & 1 & 1 & 0 & 0 \\ -6 & 9 & 0 & 0 & 0 & 3 \end{pmatrix}$$

$$\xrightarrow{2r_1 + r_3} \begin{pmatrix} 3 & 0 & -2 & 0 & 1 & 0 \\ 0 & -2 & 1 & 1 & 0 & 0 \\ 0 & 9 & -4 & 0 & 2 & 3 \end{pmatrix} \xrightarrow{2 \times r_3} \begin{pmatrix} 3 & 0 & -2 & 0 & 1 & 0 \\ 0 & -2 & 1 & 1 & 0 & 0 \\ 0 & 18 & -8 & 0 & 4 & 6 \end{pmatrix}$$

$$\xrightarrow{9r_2 + r_3} \begin{pmatrix} 3 & 0 & -2 & 0 & 1 & 0 \\ 0 & -2 & 1 & 1 & 0 & 0 \\ 0 & 0 & 1 & 9 & 4 & 6 \end{pmatrix} \xrightarrow[-r_3 + r_2]{2r_3 + r_1} \begin{pmatrix} 3 & 0 & 0 & 18 & 9 & 12 \\ 0 & -2 & 0 & -8 & -4 & -6 \\ 0 & 0 & 1 & 9 & 4 & 6 \end{pmatrix}$$

$$\xrightarrow[-\frac{1}{2} \times r_2]{\frac{1}{3} \times r_1} \begin{pmatrix} 1 & 0 & 0 & 6 & 3 & 4 \\ 0 & 1 & 0 & 4 & 2 & 3 \\ 0 & 0 & 1 & 9 & 4 & 6 \end{pmatrix},$$

可见 A 的位置上已成为 E,所以

$$A^{-1} = \begin{pmatrix} 6 & 3 & 4 \\ 4 & 2 & 3 \\ 9 & 4 & 6 \end{pmatrix}.$$

如果不知道 n 阶方阵 A 是否可逆,也可按上述方法去做,只要 $n \times 2n$ 矩阵 (A, E) 在作变换时 A 的位置出现了某一行(列)的元素全为零,则 A 的逆就不存在.

例 2 判断 $A = \begin{pmatrix} 0 & -1 & 1 \\ -1 & -1 & 3 \\ -1 & 0 & 2 \end{pmatrix}$ 是否可逆.若可逆,求其逆.

解 对 (A, E) 进行初等行变换

$$(A, E) = \begin{pmatrix} 0 & -1 & 1 & 1 & 0 & 0 \\ -1 & -1 & 3 & 0 & 1 & 0 \\ -1 & 0 & 2 & 0 & 0 & 1 \end{pmatrix} \xrightarrow{r_1 \leftrightarrow r_2} \begin{pmatrix} -1 & -1 & 3 & 0 & 1 & 0 \\ 0 & -1 & 1 & 1 & 0 & 0 \\ -1 & 0 & 2 & 0 & 0 & 1 \end{pmatrix}$$

$$\xrightarrow{-r_1 + r_3} \begin{pmatrix} -1 & -1 & 3 & 0 & 1 & 0 \\ 0 & -1 & 1 & 1 & 0 & 0 \\ 0 & 1 & -1 & 0 & -1 & 1 \end{pmatrix} \xrightarrow{r_2 + r_3} \begin{pmatrix} -1 & -1 & 3 & 0 & 1 & 0 \\ 0 & -1 & 1 & 1 & 0 & 0 \\ 0 & 0 & 0 & 1 & -1 & 1 \end{pmatrix},$$

因此 $r(A) = 2$,所以 A 的逆不存在,即 A 不可逆.

例 3 已知矩阵方程 $\begin{pmatrix} 1 & 2 \\ 1 & 1 \end{pmatrix} X = \begin{pmatrix} 1 \\ 2 \end{pmatrix}$,求矩阵 X.

解 因为 $\begin{pmatrix} 1 & 2 \\ 1 & 1 \end{pmatrix}^{-1} = \begin{pmatrix} -1 & 2 \\ 1 & -1 \end{pmatrix}$,所以矩阵两端同时左乘以 $\begin{pmatrix} 1 & 2 \\ 1 & 1 \end{pmatrix}^{-1}$,得

$$X = \begin{pmatrix} 1 & 2 \\ 1 & 1 \end{pmatrix}^{-1} \begin{pmatrix} 1 \\ 2 \end{pmatrix} = \begin{pmatrix} -1 & 2 \\ 1 & -1 \end{pmatrix} \begin{pmatrix} 1 \\ 2 \end{pmatrix} = \begin{pmatrix} 3 \\ -1 \end{pmatrix}.$$

习题 6.4

1. 判断下列矩阵是否可逆,如可逆,求其逆矩阵.

(1) $\begin{pmatrix} 2 & 2 & 3 \\ 1 & -1 & 0 \\ -1 & 2 & 1 \end{pmatrix}$;   (2) $\begin{pmatrix} 2 & 2 & -1 \\ 1 & -2 & 4 \\ 5 & 8 & 2 \end{pmatrix}$;

(3) $\begin{pmatrix} 1 & 2 & 3 & 4 \\ 2 & 3 & 1 & 2 \\ 1 & 1 & 1 & -1 \\ 1 & 0 & -2 & -6 \end{pmatrix}$;   (4) $\begin{pmatrix} 1 & 1 & 1 & 1 \\ 1 & 1 & -1 & -1 \\ 1 & -1 & 1 & -1 \\ 1 & -1 & -1 & 1 \end{pmatrix}$.

2. 设 $\begin{pmatrix} 3 & 5 \\ 1 & 2 \end{pmatrix}$,求 $(A^{-1})^{\mathrm{T}}$,$(A^{\mathrm{T}})^{-1}$.

3. 试求出下列矩阵 X.

(1) $\begin{pmatrix} 1 & -5 \\ -1 & 4 \end{pmatrix} X = \begin{pmatrix} 3 & 2 \\ 1 & 4 \end{pmatrix}$;

(2) $X \begin{pmatrix} 1 & 1 & -1 \\ 2 & 1 & 0 \\ 1 & -1 & 1 \end{pmatrix} = \begin{pmatrix} 1 & 1 & 3 \\ 4 & 3 & 2 \\ 1 & 2 & 5 \end{pmatrix}$.

综合练习题六

1. 填空题

(1) 已知 $(1 \quad 2 \quad 3) \begin{pmatrix} a \\ 2 \\ 1 \end{pmatrix} = 8$，则 $a = $ _____.

(2) 已知：$A = \begin{pmatrix} 1 & 2 & 0 \\ 3 & 0 & a \end{pmatrix}$，$B = \begin{pmatrix} 2 & 3 \\ 0 & 0 \\ 0 & 5 \end{pmatrix}$，若 $AB = \begin{pmatrix} 2 & 3 \\ 6 & 9 \end{pmatrix}$，则 $a = $ _____.

(3) 设 $A = \begin{pmatrix} 1 & 3 \\ -1 & 2 \end{pmatrix}$，求 $E - 2A = $ _____.

(4) 设 $A = \begin{pmatrix} 1 & 1 \\ 0 & 0 \end{pmatrix}$，若 $AX = XA$，则 $X = $ _____.

(5) 设 A 为 n 阶可逆矩阵，则 $r(A) = $ _____.

(6) 若 $A_{m \times n} = A$，则 $A^{\mathrm{T}} A$ 是 _____ 矩阵.

(7) 当 $\lambda = $ _____ 时，矩阵 $\begin{pmatrix} 1 & 2 & 3 & 4 \\ -1 & -1 & -5 & -4 \\ 0 & 2 & -4 & \lambda \end{pmatrix}$ 的秩最小.

2. 单项选择题

(1) A 为 3×4 矩阵，B 为 4×4 矩阵，则以下（　　）不能运算.

A. AB　　　　　　B. B^2　　　　　　C. $A^2 B$　　　　　　D. AB^3

(2) 设 A, B, C 均为 n 阶矩阵，下列（　　）不是运算律.

A. $(A+B)+C = A+(B+C)$　　　　　　B. $(A+B)C = CA+CB$

C. $(AB)C = A(BC)$　　　　　　D. $A(B+C) = AB+AC$

(3) 若 A 是（　　），则 A 必为方阵.

A. 零矩阵　　　　　　B. 转置矩阵

C. 可逆矩阵　　　　　　D. 线性方程组的系数

(4) $\begin{pmatrix} 1 & \lambda \\ 0 & 1 \end{pmatrix}^2 = ($　　$)$.

A. $\begin{pmatrix} 1 & \lambda \\ 0 & 1 \end{pmatrix}$　　　　B. $\begin{pmatrix} 1 & 2\lambda \\ 0 & 1 \end{pmatrix}$　　　　C. $\begin{pmatrix} 1 & 3\lambda \\ 0 & 1 \end{pmatrix}$　　　　D. $\begin{pmatrix} 0 & 1 \\ 0 & \lambda \end{pmatrix}$

(5) $x_0 = \begin{pmatrix} 1 \\ 2 \end{pmatrix}$ 为线性方程组 $AX = b$ 的解，其中，$A = \begin{pmatrix} 1 & 0 \\ -2 & 1 \end{pmatrix}$，则 $b = ($　　$)$.

A. $\begin{pmatrix} 1 \\ 0 \end{pmatrix}$　　　　B. $\begin{pmatrix} 1 \\ -2 \end{pmatrix}$　　　　C. $\begin{pmatrix} 0 \\ 1 \end{pmatrix}$　　　　D. $\begin{pmatrix} 1 \\ 2 \end{pmatrix}$

(6) 下列说法不正确的是(　　　).

A. 矩阵的乘法满足交换律　　　　　　　B. $(AB)^T = B^T A^T$

C. 齐次方程组至少有零解　　　　　　　D. 矩阵的加法满足结合律

(7) 若 $AB = 0$,则(　　　).

A. $A = 0$ 或 $B = 0$ 　　　　　　　　B. $A = 0$

C. $B = 0$ 　　　　　　　　　　　　　D. A 和 B 都均不一定为零.

(8) 设 A 是 4 阶方阵,若秩 $r(A) = 3$,则(　　　).

A. A 可逆　　　　　　　　　　　　　B. A 的行阶梯矩阵有一个零行

C. A 有一个零行　　　　　　　　　　D. A 至少有一个零行

3. 设 $A = \begin{pmatrix} 0 & 1 & 2 \\ 3 & 2 & 1 \end{pmatrix}$,$B = \begin{pmatrix} 4 & 5 \\ -3 & 2 \\ 1 & -4 \end{pmatrix}$.

求:(1) AB;　　　　　　(2) $A^T + B$.

4. 将 $A = \begin{pmatrix} 2 & 3 & 4 & 3 \\ -4 & 0 & 8 & 6 \\ 1 & 1 & -1 & -1 \end{pmatrix}$ 化为行阶梯形矩阵.

5. 将 $A = \begin{pmatrix} 2 & 1 & 2 & 3 \\ 4 & 1 & 3 & 5 \\ 2 & 0 & 1 & 2 \end{pmatrix}$ 化为简化阶梯形矩阵.

6. 求下列矩阵的秩.

(1) $\begin{pmatrix} 2 & 1 & 11 & 2 \\ 1 & 0 & 4 & 1 \\ 11 & 4 & 56 & 5 \\ 2 & -1 & 5 & -6 \end{pmatrix}$;　　　　　　(2) $\begin{pmatrix} 1 & 2 & -1 & 0 & 3 \\ 2 & -1 & 0 & 1 & -1 \\ 3 & 1 & -1 & 1 & 2 \\ 0 & -5 & 2 & 1 & -7 \end{pmatrix}$.

7. 设矩阵 $A = \begin{pmatrix} 1 & -2 & 0 \\ -1 & -2 & 1 \\ -3 & 0 & 2 \end{pmatrix}$,$B = \begin{pmatrix} 5 & 1 & -1 \\ 2 & 0 & 3 \end{pmatrix}$,求 $(BA)^T$ 和 $r((BA)^T)$.

8. 已知 $X \begin{pmatrix} 4 & -3 & 2 \\ -3 & 3 & -2 \\ 1 & -1 & 1 \end{pmatrix} = \begin{pmatrix} 0 & -3 & 1 \\ 2 & 0 & 1 \end{pmatrix}$,求矩阵 X.

9. 已知矩阵 $A = \begin{pmatrix} 0 & 1 & 0 \\ -1 & 1 & 1 \\ -1 & 0 & 3 \end{pmatrix}$,求 $(E - A)^{-1}$.

10. 设矩阵 $A = \begin{pmatrix} 1 & 1 \\ 0 & 2 \\ 2 & 0 \end{pmatrix}$,$B = \begin{pmatrix} 1 & 2 & -3 \\ 0 & -1 & 2 \end{pmatrix}$,计算 $(BA)^{-1}$.

第 7 章 　线性方程组

【导学】　求解线性方程组是线性代数最主要的应用之一,此类问题在科学技术与经济管理领域有着相当广泛的应用.本章主要讲述用矩阵的初等行变换法求解线性方程组的方法,及讨论线性方程组解的存在性和线性方程组解的结构等内容.

7.1　线性方程组的解法

【教学要求】　本节要求会将一个线性方程组用矩阵乘法表示,掌握线性方程组中增广矩阵的秩与方程组解的关系.

7.1.1　消元法解线性方程组实质

引例 1　用消元法求解下列线性方程组:$\begin{cases} 2x_1+2x_2-x_3=6 \\ x_1-2x_2+4x_3=3 \\ 5x_1+7x_2+x_3=28 \end{cases}$.

解　为观察消元过程,将消元过程中每个步骤的方程组同与其对应的系数和常数项组成的矩阵一起列出:

$$\begin{cases} 2x_1+2x_2-\ x_3=6 \\ x_1-2x_2+4x_3=3 \\ 5x_1+7x_2+\ x_3=28 \end{cases} \quad \textcircled{1} \overset{\text{对应}}{\longleftrightarrow} \quad \begin{pmatrix} 2 & 2 & -1 & 6 \\ 1 & -2 & 4 & 3 \\ 5 & 7 & 1 & 28 \end{pmatrix} \textcircled{1}$$

$$\begin{cases} 2x_1+2x_2-\ x_3=6 \\ -3x_2+\dfrac{9}{2}x_3=0 \\ 2x_2+\dfrac{7}{2}x_3=13 \end{cases} \quad \textcircled{2} \overset{\text{对应}}{\longleftrightarrow} \quad \begin{pmatrix} 2 & 2 & -1 & 6 \\ 0 & -3 & \dfrac{9}{2} & 0 \\ 0 & 2 & \dfrac{7}{2} & 13 \end{pmatrix} \textcircled{2}$$

$$\begin{cases} 2x_1+2x_2-\ x_3=6 \\ -3x_2+\dfrac{9}{2}x_3=0 \\ \dfrac{13}{2}x_3=13 \end{cases} \quad \textcircled{3} \overset{\text{对应}}{\longleftrightarrow} \quad \begin{pmatrix} 2 & 2 & -1 & 6 \\ 0 & -3 & \dfrac{9}{2} & 0 \\ 0 & 0 & \dfrac{13}{2} & 13 \end{pmatrix} \textcircled{3}$$

$$\begin{cases} 2x_1 + 2x_2 - \quad x_3 = 6 \\ \qquad -3x_2 + \dfrac{9}{2}x_3 = 0 \\ \qquad\qquad\quad x_3 = 2 \end{cases} \xleftrightarrow{\text{对应}} \begin{pmatrix} 2 & 2 & -1 & 6 \\ 0 & -3 & \dfrac{9}{2} & 0 \\ 0 & 0 & 1 & 2 \end{pmatrix} ④$$

因此,从最后一个方程组易得原方程组的解为 $x_1 = 1, x_2 = 3, x_3 = 2$.

通常把过程①~④称为**消元过程**,矩阵④就是行阶梯形矩阵,与之对应的方程组④则称为**行阶梯方程组**.

从上述解题过程可以看出,用消元法求解线性方程组的具体作法就是对方程组反复实施以下三种变换:

(1) 交换某两个方程的位置;

(2) 用一个非零数乘某一个方程的两边;

(3) 将一个方程的倍数加到另一个方程上去.

以上这三种变换称为**线性方程组的初等变换**. 而消元法的目的就是利用方程组的初等变换将原方程组化为阶梯形方程组,显然这个阶梯形方程组与原线性方程组同解. 解这个阶梯形方程组得原方程组的解. 如果用矩阵表示其系数及常数项,则将原方程组化为行阶梯形方程组的过程就是将对应矩阵化为行阶梯形矩阵的过程.

将一个方程组化为行阶梯形方程组的步骤并不是唯一的,所以,同一个方程组的行阶梯形方程组也不是唯一的. 特别地,还可以将一个一般的行阶梯形方程组化为行最简形方程组,从而能直接"读"出该线性方程组的解.

$$\begin{cases} 2x_1 + 2x_2 \qquad = 8 \\ \qquad -3x_2 \qquad = -9 \\ \qquad\qquad\quad x_3 = 2 \end{cases} \xleftrightarrow{\text{对应}} \begin{pmatrix} 2 & 2 & 0 & 8 \\ 0 & -3 & 0 & -9 \\ 0 & 0 & 1 & 2 \end{pmatrix} ⑤$$

$$\begin{cases} 2x_1 + 2x_2 \qquad = 8 \\ \qquad x_2 \qquad = 3 \\ \qquad\qquad\quad x_3 = 2 \end{cases} \xleftrightarrow{\text{对应}} \begin{pmatrix} 2 & 2 & 0 & 8 \\ 0 & 1 & 0 & 3 \\ 0 & 0 & 1 & 2 \end{pmatrix} ⑥$$

$$\begin{cases} 2x_1 \qquad\qquad = 2 \\ \qquad x_2 \qquad = 3 \\ \qquad\qquad\quad x_3 = 2 \end{cases} \xleftrightarrow{\text{对应}} \begin{pmatrix} 2 & 0 & 0 & 2 \\ 0 & 1 & 0 & 3 \\ 0 & 0 & 1 & 2 \end{pmatrix} ⑦$$

$$\begin{cases} x_1 \qquad\qquad = 1 \\ \qquad x_2 \qquad = 3 \\ \qquad\qquad\quad x_3 = 2 \end{cases} \xleftrightarrow{\text{对应}} \begin{pmatrix} 1 & 0 & 0 & 1 \\ 0 & 1 & 0 & 3 \\ 0 & 0 & 1 & 2 \end{pmatrix} ⑧$$

从方程组⑧,可以一目了然地看出 $x_1 = 1, x_2 = 3, x_3 = 2$.

通常把过程⑤~⑧称为**回代过程**.

上述整个过程就是消元法解线性方程组的实质:用消元法解线性方程组的过程,相当于对该方程组的系数和常数项组成的矩阵作初等行变换.

7.1.2 线性方程组的矩阵形式

从上一节的引例可得到消元法解线性方程组的实质:用消元法解三元线性方程组的过程,相当于对该方程组的系数和常数项组成的矩阵作初等行变换.

对一般线性方程组(1)是否有同样的结论? 答案是肯定的. 以下就一般线性方程组求解的问题进行讨论.

设有线性方程组

$$\begin{cases} a_{11}x_1 + a_{12}x_2 + \cdots + a_{1n}x_n = b_1 \\ a_{21}x_1 + a_{22}x_2 + \cdots + a_{2n}x_n = b_2 \\ \qquad\qquad \cdots \\ a_{m1}x_1 + a_{m2}x_2 + \cdots + a_{mn}x_n = b_m \end{cases},$$

当 $b_i(i=1,2,\cdots,m)$ 全为零时,称该方程组为**齐次线性方程组**,否则称为**非齐次线性方程组**.

该方程组可写成下面矩阵方程的形式:

$$AX = B,$$

其中, $A = \begin{bmatrix} a_{11} & a_{12} & \cdots & a_{1n} \\ a_{21} & a_{22} & \cdots & a_{2n} \\ \vdots & \vdots & & \vdots \\ a_{m1} & a_{m2} & \cdots & a_{mn} \end{bmatrix}$, $X = \begin{bmatrix} x_1 \\ x_2 \\ \vdots \\ x_n \end{bmatrix}$, $B = \begin{bmatrix} b_1 \\ b_2 \\ \vdots \\ b_m \end{bmatrix}$.

显然,齐次线性方程组的矩阵形式为

$$AX = 0$$

这里称矩阵 A 为方程组的**系数矩阵**,称矩阵 $\overline{A} = (A,B)$ 为方程组的**增广矩阵**. 即

$$\overline{A} = \begin{bmatrix} a_{11} & a_{12} & \cdots & a_{1n} & b_1 \\ a_{21} & a_{22} & \cdots & a_{2n} & b_2 \\ \vdots & \vdots & & \vdots & \vdots \\ a_{m1} & a_{m2} & \cdots & a_{mn} & b_n \end{bmatrix}.$$

前边已经知道,初等变换法可以用来求解方程组,它正是计算机中容易实现的过程.

7.1.3 线性方程组有解的充要条件

根据消元法解线性方程组的实质过程,可得如下定理.

定理 1 n 元齐次线性方程组 $AX=0$ 有非零解的充要条件是系数矩阵的秩 $r(A)<n$.

定理 2 n 元非齐次线性方程组 $AX=B$ 有解的充要条件是系数矩阵 A 的秩等于增广矩阵 $\overline{A}=(A,B)$ 的秩,即 $r(A)=r(\overline{A})$.

注意 记 $\overline{A}=(A,B)$,则上述两个定理的结果可简要总结如下:

(1) 当 $r(\overline{A})=r(A)=n$ 时,方程组 $AX=B$ 有唯一解;

(2) 当 $r(\overline{A})=r(A)<n$ 时,方程组 $AX=B$ 有无穷多解;

(3) $r(\overline{A})\neq r(A)$ 时,方程组 $AX=B$ 无解;

(4) 当 $r(A)=n$ 时,方程组 $AX=0$ 只有零解;

（5）当 $r(\boldsymbol{A})<n$ 时，方程组 $\boldsymbol{AX}=\boldsymbol{0}$ 有非零解.

而消元法的过程实际上也给出了**用矩阵求解线性方程组**的方法.

（1）对非齐次线性方程组，将增广矩阵 $\overline{\boldsymbol{A}}$ 化为行阶梯形矩阵，便可直接判断其是否有解. 若有解，化为行最简形矩阵，便可直接写出其全部解. 其中要注意，当 $r(\overline{\boldsymbol{A}})=r(\boldsymbol{A})=r<n$ 时，$\overline{\boldsymbol{A}}$ 的行阶梯形矩阵中含有 r 个非零行，把这 r 行的第一个非零元所对应的未知量作为非自由量，其余 $n-r$ 个作为**自由未知量**（即为可取任意实数的未知量）.

（2）对齐次线性方程组，将其系数矩阵化为行最简形矩阵，便可直接写出其全部解.

在下边两节中将分别举例说明.

 习题 7.1

1．用初等行变换把下列方程组的增广矩阵分别化成行阶梯形矩阵、行最简阶梯形矩阵.

（1）$\begin{cases} x_1+x_2+x_3+x_4+x_5=7 \\ 3x_1+2x_2+x_3+x_4-3x_5=-2 \\ x_2+2x_3+2x_4+6x_5=23 \\ 5x_1+4x_2+3x_3+3x_4-x_5=12 \end{cases}$；

（2）$\begin{cases} x_1-2x_2+x_3+x_4=1 \\ x_1-2x_2+x_3-x_4=-1 \\ x_1-2x_2+x_3-5x_4=5 \end{cases}$.

2．用初等行变换求出下列方程组的系数矩阵和增广矩阵的秩.

（1）$\begin{cases} x_1-x_2+x_3-x_4=0 \\ 2x_1-x_2+3x_3-2x_4=-1 \\ 3x_1-2x_2-x_3+2x_4=4 \end{cases}$；

（2）$\begin{cases} x_1-x_2+2x_3=1 \\ 3x_1+x_2+2x_3=3 \\ x_1-2x_2+x_3=-1 \\ 2x_1-2x_2-3x_3=-5 \end{cases}$；

（3）$\begin{cases} 4x_1+2x_2-x_3=2 \\ 3x_1-x_2+2x_3=10 \\ 11x_1+3x_2=8 \end{cases}$.

7.2 非齐次线性方程组

【教学要求】 本节要求熟练掌握用初等行变换的方法求解非齐次线性方程组的方法.

7.2.1 非齐次线性方程组

例1 解线性方程组 $\begin{cases} 2x_1-x_2+3x_3=3 \\ 3x_1+x_2-5x_3=0 \\ 4x_1-x_2+x_3=3 \\ x_1+3x_2-13x_3=-6 \end{cases}$.

解 对方程组的增广矩阵作初等行变换：

$$\overline{A} = \begin{bmatrix} 2 & -1 & 3 & 3 \\ 3 & 1 & -5 & 0 \\ 4 & -1 & 1 & 3 \\ 1 & 3 & -13 & -6 \end{bmatrix} \xrightarrow{r_1 \leftrightarrow r_4} \begin{bmatrix} 1 & 3 & -13 & -6 \\ 3 & 1 & -5 & 0 \\ 4 & -1 & 1 & 3 \\ 2 & -1 & 3 & 3 \end{bmatrix}$$

$$\xrightarrow[\substack{-4r_1+r_3 \\ -2r_1+r_4}]{-3r_1+r_2} \begin{bmatrix} 1 & 3 & -13 & -6 \\ 0 & -8 & 34 & 18 \\ 0 & -13 & 53 & 27 \\ 0 & -7 & 29 & 15 \end{bmatrix} \xrightarrow[\substack{r_3 \times 4 \\ r_4 \times 4}]{r_2 \times \left(\frac{1}{2}\right)} \begin{bmatrix} 1 & 3 & -13 & -6 \\ 0 & 4 & -17 & -9 \\ 0 & -52 & 212 & 108 \\ 0 & -28 & 116 & 60 \end{bmatrix}$$

$$\xrightarrow[\substack{7r_2+r_4}]{13r_2+r_3} \begin{bmatrix} 1 & 3 & -13 & -6 \\ 0 & 4 & -17 & -9 \\ 0 & 0 & -9 & -9 \\ 0 & 0 & -3 & -3 \end{bmatrix} \xrightarrow{r_3 \times \left(-\frac{1}{9}\right)} \begin{bmatrix} 1 & 3 & -13 & -6 \\ 0 & 4 & -17 & -9 \\ 0 & 0 & 1 & 1 \\ 0 & 0 & -3 & -3 \end{bmatrix}$$

$$\xrightarrow{3r_3+r_4} \begin{bmatrix} 1 & 3 & -13 & -6 \\ 0 & 4 & -17 & -9 \\ 0 & 0 & 1 & 1 \\ 0 & 0 & 0 & 0 \end{bmatrix} \xrightarrow[\substack{17r_3+r_2}]{13r_3+r_1} \begin{bmatrix} 1 & 3 & 0 & 7 \\ 0 & 4 & 0 & 8 \\ 0 & 0 & 1 & 1 \\ 0 & 0 & 0 & 0 \end{bmatrix}$$

$$\xrightarrow{r_2 \times \frac{1}{4}} \begin{bmatrix} 1 & 3 & 0 & 7 \\ 0 & 1 & 0 & 2 \\ 0 & 0 & 1 & 1 \\ 0 & 0 & 0 & 0 \end{bmatrix} \xrightarrow{-3r_2+r_1} \begin{bmatrix} 1 & 0 & 0 & 1 \\ 0 & 1 & 0 & 2 \\ 0 & 0 & 1 & 1 \\ 0 & 0 & 0 & 0 \end{bmatrix},$$

所以对应的同解方程组为

$$\begin{cases} x_1 & & = 1 \\ & x_2 & & = 2, \\ & & x_3 & = 1 \end{cases}$$

即方程组的解为 $\begin{cases} x_1 = 1 \\ x_2 = 2. \\ x_3 = 1 \end{cases}$

注意　上述方程 $r(\overline{A}) = r(A) = 3$，故方程的解为唯一解.

例 2　解方程组 $\begin{cases} x_1 + x_2 + 2x_3 + 3x_4 = 1 \\ x_2 + x_3 - 4x_4 = 1. \\ x_1 + 2x_2 + 3x_3 - x_4 = 4 \end{cases}$

解　因为

$$\overline{A} = \begin{bmatrix} 1 & 1 & 2 & 3 & 1 \\ 0 & 1 & 1 & -4 & 1 \\ 1 & 2 & 3 & -1 & 4 \end{bmatrix} \xrightarrow{r_3-r_1} \begin{bmatrix} 1 & 1 & 2 & 3 & 1 \\ 0 & 1 & 1 & -4 & 1 \\ 0 & 1 & 1 & -4 & 3 \end{bmatrix} \xrightarrow{r_3-r_2} \begin{bmatrix} 1 & 1 & 2 & 3 & 1 \\ 0 & 1 & 1 & -4 & 1 \\ 0 & 0 & 0 & 0 & 2 \end{bmatrix},$$

对应的同解方程组为

$$\begin{cases} x_1 + x_2 + 2x_3 + 3x_4 = 1 \\ x_2 + x_3 - 4x_4 = 1, \\ 0 = 2 \end{cases}$$

显然最后一个方程出现了矛盾,所以原方程组无解.

注意 上述方程 $r(\overline{A}) \neq r(A)$,故方程组会出现矛盾方程,所以无解.

7.2.2 求非齐次线性方程组的无穷解

例 3 解线性方程组

$$\begin{cases} x_1 + 5x_2 - x_3 - x_4 = -1 \\ x_1 - 2x_2 + x_3 + 3x_4 = 3 \\ 3x_1 + 8x_2 - x_3 + x_4 = 1. \\ x_1 - 9x_2 + 3x_3 + 7x_4 = 7 \\ -2x_1 + 4x_2 - 2x_3 - 6x_4 = -6 \end{cases}$$

解 对方程组的增广矩阵作初等变换:

$$\overline{A} = \begin{pmatrix} 1 & 5 & -1 & -1 & -1 \\ 1 & -2 & 1 & 3 & 3 \\ 3 & 8 & -1 & 1 & 1 \\ 1 & -9 & 3 & 7 & 7 \\ -2 & 4 & -2 & -6 & -6 \end{pmatrix} \xrightarrow[\substack{-r_1+r_2 \\ -3r_1+r_3 \\ -r_1+r_4 \\ 2r_1+r_5}]{} \begin{pmatrix} 1 & 5 & -1 & -1 & -1 \\ 0 & -7 & 2 & 4 & 4 \\ 0 & -7 & 2 & 4 & 4 \\ 0 & -14 & 4 & 8 & 8 \\ 0 & 14 & -4 & -8 & -8 \end{pmatrix}$$

$$\xrightarrow[\substack{-r_2+r_3 \\ -2r_2+r_4 \\ 2r_2+r_5}]{} \begin{pmatrix} 1 & 5 & -1 & -1 & -1 \\ 0 & -7 & 2 & 4 & 4 \\ 0 & 0 & 0 & 0 & 0 \\ 0 & 0 & 0 & 0 & 0 \\ 0 & 0 & 0 & 0 & 0 \end{pmatrix} \xrightarrow[]{-\frac{1}{7} \times r_2} \begin{pmatrix} 1 & 5 & -1 & -1 & -1 \\ 0 & 1 & -\dfrac{2}{7} & -\dfrac{4}{7} & -\dfrac{4}{7} \\ 0 & 0 & 0 & 0 & 0 \\ 0 & 0 & 0 & 0 & 0 \\ 0 & 0 & 0 & 0 & 0 \end{pmatrix}$$

$$\xrightarrow[]{-5r_2+r_1} \begin{pmatrix} 1 & 0 & \dfrac{3}{7} & \dfrac{13}{7} & \dfrac{13}{7} \\ 0 & 1 & -\dfrac{2}{7} & -\dfrac{4}{7} & -\dfrac{4}{7} \\ 0 & 0 & 0 & 0 & 0 \\ 0 & 0 & 0 & 0 & 0 \\ 0 & 0 & 0 & 0 & 0 \end{pmatrix},$$

所以对应的同解方程组为

$$\begin{cases} x_1 = -\dfrac{3}{7}x_3 - \dfrac{13}{7}x_4 + \dfrac{13}{7} \\ x_2 = \dfrac{2}{7}x_3 + \dfrac{4}{7}x_4 - \dfrac{4}{7} \end{cases} \quad (\text{此时 } x_3 \text{ 与 } x_4 \text{ 为自由未知量}).$$

令 $x_3 = c_1, x_4 = c_2$,则方程组的全部解(又称为通解)为

$$\begin{cases} x_1 = -\dfrac{3}{7}c_1 - \dfrac{13}{7}c_2 + \dfrac{13}{7} \\[2mm] x_2 = \dfrac{2}{7}c_1 + \dfrac{4}{7}c_2 - \dfrac{4}{7} \\[2mm] x_3 = c_1 \\[2mm] x_4 = c_2 \end{cases} \qquad (\text{其中},c_1,c_2\text{为任意常数}).$$

注意 上述方程 $r(\overline{A}) = r(A) < 4$，故方程组会出现自由未知量，所以方程有无穷多解.

例 4 a 取何值时，线性方程组 $\begin{cases} x_1 + x_2 + x_3 = a \\ ax_1 + x_2 + x_3 = 1 \\ x_1 + x_2 + ax_3 = 1 \end{cases}$ 有解？并求其解.

解 对方程组的增广矩阵进行初等变换：

$$\overline{A} = \begin{bmatrix} 1 & 1 & 1 & a \\ a & 1 & 1 & 1 \\ 1 & 1 & a & 1 \end{bmatrix} \xrightarrow[\;-r_1+r_3\;]{\;-ar_1+r_2\;} \begin{bmatrix} 1 & 1 & 1 & a \\ 0 & 1-a & 1-a & 1-a^2 \\ 0 & 0 & a-1 & 1-a \end{bmatrix},$$

当 $a \neq 1$ 时，$r(A) = r(\overline{A}) = 3$，方程组有唯一解. 且解为

$$\begin{cases} x_1 = -1 \\ x_2 = a+2, \\ x_3 = -1 \end{cases}$$

当 $a = 1$ 时，$r(A) = r(\overline{A}) = 1 < 3$，方程组有无穷多解.

令 $x_2 = c_1, x_3 = c_2$，故全部解为

$$\begin{cases} x_1 = 1 - c_1 - c_2 \\ x_2 = c_1 \\ x_3 = c_2 \end{cases} \qquad (\text{其中},c_1,c_2\text{为任意常数}).$$

注意 方程组中有未知参数的情况求解方法与没有未知参数一样进行，只不过在对增广矩阵作初等行变换时带着参数而已，然后做到行阶梯形矩阵时进行分情况讨论即可.

习题 7.2

1. 求解下列非齐次线性方程组：

(1) $\begin{cases} 4x_1 + 2x_2 - x_3 = 2 \\ 3x_1 - x_2 + 2x_3 = 10; \\ 11x_1 + 3x_2 = 8 \end{cases}$

(2) $\begin{cases} 2x_1 + x_2 - x_3 + x_4 = 1 \\ 3x_1 - 2x_2 + x_3 - 3x_4 = 4 \\ x_1 + 4x_2 - 3x_3 + 5x_4 = -2 \end{cases}$;

(3) $\begin{cases} 2x_1 + x_2 - x_3 + x_4 = 1 \\ 4x_1 + 2x_2 - 2x_3 + x_4 = 2; \\ 2x_1 + x_2 - x_3 - x_4 = 1 \end{cases}$

(4) $\begin{cases} x_1 - x_2 + 2x_3 = 1 \\ 3x_1 + x_2 + 2x_3 = 3 \\ x_1 - 2x_2 + x_3 = -1 \\ 2x_1 - 2x_2 - 3x_3 = -5 \end{cases}$.

2.λ 取何值时,下列非齐次线性方程组有唯一解、无解或有无穷多解?并在有无穷多解时求出其解.

(1) $\begin{cases} \lambda x_1 + x_2 + x_3 = 1 \\ x_1 + \lambda x_2 + x_3 = \lambda \\ x_1 + x_2 + \lambda x_3 = \lambda^2 \end{cases}$; (2) $\begin{cases} -2x_1 + x_2 + x_3 = -2 \\ x_1 - 2x_2 + x_3 = \lambda \\ x_1 + x_2 - 2x_3 = \lambda^2 \end{cases}$;

(3) $\begin{cases} \lambda x_1 + x_2 + x_3 = 5 \\ 3x_1 + 2x_2 + \lambda x_3 = 18 - 5\lambda \\ x_2 + 2x_3 = 2 \end{cases}$.

7.3 齐次线性方程组

【**教学要求**】 本节要求熟练掌握用初等行变换的方法求解齐次线性方程组的方法.

7.3.1 齐次线性方程组

例 1 解线性方程组

$$\begin{cases} 2x_1 + 2x_2 + 3x_3 = 0 \\ x_1 - x_2 = 0 \\ -x_1 + 2x_2 + x_3 = 0 \end{cases}$$

解 因为

$$A = \begin{bmatrix} 2 & 2 & 3 \\ 1 & -1 & 0 \\ -1 & 2 & 1 \end{bmatrix} \xrightarrow{r_1 \leftrightarrow r_2} \begin{bmatrix} 1 & -1 & 0 \\ 2 & 2 & 3 \\ -1 & 2 & 1 \end{bmatrix} \xrightarrow[r_1+r_3]{-2r_1+r_2} \begin{bmatrix} 1 & -1 & 0 \\ 0 & 4 & 3 \\ 0 & 1 & 1 \end{bmatrix}$$

$$\xrightarrow{r_2 \leftrightarrow r_3} \begin{bmatrix} 1 & -1 & 0 \\ 0 & 1 & 1 \\ 0 & 4 & 3 \end{bmatrix} \xrightarrow{-4r_2+r_3} \begin{bmatrix} 1 & -1 & 0 \\ 0 & 1 & 1 \\ 0 & 0 & -1 \end{bmatrix},$$

显然 $r(A) = 3$,所以方程组只有零解:

$$\begin{cases} x_1 = 0 \\ x_2 = 0 \\ x_3 = 0 \end{cases}$$

注意 上述方程 $r(A) = 3$,故齐次方程组只有唯一解,又因为零解显然是方程组的解,故只有零解.

7.3.2 求齐次线性方程组的无穷解

例 2 解齐次线性方程组 $\begin{cases} x_1 - x_2 + 5x_3 - x_4 = 0 \\ x_1 + x_2 - 2x_3 + 3x_4 = 0 \\ 3x_1 - x_2 + 8x_3 + x_4 = 0 \end{cases}$.

解 因为

$$A = \begin{bmatrix} 1 & -1 & 5 & -1 \\ 1 & 1 & -2 & 3 \\ 3 & -1 & 8 & 1 \end{bmatrix} \xrightarrow[-3r_1+r_3]{-r_1+r_2} \begin{bmatrix} 1 & -1 & 5 & -1 \\ 0 & 2 & -7 & 4 \\ 0 & 2 & -7 & 4 \end{bmatrix}$$

$$\xrightarrow{-r_2+r_3} \begin{bmatrix} 1 & -1 & 5 & -1 \\ 0 & 2 & -7 & 4 \\ 0 & 0 & 0 & 0 \end{bmatrix},$$

显然，$r(A) = 2 < 4$，所以方程组有无穷多解.

又，
$$A \xrightarrow{\frac{1}{2} \times r_2} \begin{bmatrix} 1 & -1 & 5 & -1 \\ 0 & 1 & -\frac{7}{2} & 2 \\ 0 & 0 & 0 & 0 \end{bmatrix} \xrightarrow{r_2+r_1} \begin{bmatrix} 1 & 0 & \frac{3}{2} & 1 \\ 0 & 1 & -\frac{7}{2} & 2 \\ 0 & 0 & 0 & 0 \end{bmatrix},$$

对应的同解方程组为

$$\begin{cases} x_1 + \dfrac{3}{2}x_3 + x_4 = 0 \\ x_2 - \dfrac{7}{2}x_3 + 2x_4 = 0 \end{cases}.$$

令 $x_3 = c_1$，$x_4 = c_2$，所以齐次方程组的全部解为

$$\begin{cases} x_1 = -\dfrac{3}{2}c_1 - c_2 \\ x_2 = \dfrac{7}{2}c_1 - 2c_2 \\ x_3 = c_1 \\ x_4 = c_2 \end{cases} \qquad (\text{其中}, c_1, c_2 \text{ 为任意常数}).$$

注意 上述方程 $r(A) = 2 < 4$，故齐次方程组有自由未知量，方程组有无穷多解.

 习题 7.3

1. 求解下列齐次线性方程组：

(1) $\begin{cases} x_1 + x_2 - x_3 + 2x_4 + x_5 = 0 \\ x_3 + 3x_4 - x_5 = 0 \\ 2x_3 + x_4 - 2x_5 = 0 \end{cases}$；
  (2) $\begin{cases} x_1 + 2x_2 - 3x_3 = 0 \\ 2x_1 + 5x_2 + 2x_3 = 0 \\ 3x_1 - x_2 - 4x_3 = 0 \end{cases}$；

(3) $\begin{cases} x_1 - 3x_2 + x_3 - 2x_4 = 0 \\ -5x_1 + x_2 - 2x_3 + 3x_4 = 0 \\ -x_1 - 11x_2 + 2x_3 - 5x_4 = 0 \\ 3x_1 + 5x_2 + x_4 = 0 \end{cases}$；
  (4) $\begin{cases} 2x_1 + 3x_2 - x_3 + 5x_4 = 0 \\ 3x_1 + x_2 + 2x_3 - 7x_4 = 0 \\ 4x_1 + x_2 - 3x_3 + 6x_4 = 0 \\ x_1 - 2x_2 + 4x_3 - 7x_4 = 0 \end{cases}$.

2. 给定齐次线性方程组 $\begin{cases} kx + y + z = 0 \\ x + ky - z = 0 \\ 2x - y + z = 0 \end{cases}$，$k$ 取什么值时，方程组有非零解？k 取什么值时，方程组仅有零解？

综合练习题七

1. 填空题

(1) 非齐次线性方程组 $AX=B$ 有唯一解、无解与无穷多种解的充分必要条件分别是＿＿＿＿＿＿＿＿＿＿＿＿＿＿＿＿＿＿＿＿＿＿＿＿.

(2) 齐次线性方程组 $AX=0$ 有唯一零解与非零解的充分必要条件分别是＿＿＿＿＿＿＿＿＿＿＿＿＿＿＿＿＿＿＿＿＿.

(3) 若齐次线性方程组 $A_{4\times3}X_{3\times1}=0$ 有非零解 $X=c_1\xi_1+c_2\xi_2$，其中，c_1,c_2 为任意常数. 则 $r(A)=$ ＿＿＿＿＿.

(4) 设线性方程组 $A_{3\times4}X_{4\times1}=O$，如果 $r(A)=2$，则自由变量有＿＿＿＿个.

(5) 当 $\lambda=$ ＿＿＿＿ 时，齐次线性方程组 $\begin{cases}x_1+x_2=0\\\lambda x_1+x_2=0\end{cases}$ 有非零解.

2. 单项选择题

(1) 若 A 是（　　），则 A 必为方阵.

A. 零矩阵　　　　　　　　　　　　B. 转置矩阵

C. 可逆矩阵　　　　　　　　　　　D. 线性方程组的系数

(2) 若 $x_0=\begin{pmatrix}1\\0\end{pmatrix}$ 为线性方程组 $AX=b$ 的解，其中，$A=\begin{pmatrix}1&0\\-2&1\end{pmatrix}$，则 $b=$（　　）.

A. $\begin{pmatrix}1\\0\end{pmatrix}$　　　　B. $\begin{pmatrix}1\\-2\end{pmatrix}$　　　　C. $\begin{pmatrix}0\\1\end{pmatrix}$　　　　D. $\begin{pmatrix}1\\2\end{pmatrix}$

(3) 齐次方程组 $AX=0$ 有非零解，则其系数矩阵的秩 $r(A)$（　　）未知量的个数 n.

A. $<$　　　　　　B. $=$　　　　　　C. $>$　　　　　　D. 不等于

(4) 若线性方程组的增广矩阵为 $\overline{A}=\begin{pmatrix}1&a&2\\2&2&4\end{pmatrix}$，则当 $a=$（　　）时，线性方程组有无穷多解.

A. 0　　　　　　B. 1　　　　　　C. $\dfrac{1}{2}$　　　　　　D. 3

(5) 线性方程组的增广矩阵为 $\overline{A}=\begin{pmatrix}1&\lambda&2\\2&1&4\end{pmatrix}$，则当 $\lambda=$（　　）时线性方程组有无穷多解.

A. 1　　　　　　B. 4　　　　　　C. 2　　　　　　D. $\dfrac{1}{2}$

(6) 设线性方程组 $AX=b$ 的增广矩阵通过初等行变换为 $\begin{bmatrix}1&3&1&2&6\\0&-1&3&1&4\\0&0&0&2&-1\\0&0&0&0&0\end{bmatrix}$，则此线性方程组的通解中自由未知量的个数为（　　）.

A. 1　　　　　　B. 2　　　　　　C. 3　　　　　　D. 4

(7) 设线性方程组 $A_{n \times m} X = b$,则方程组有无穷多解的必要条件是(　　).

A. $r(A) < m$　　　　B. $r(A) < n$;　　　　C. $r(A) \leqslant n$,　　　　D. $r(A) \leqslant m$

(8) 设线性方程组 $\begin{cases} x_1 + x_2 = a_1 \\ x_2 + x_3 = a_2 \\ x_1 + 2x_2 + x_3 = a_3 \end{cases}$,则方程组有解的充分必要条件为(　　).

A. $a_1 + a_2 + a_3 = 0$　　　　　　　　　B. $a_1 - a_2 + a_3 = 0$

C. $a_1 + a_2 - a_3 = 0$　　　　　　　　　D. $-a_1 + a_2 + a_3 = 0$

3. 求非齐次线性方程组的全部解 $\begin{cases} 2x_1 + 5x_2 + x_3 + 15x_4 = 7 \\ x_1 + 2x_2 - x_3 + 4x_4 = 2 \\ x_1 + 3x_2 + 2x_3 + 11x_4 = 5 \end{cases}$.

4. 非齐次线性方程组 $\begin{cases} x_1 - 2x_2 - x_3 = 1 \\ 3x_1 - x_2 - 3x_3 = -2 \\ 2x_1 + x_2 + ax_3 = b \end{cases}$,讨论,当 a, b 为何值时,线性方程组(1) 无

解;(2) 有唯一解;(3) 有无穷多解,在有无穷多解时写出其通解.

5. 求齐次线性方程组 $\begin{cases} x_1 - x_2 + 5x_3 - x_4 = 0 \\ x_1 + 3x_2 - 9x_3 + 7x_4 = 0 \\ 2x_1 - 2x_2 + 10x_3 - 2x_4 = 0 \\ 3x_1 - x_2 + 8x_3 + x_4 = 0 \end{cases}$ 的非零解.

6. 当 λ 为何值时齐次线性方程组 $\begin{cases} \lambda x_1 + x_2 - x_3 = 0 \\ x_1 + \lambda x_2 - x_3 = 0 \\ x_1 - x_2 + x_3 = 0 \end{cases}$ 有非零解.

第8章 概率论

【导学】 概率论与数理统计是研究现实世界中随机现象规律性的科学. 本章将学习概率论中最基本的概念随机事件及概率、随机变量及分布和数字特征.

8.1 随机事件及概率

【教学要求】 本节要求了解随机试验、随机事件和样本空间的概念,理解概率的定义与性质,掌握古典概型问题的求解,掌握事件之间的关系、基本运算、概率的加法公式、乘法公式以及事件的独立性.

对客观世界中随机现象的分析产生了概率论. 在社会科学领域,特别是经济学中研究最优决策和经济的稳定增长等问题,都大量采用概率统计方法. 目前,概率统计理论进入其他自然科学领域的趋势还在不断发展. 正如法国数学家拉普拉斯所说:"生活中最重要的问题,其中绝大多数在实质上只是概率的问题".

8.1.1 随机现象

在自然界及人类社会活动中所发生的现象多种多样,若从结果能否准确预知的角度来划分,可以分成两大类. 一类现象是可以预言其结果的,例如:在标准大气压下,水在 100 ℃一定沸腾;每天太阳一定从东方升起;向空中抛一石块一定落地等. 像这种在一定条件下一定会发生的现象,称之为**确定性现象**. 而在自然界和人类社会中遇到更多的却往往是另一类现象:在相同条件下,重复地进行同一试验,或多次观测同一现象,所得的结果并不完全一样,并且在每次试验或观测前并不能事先确切地预言其结果. 例如:(1) 在相同条件下抛掷同一枚硬币,其结果可能是正面向上,也可能是反面向上,并且事先无法肯定抛掷的结果是什么;(2) 用同一门炮在同样的射击条件下(初始速度、发射角、弹道系数都相同)向同一目标多次射击,各次的弹着点并不都落在同一点上,而且每次射击前都无法预测弹着点的确切位置. 像这种在一定条件下,可能发生也可能不发生的现象,称之为**不确定性现象**,又称**随机现象**.

人们经过长期实践并深入研究之后,发现这类现象虽然就每次试验或观测结果而言,具有不确定性,但在大量重复试验或观测下其结果却呈现出某种规律性. 例如,多次重复投掷一枚硬币,得到正面向上的次数大致占总投掷次数的 1/2;同一门炮在相同条件下向同一目标多次射击,弹着点散布在一定的范围内按照一定规律分布等. 把这种在大量重复试验或观测下,其结果所呈现出的固有规律性,称为**统计规律性**.而把这种在个别试验中呈现出不确定性,在大量重复试验中具有统计规律性的现象,称为**随机现象**.概率论实际上就是研究随机现象统计学规律的一门数学学科.

8.1.2 随机试验与样本空间

为了研究随机现象所作的实验,称之为随机试验.

定义 1 在相同条件下,重复进行的试验,虽然每一次的结果不能完全预知,但其全部可能的结果是已知的,称这种试验为**随机试验**.将随机试验的全部可能结果构成的集合称为**样本空间**,用 Ω 表示.随机试验的每一个可能的结果称为一个**样本点**,因而一个随机试验的所有样本点也是明确的,用 ω 表示.即 $\Omega = \{\omega_i\}$ $(i = 1, 2, \cdots)$.

随机试验与样本空间是"概率论"中最基本的研究对象.

例 1 将一枚硬币连抛两次,观察其正面与反面出现的情况.

其样本空间由 4 个样本点组成:
$$\Omega = \{(\text{正},\text{正}),(\text{正},\text{反}),(\text{反},\text{正}),(\text{反},\text{反})\}.$$

其中,样本点 $\omega = (\text{正},\text{反})$ 表示第一枚硬币抛出正面,而第二枚硬币抛出反面.

例 2 将一枚硬币连抛三次,观察其正面与反面出现的情况.

其样本空间由 8 个样本点组成:
$$\Omega = \begin{cases} (\text{正},\text{正},\text{正}),(\text{正},\text{正},\text{反}),(\text{正},\text{反},\text{正}),(\text{正},\text{反},\text{反}), \\ (\text{反},\text{正},\text{正}),(\text{反},\text{正},\text{反}),(\text{反},\text{反},\text{正}),(\text{反},\text{反},\text{反}) \end{cases}.$$

例 3 观察某电话交换台在一天内收到的呼叫次数,其样本点有可数多个: i 次, $i = 1, 2, \cdots, n$.
$$\Omega = \{0 \text{次}, 1 \text{次}, 2 \text{次}, \cdots, n \text{次}\}.$$

显而易见,随机试验具有如下几个特征.

(1) 可重复性:可在相同条件下重复进行试验.

(2) 可观察性:试验结果是可观察的,并且所有可能的结果是明确的.

(3) 随机性:每一次试验之前无法确切知道哪一个结果会出现.

8.1.3 随机事件及事件间关系

1. 随机事件

在随机试验中,时常会关心试验的某一可能结果是否出现.如在前面例 3 中,若以每小时是否达到 5 次电话呼唤来区分这台电话机是否太繁忙,那么"不太繁忙"即不足 5 次的呼唤.它由样本空间中前 5 个样本点 0,1,2,3,4 组成.由于它是由其中的一部分样本点组成的子集合,故在未来的一次试验中可能发生也可能不发生,称这种由部分样本点组成的试验结果为**随机事件**,简称**事件**.

定义 2 在一次试验中可能发生也可能不发生的事件,称为**随机事件**,简称**事件**.

事件一般用大写字母 $A, B, C, \cdots$ 表示.事件可以表示为样本空间的子集.

例如,在掷骰子试验中,观察出现的点数:样本空间 $\Omega = \{1, 2, 3, 4, 5, 6\}$,而事件 $A = \{$掷出奇数点}，即 $A=\{1,3,5\}$，可见 $A\subset\Omega$. 要想判断一个事件是否发生，实际是以该事件中样本点是否出现为判断依据的.

在一个随机试验中，一般有很多随机事件，为了通过对简单事件的研究来掌握复杂事件，需要研究事件之间的关系和事件之间的一些运算.

2. 事件间的关系

由于事件 A 是一个集合，所以随机事件之间的关系和运算实际上就是集合之间的关系和运算. 下面给出这些关系与运算在概率论中的含义.

（1）包含关系

设 A,B 为两个事件，若"A 发生必然导致 B 发生"，则称事件 B 包含事件 A，或称事件 A 包含于事件 B，记做 $A\subset B$ 或 $B\supset A$. 如图 8-1 所示.

显然有：$\varnothing\subset A\subset B$.

（2）相等关系

设 A,B 为两个事件，若事件 A 包含于事件 B，且事件 B 包含于事件 A，即 $A\subset B$ 和 $B\subset A$ 同时成立，则称事件 B 与事件 A **相等**，记做 $A=B$.

（3）事件的和（并）

"事件 A 与事件 B 中至少有一个发生"的事件，称为事件 A 和事件 B 的**和**或**并**，记做 $A\cup B$ 或 $A+B$. 如图 8-2 所示.

图 8-1
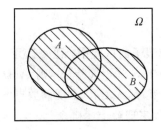
图 8-2

$A\cup B$ 发生意味着事件 A 发生，或事件 B 发生，或 A,B 都发生.

显然有：① $A\subset A\cup B$，$B\subset A\cup B$；② 若 $A\subset B$，$A\cup B=B$.

（4）事件的积（交）

"事件 A 与事件 B 同时发生"的事件，称为事件 A 与事件 B 的**积**或**交**，记做 $A\cap B$ 或 AB. 如图 8-3 所示.

事件 AB 发生意味着事件 A 发生且事件 B 也发生，也就是说 A,B 同时发生.

显然有：①$AB\subset A$，$AB\subset B$；②若 $A\subset B$，则 $AB=A$.

（5）事件的差

"事件 A 发生而 B 不发生"构成的事件，称为事件 A 与事件 B 的**差**，记做 $A-B$. 如图 8-4 所示.

图 8-3   图 8-4

显然有：$A-B \subset A$.

（6）互斥事件（互不相容事件）

若"事件 A 与事件 B 不能同时发生"，即 $AB=\varnothing$，则称事件 A 与事件 B 是互不相容的两个事件，简称 A 与 B **互不相容**（或**互斥**）.如图 8-5 所示.

（7）对立事件（逆事件）

"事件 A 不发生"称为事件 A 的**对立事件**或**逆事件**，记做 $\overline{A}$.如图 8-6 所示.

图 8-5   图 8-6

例如：在掷骰子的试验中，记 A 表示"出现奇数点"，B 表示"出现的点数不小于 3"，即 $A=\{1,3,5\}$，$B=\{3,4,5,6\}$，$C=\{2\}$，则：$A \bigcup B=\{1,3,4,5,6\}$，$A \bigcap B=AB=\{3,5\}$，$A-B=\{1\}$，事件 A 与事件 C 互斥，$\overline{A}$ 表示"出现偶数点".

为了帮助大家理解上述概念，表 8-1 给出集合论与概率论中相关概念的对应情况.

表 8-1

符　号	集合论	概率论
Ω	全集	样本空间；必然事件
$\varnothing$	空集	不可能事件
$\omega \in \Omega$	Ω 中的点（或称元素）	样本点
$\{\omega\}$	单点集	基本事件
$A \subset \Omega$	Ω 的子集 A	事件 A
$A \subset B$	集合 A 包含在集合 B 中	事件 A 包含于事件 B 中
$A=B$	集合 A 与集合 B 相等	事件 A 与事件 B 相等
$A \bigcup B$	集合 A 与集合 B 的并	事件 A 与 B 至少有一个发生
$A \bigcap B$	集合 A 与集合 B 的交	事件 A 与事件 B 同时发生
$\overline{A}$	集合 A 的余集	事件 A 的对立事件
$A-B$	集合 A 与集合 B 的差	事件 A 发生而 B 不发生
$A \bigcap B=\varnothing$	集合 A 与 B 没有公共元素	事件 A 与 B 互不相容（互斥）

3．随机事件的运算规律

(1) 交换律：$A \cup B = B \cup A$，$A \cap B = B \cap A$．

(2) 结合律：$(A \cup B) \cup C = A \cup (B \cup C)$．

$\qquad\qquad\;\, (A \cap B) \cap C = A \cap (B \cap C)$．

(3) 分配律：$A \cup (B \cap C) = (A \cup B) \cap (A \cup C)$．

$\qquad\qquad\;\, A \cap (B \cup C) = (A \cap B) \cup (A \cap C)$．

(4) 自反律：$\overline{\overline{A}} = A$．

(5) 对偶律：$\overline{A \cup B} = \overline{A} \cap \overline{B}$，$\overline{A \cap B} = \overline{A} \cup \overline{B}$．（德摩根公式）

例 4　甲、乙两人对同一目标射击一次，若用 A 表示"甲击中目标"，用 B 表示"乙击中目标"，现给出事件 $A+B$，AB，$\overline{A}B$，$\overline{A}\,\overline{B}$，$\overline{A}+\overline{B}$．

(1) 说出上述各事件的意义；(2) 说出哪两个事件是对立事件．

解　(1) $A+B$ 表示"甲、乙二人至少有一人击中目标"，即甲击中目标，或乙击中目标，或甲、乙都击中目标；

AB 表示"甲、乙二人都击中目标"；

$\overline{A}B$ 表示"甲没有击中目标，乙击中目标"；

$\overline{A}\,\overline{B}$ 表示"甲、乙二人都没有击中目标"；

$\overline{A}+\overline{B}$ 表示"甲、乙二人至少有一人没有击中目标"，即甲没有击中目标，或乙没有击中目标，或甲、乙都没有击中目标．

(2) 因为 $\overline{A+B} = \overline{A}\,\overline{B}$，而 $\overline{A+B}$ 与 $A+B$ 是对立事件，故 $A+B$ 与 $\overline{A}\,\overline{B}$ 是对立事件．

又因为 $\overline{AB} = \overline{A}+\overline{B}$，而 $\overline{AB}$ 与 AB 是对立事件，故 AB 与 $\overline{A}+\overline{B}$ 是对立事件．

8.1.4　随机事件的概率

1．随机事件的频率与概率

在一次试验中，随机事件可能发生也可能不发生，具有偶然性和不确定性．但是，人们从实践中认识到，在相同的条件下，进行大量的重复试验中，试验的结果具有某种内在的规律性，即随机事件发生的可能性大小是可以比较的，是能够用一个数字进行度量的．例如：在投掷一枚均匀的骰子试验中，事件 A 表示"掷出偶数点"，B 表示"掷出 2 点"，显然事件 A 比事件 B 发生的可能性要大．在随机试验中，事件是否发生固然重要，但人们更关心的是它发生的可能性大小．因为知道这个数的大小，对现实生活具有重大的意义．

例如：

(1) 保险公司需要预先知道发生意外人身事故的可能性大小，确定保险金额；

(2) 交通管理部门需要预先知道某路段发生交通事故的可能性大小，合理配置管理人员．

为了能对事件发生的可能性大小进行定量描述，下面先介绍事件发生的频率的概念．

定义 3　设事件 A 在 n 次重复进行的试验中发生了 m 次，则称 $\dfrac{m}{n}$ 为事件 A 发生的**频率**．m 称为事件 A 发生的**频数**．显然，任何随机事件的频率都是介于 0 与 1 之间的一个数．

请看下面的"抛硬币随机实验"（表 8-2 列出 Buffon 等人连续抛掷均匀硬币所得的结果）．

表 8-2 抛硬币试验

试验者	抛硬币次数	出现正面次数	出现正面频率
Buffon(蒲丰)	4 040	2 048	0.506 9
De Morgan(德摩尔根)	4 092	2 048	0.500 5
Pearson(皮尔逊)	12 000	6 019	0.501 6
Pearson(皮尔逊)	24 000	12 012	0.500 5
维尼	30 000	14 994	0.499 8

从表 8-2 中的数据可以看到,当抛掷次数很大时,正面出现的频率非常接近 0.5,也就是说,出现正面与出现反面的机会差不多各占一半.

上面的试验结果表明,在相同条件下大量地重复某一随机试验时,各种可能结果出现的频率稳定在某个确定的数值附近,称这种性质为频率的稳定性.而这个确定的数值常用来刻画随机事件发生的可能性大小,称为事件 A 的概率.

定义 4 在一个随机试验中,如果随着试验次数的增大,事件 A 出现的频率 $\frac{m}{n}$ 在某个常数 p 附近摆动,那么定义事件 A 的**概率**为 p,记做 $P(A) = p$.

概率的这种定义,称为概率的统计定义.概率的统计定义实际上给出了一个近似计算随机事件概率的方法:当试验重复多次时,随机事件 A 的频率 $\frac{m}{n}$ 可以作为随机事件 A 的概率 $P(A)$ 的近似值.

由概率的定义可以推出概率的一些重要性质.

性质 1(非负性) 对任意事件 A,$P(A) \geqslant 0$.

性质 2(规范性) 不可能事件的概率是 0,必然事件的概率是 1,即 $P(\varnothing) = 0$,$P(\Omega) = 1$.任意事件 A 发生的概率介于 0 与 1 之间,即 $0 \leqslant P(A) \leqslant 1$.

性质 3(有限可加性) 若 $A_1, A_2, \cdots, A_n$ 是两两互不相容的事件,则有
$$P(A_1 \bigcup A_2 \bigcup \cdots \bigcup A_n) = P(A_1) + P(A_2) + \cdots + P(A_n).$$

2. 古典概型

下面研究一类最常见、最重要的随机试验模型.

观察"投掷硬币"、"掷骰子"等试验,发现它们具有以下共同特点.

(1)基本事件的总个数是有限的(**有限性**).(2)每个基本事件发生的可能性是相同的(**等可能性**).(3)在任一次试验中,只能出现一个结果,也就是基本事件之间是两两互斥的(**结果的互斥性**).满足上述条件的试验模型称为**古典概型**.古典概型也叫做**等可能概型**.

生活中古典概型的例子很多,如袋中摸球、产品质量检查等试验都属于古典概型.

定义 5 如果古典概型中的所有基本事件的个数是 n,事件 A 包含的基本事件的个数是 m,则事件 A 的概率为
$$P(A) = \frac{m}{n} = \frac{\text{事件 } A \text{ 包含的基本事件的个数}}{\text{所有基本事件的个数}}.$$

例 5 某号码锁有 6 个拨盘,每个拨盘上有从 0 到 9 共 10 个数字,当 6 个拨盘上的数字组成某一个六位数字号码(开锁号码)时,锁才能打开.如果不知道开锁号码,试开一次就把

锁打开的概率是多少?

解 号码锁的每个拨盘上的数字从 10 个数字中选取.6 个拨盘上的各一个数字排在一起,就是一个六位数字号码.根据乘法原理,这种号码共有 $n = 10^6$ 个,而 $m = 1$.试开一次就把锁打开的概率 $p = \dfrac{1}{1\,000\,000}$.

例 6 设盒中有 8 个球,其中红球 3 个,白球 5 个.

(1) 若从中随机取出一球,用 A 表示{取出的是红球},B 表示{取出的是白球},求:$P(A)$,$P(B)$.

(2) 若从中随机取出两球,设 C 表示{两个都是白球},D 表示{一红球一白球},求:$P(C)$,$P(D)$.

(3) 若从中随机取出 5 球,设 E 表示{取到的 5 个球中恰有 2 个白球},求:$P(E)$.

解 (1) 从 8 个球中随机取出 1 个球,取出方式有 C_8^1 种,即基本事件的总数为 C_8^1.事件 A 包含的基本事件的个数为 C_3^1,事件 B 包含的基本事件的个数为 C_5^1.故

$$P(A) = \frac{m}{n} = \frac{C_3^1}{C_8^1} = \frac{3}{8}, \qquad P(B) = \frac{m}{n} = \frac{C_5^1}{C_8^1} = \frac{5}{8}.$$

(2) 从 8 个球中随机取出 2 球,基本事件的总数为 C_8^2,事件 C 包含的基本事件的个数为 C_5^2,故

$$P(C) = \frac{C_5^2}{C_8^2} = \frac{5 \times 4}{8 \times 7} = \frac{5}{14} \approx 0.357.$$

事件 D 包含的基本事件的个数为 $C_3^1 C_5^1$,故

$$P(D) = \frac{C_3^1 C_5^1}{C_8^2} = \frac{3 \times 5 \times 2 \times 1}{8 \times 7} \approx 0.536.$$

(3) 从 8 个球中任取 5 个球,基本事件的总数为 C_8^5,事件 E 包含的基本事件的个数为 $C_3^3 C_5^2$,故

$$P(E) = \frac{C_3^3 C_5^2}{C_8^5} = \frac{5 \times 4 \times 3 \times 2 \times 1}{8 \times 7 \times 6 \times 5 \times 4} \approx 0.179.$$

8.1.5 概率的运算法则

概率的运算法则中最重要的是加法公式和乘法公式.

1. 加法公式

定理 1(加法公式) 对任意两个事件 A,B 有
$$P(A \cup B) = P(A) + P(B) - P(AB).$$

例 7 某设备由甲、乙两个部件组成,当超载负荷时,各自出故障的概率分别为 0.90 和 0.85,同时出故障的概率是 0.80,求超载负荷时至少有一个部件出故障的概率.

解 设 A 表示{甲部件出故障},B 表示{乙部件出故障},则
$$P(A) = 0.9, \quad P(B) = 0.85, \quad P(AB) = 0.8.$$
于是
$$P(A \cup B) = P(A) + P(B) - P(AB) = 0.9 + 0.85 - 0.8 = 0.95.$$
即超载负荷时至少有一个部件出故障的概率是 0.95.

定理 1 的结论也可以推广到任意三个随机事件相加的情形.

推论 1（任意三个随机事件的加法公式）
$$P(A \cup B \cup C) = P(A) + P(B) + P(C) - P(AB) - P(BC) - P(AC) + P(ABC).$$
下面给出加法公式的两种特殊情况.

推论 2（互斥事件概率的加法公式）
若事件 A 与 B 是两个互斥事件，即 $AB = \varnothing$. 则
$$P(A \cup B) = P(A) + P(B).$$
即互斥事件之和的概率等于事件的概率之和.

推论 3（对立事件的概率公式）
设 A 为任一随机事件，则
$$P(\overline{A}) = 1 - P(A).$$

例 8 某地有甲、乙、丙三种报纸，该地成人中有 20% 订甲报，16% 订乙报，14% 订丙报，又兼订甲、乙两种报纸的有 8%，兼订甲、丙两种报纸的有 5%，兼订乙、丙两种报纸的有 4%，三种报纸都订的有 2%，问该地成人中有百分之几的人至少订一种报纸.

解 设 A 表示"成人订甲报"，B 表示"成人订乙报"，C 表示"成人订丙报". 依题意有：
$P(A) = 0.2, P(B) = 0.16, P(C) = 0.14, P(AB) = 0.08, P(AC) = 0.05, P(BC) = 0.04,$
$P(ABC) = 0.02$. 由概率的加法公式，有
$$\begin{aligned} P(A \cup B \cup C) &= P(A) + P(B) + P(C) - P(AB) - P(BC) - P(AC) + P(ABC) \\ &= 0.20 + 0.16 + 0.14 - 0.08 - 0.05 - 0.04 + 0.02 \\ &= 0.35 = 35\%. \end{aligned}$$

例 9 设有彩卷 20 张，其中一等奖 3 张，二等奖 5 张. 先从中任收取两张，求下列事件的概率：(1) 两张都是一等奖或二等奖；(2) 两张中至少有一张是中奖彩卷.

解 基本事件总数 $n = C_{20}^2 = 190$.

(1) 设 A 表示"两张彩卷都是一等奖"，B 表示"两张彩卷都是二等奖".

事件 A 中包含的基本事件总数 $m_A = C_3^2 = 3$，事件 B 中包含的基本事件总数 $m_B = C_5^2 = 10$. 因事件 A 与事件 B 互斥，则
$$P(A + B) = P(A) + P(B) = \frac{3}{190} + \frac{10}{190} = \frac{13}{190}.$$

(2) 设 C 表示"两张中至少有一张是中奖彩卷"，C 的对立事件 $\overline{C}$ 是"两张均不是中奖彩卷"，$\overline{C}$ 中包含的基本事件总数 $m_{\overline{C}} = C_{12}^2 = 66$. 由对立事件的概率公式有
$$P(C) = 1 - P(\overline{C}) = 1 - \frac{66}{190} = \frac{62}{95}.$$

2. 条件概率

设 A, B 为任意两个事件，假设事件 B 已发生，前面已经研究了 $P(B)$，而在实际问题中往往需要去研究此时 A 发生的概率. 为区别起见，把这种情况下的概率记为 $P(A|B)$，称为事件 B 已经发生条件下事件 A 发生的条件概率.

定义 6 设 $A、B$ 是随机试验的两个事件，在事件 B 发生的条件下，事件 A 发生的概率称为**条件概率**，记做 $P(A|B)$.

下面考察条件概率的计算问题.

将一枚硬币抛掷两次,观察其出现正反面的情况.

样本空间

$$\Omega=\{(T,T),(T,H),(H,T),(H,H)\}.$$

A:"至少有一次为 H",A 的样本空间为 $\Omega_A=\{(T,H),(H,T),(H,H)\}$,则 $P(A)=\dfrac{3}{4}$.

B:"两次掷出同一面",B 的样本空间为 $\Omega_B=\{(T,T),(H,H)\}$,则 $P(B)=\dfrac{1}{2}$.

在事件 A 发生的条件下,考察事件 B 发生的概率,可知:(T,T)不可能出现,事件 A 的样本空间 Ω_A 中只有$(H,H)\in\Omega_B$,所以 $P(B|A)=\dfrac{1}{3}$. 可以直接在样本空间 Ω 的子集 Ω_A(事件 A 的样本空间)中直接计算事件 B 发生的概率 $P(B|A)$.

另外,可发现:$\Omega_{AB}=\{(H,H)\}$,$P(AB)=\dfrac{1}{4}$,而 $P(B|A)=\dfrac{1}{3}=\dfrac{1/4}{3/4}=\dfrac{P(AB)}{P(A)}$.

条件概率的计算公式为

$$P(B/A)=\frac{P(AB)}{P(A)}. \tag{1}$$

同理可定义事件 B 发生的条件下事件 A 发生的条件概率 $P(A|B)$.

条件概率的计算公式为

$$P(A/B)=\frac{P(AB)}{P(B)}. \tag{2}$$

例 10　某种元件用满 6 000 小时未坏的概率是 $\dfrac{3}{4}$,用满 10 000 小时未坏的概率是 $\dfrac{1}{2}$. 现有一个此种元件,已经用过 6 000 小时未坏,问它能用到 10 000 小时的概率.

解　设 A 表示{用满 10 000 小时未坏},B 表示{用满 6 000 小时未坏},则

$$P(B)=\frac{3}{4},P(A)=\frac{1}{2}.$$

由于 $A\subset B$,$AB=A$,因而 $P(AB)=P(A)=\dfrac{1}{2}$.

由条件概率计算公式(2)可得

$$P(A/B)=\frac{P(AB)}{P(B)}=\frac{P(A)}{P(B)}=\frac{2}{3}.$$

3. 乘法公式

设 A,B 是两个随机事件,且 $P(B)>0$,则有

$$P(AB)=P(B)P(A|B).$$

将 A、B 的位置对换,则得到乘法公式的另一种形式:

$$P(AB)=P(A)P(B|A) \qquad (P(A)>0).$$

例 11　盒子中装有 10 只电子元件,其中 6 只正品,从其中不放回地任取两次,每次取一只,问两次都取到正品的概率是多少?

解　设 A 为{第一次取到正品},B 为{第二次取到正品},则

$$P(A)=\frac{6}{10}=\frac{3}{5}, \qquad P(B|A)=\frac{5}{9}.$$

两次都取到正品的概率是

$$P(AB) = P(A)P(B|A) = \frac{3}{5} \times \frac{5}{9} = \frac{1}{3}.$$

8.1.6 事件的独立性

1. 事件的独立性

如果事件 A 的发生与否不影响事件 B 的发生,则称事件 A 与事件 B 相互独立.

定义 7 如果两个事件 A,B 中任一事件的发生不影响另一事件发生的概率,即 $P(A|B) = P(A)$ 或 $P(B|A) = P(B)$,则称事件 A 与事件 B 是**相互独立**的.

2. 独立事件的性质

(1) 两个事件 A,B 相互独立的充分必要条件是 $P(AB) = P(A)P(B)$.

(2)(四对事件同时相互独立)

若事件 A,B 相互独立,则事件 $\overline{A}$ 与 $\overline{B}$、A 与 $\overline{B}$、$\overline{A}$ 与 B 也相互独立.

(3) 独立事件的加法:
$$P(A \cup B) = P(A) + P(B) - P(A)P(B)$$
或
$$P(A \cup B) = 1 - P(\overline{A})P(\overline{B}).$$

例 12 一个自动报警器由雷达和计算机两部分组成,两部分有任何一个失灵,这个报警器就失灵.若使用 100 小时后,雷达失灵的概率为 0.1,计算机失灵的概率为 0.3,且两部分失灵与否是独立的,求这个报警器使用 100 小时而不失灵的概率.

解 记事件 A 为"报警器使用 100 小时雷达失灵",事件 B 为"报警器使用 100 小时计算机失灵",依题意有
$$P(A) = 0.1, \quad P(B) = 0.3,$$
则
$$P(\overline{A}\,\overline{B}) = P(\overline{A})P(\overline{B}) = (1 - 0.1)(1 - 0.3) = 0.63.$$

例 13 甲、乙两人考大学,甲考上大学的概率是 0.7,乙考上大学的概率是 0.8.问:(1) 甲、乙两人都考上大学的概率是多少?(2) 甲、乙两人至少一人考上大学的概率是多少?

解 设 A 表示{甲考上大学},B 表示{乙考上大学},则 $P(A) = 0.7$,$P(B) = 0.8$.

(1) 甲、乙两人考上大学的事件是相互独立的,故甲、乙两人同时考上大学的概率是
$$P(AB) = P(A)P(B) = 0.7 \times 0.8 = 0.56.$$

(2) 甲、乙两人至少一人考上大学的概率是
$$P(A \cup B) = P(A) + P(B) - P(AB) = 0.7 + 0.8 - 0.56 = 0.94$$
或
$$P(A \cup B) = 1 - P(\overline{A})P(\overline{B}) = 1 - 0.3 \times 0.2 = 1 - 0.06 = 0.94.$$

3. 多个事件的独立性

若 n 个事件 $A_1, A_2, \cdots, A_n$ 中的任何一个事件发生的概率,都不受其他一个或几个事件是否发生的影响,则称这 n 个事件是**相互独立**的.

若 n 个事件相互独立,概率的乘法公式和概率的加法公式为:
$$P(A_1 A_2 \cdots A_n) = P(A_1)P(A_2) \cdots P(A_n).$$
$$P(A_1 + A_2 + \cdots + A_n) = 1 - P(\overline{A_1})P(\overline{A_2}) \cdots P(\overline{A_n}).$$

例 14 某商场有 100 个柜台,每个柜台受到消费者投诉的概率为 0.4%,求该商场受到消费者投诉的概率.

解 设 $A_i(i=1,2,\cdots,100)$ 表示"第 i 个柜台受到消费者投诉",则

$$P(A_i)=0.004 \quad (i=1,2,\cdots,100),$$

$$P(A_1+A_2+\cdots+A_{100})=1-P(\overline{A_1})P(\overline{A_2})\cdots P(\overline{A_{100}})$$

$$=1-(1-0.004)^{100}=1-0.996^{100}$$

$$\approx 0.3302=33.02\%$$

说明 不能忽视小概率事件,在一次试验中,小概率事件尽管不大可能发生,但在大量的试验中发生的可能性就比较大了.

 习题 8.1

1. 写出下列随机试验的样本空间 Ω.

(1) 口袋中有 3 个红球、2 个白球,现从中任取两球,观察其颜色.

(2) 将一枚硬币连续抛掷两次,设 H 表示"出现正面",T 表示"出现反面",观察正、反面出现的情况.

2. 设某试验的样本空间 $\Omega=\{1,2,3,4,5,6,7,8,9\}$,事件 $A=\{2,4,7\}$,事件 $B=\{1,4,7,8\}$,事件 $C=\{1,5,6,7\}$,试用相应的样本点表示下列事件:

(1) AB;(2) $A\overline{B}$;(3) $\overline{BC}$;(4) $A\cup B$;(5) $\overline{A(B\cup C)}$.

3. 设 A、B、C 为任意三个事件,试用 A、B、C 的运算关系表示下列各事件:

① 三个事件中至少一个发生;

② 没有一个事件发生;

③ 恰有一个事件发生;

④ 至多有两个事件发生(考虑其对立事件);

⑤ 至少有两个事件发生.

4. 一袋中装有 10 个球,其中 4 个黑球、6 个白球,先后两次从袋中不放回地任取一球,求两次取到的均是黑球的概率.

5. 在 100 件产品中,有 95 件合格品,5 件次品.从中任取 2 件,计算:

(1) 2 件都是合格品的概率;

(2) 2 件都是次品的概率;

(3) 1 件是合格品、1 件是次品的概率;

(4) 2 件中最多有一件次品的概率;

(5) 2 件中至少有一件次品的概率.

6. 已知 100 件产品中有 5 件次品,现从中连续取 3 次,每次任取 1 件,求在下列两种不同取法情况下"恰有 2 件次品"的概率.

(1) "有放回"地抽取 3 次;

(2) "无放回"地抽取 3 次.

7. 某城市发行的报纸中,经调查订阅 A,B,C 三种报纸的比例是 0.5,0.35,0.4,同时订阅两种报纸 AB,AC,BC 的比例分别是 0.10,0.15,0.08,同时订阅三种报纸 ABC 的比例是

0.04,求:"至少订阅一种报纸"的概率.

8. 某人独立地射击,设每次射击的命中率为 0.2,射击 40 次,求至少击中目标两次的概率.

9. 设 $P(A)=0.5, P(B)=0.4, P(AB)=0.2$,求:

(1) $P(A|B)$;(2) $P(B|A)$;(3) $P(A|A \cup B)$.

10. 设 $P(A)=0.4, P(A \cup B)=0.7$.

(1) 若 A 与 B 互不相容,求 $P(B)$;

(2) 若 A 与 B 相互独立,求 $P(B)$.

8.2 随机变量及分布

【教学要求】 理解离散型随机变量及其概率分布的概念,连续型随机变量的概率密度函数的概念,掌握 0-1 分布、二项分布、均匀分布、指数分布和正态分布及应用.

8.2.1 随机变量的概念及分类

为了深入研究随机现象,便于数学处理,需要将随机试验的结果数量化.

事实上,有一些随机试验的结果,本来就需要用数量来描述.

例如:从一批有 3 件废品、7 件正品的产品中,有放回地抽取 3 次,每次取一件产品.如果用变量 X 表示取到废品的次数,那么,X 的取值 $\{0,1,2,3\}$ 依赖于试验结果,当试验结果确定了,X 的取值也就随之确定了.

也有一些随机试验的结果,虽然不用数量来描述,但是可以人为地规定用数量来描述它.

再如:掷一枚匀称的硬币,观察正面、背面的出现情况.这一试验的样本空间为{正,反}.如果引入变量 X 描述试验的两个结果,用 $\{X=1\}$ 表示"正面朝上",用 $\{X=2\}$ 表示"背面朝上".将 X 的取值范围定义为 $\{1,2\}$,一旦试验的结果确定了,X 的取值也就随之确定了.

可以看出:无论随机试验的结果本身与数量有无联系,都能把随机试验的结果与实数对应起来,即可以把试验的结果数量化.由于这样的数量依赖试验的结果,而对随机试验来说,在每次试验之前无法断言会出现何种结果,因而也就无法确定它会取什么值,即它的取值具有随机性,称这样的变量为随机变量.

定义 1 如果对于试验的样本空间 Ω 中的每一个样本点 ω,变量 X 都有一个确定的实数值与之对应,则变量 X 是样本点 ω 的实函数,记做 $X=\omega$,称这样的变量 X 为**随机变量**.

随机变量通常用大写字母 X, Y, Z 等表示,也可以 $\xi, \eta, \cdots$ 表示.而表示随机试验的取值时,一般用小写字母 $a, b, x, y, \cdots$ 表示.

1. 随机变量的特性

设 X 是一个变量,这个量的取值是由随机试验的结果而定,即它的取值具有随机性,而且它取得每一个值的概率是确定的.

(1) 取值的**随机性**:它所取的不同数值要由随机试验的结果而定.

(2) 概率的**确定性**:它取每一个值或在某一区间内取值的概率是确定的.

既然随机变量的取值由随机试验的结果而定,随机变量不是自变量,而是因变量,即它是以随机事件为自变量的函数.

例如,在某城市中考察人口的年龄结构,年龄在 80 岁以上的长寿者,年龄介于 18 岁至 35 岁之间的年轻人,不到 12 岁的儿童,它们各自的比率如何?

从表面上看,这些是孤立事件,但若引进一个变量 X,X 表示随机抽取一个人的年龄,那么,$X>80$ 表示年龄在 80 岁以上的长寿者;$18 \leqslant X \leqslant 35$ 表示年龄介于 18 岁至 35 岁之间的年轻人;$X<12$ 表示不到 12 岁的儿童. 变量 X 就是一个随机变量.

2. 随机变量的分类

(1) 离散型随机变量:随机变量 X 所有可能的取值可以一一列举出来.

(2) 非离散型随机变量:随机变量 X 所有可能的取值不能一一列举出来.

(我们研究最常见的非离散型随机变量是连续型随机变量)

随机变量的引入,使得随机试验中的各种事件可以通过随机变量的关系式表达出来,对随机现象统计规律的研究,就由对事件及事件概率的研究转化为对随机变量及其取值规律的研究,使人们可以利用数学分析的方法对随机试验的结果进行广泛而深入的研究.

8.2.2 离散型随机变量及概率分布

1. 离散型随机变量的概率分布

定义 2 设离散型随机变量 X 可能取的值为 $x_1, x_2, \cdots, x_i, \cdots$,且 X 取 x_i 的概率为 $p_i (i=1, 2, 3, \cdots)$,则称 $P\{X=x_i\} = p_i (i=1, 2, 3, \cdots)$ 为 X 的**概率分布**或**分布律**.

为了直观起见,常用表 8-3 来表示离散型随机变量 X 的分布律

表 8-3

X	x_1	x_2	$\cdots$	x_n	$\cdots$
P	p_1	p_2	$\cdots$	p_n	$\cdots$

称表 8-3 为离散型随机变量 X 的概率分布表.

由概率的定义知,离散型随机变量 X 的概率分布律具有以下两个性质:

(1)(非负性)$0 \leqslant p_i \leqslant 1 \quad (i=1, 2, 3, \cdots)$;

(2)(归一性)$\displaystyle\sum_{i=1}^{\infty} p_i = 1$.

例 1 设有 10 件产品,其中有 7 件正品、3 件次品,如果从这 10 件产品中任取 3 件,若用随机变量 X 表示抽得的"次品数",试求 X 的分布律.

解 X 的可能取值为 $0, 1, 2, 3$,此时,由古典概率容易求得

$$P\{X=0\} = \frac{C_7^3 C_3^0}{C_{10}^3} = \frac{35}{120}, \qquad P\{X=1\} = \frac{C_7^2 C_3^1}{C_{10}^3} = \frac{63}{120},$$

$$P\{X=2\} = \frac{C_7^1 C_3^2}{C_{10}^3} = \frac{21}{120}, \qquad P\{X=3\} = \frac{C_7^0 C_3^3}{C_{10}^3} = \frac{1}{120}.$$

所以,X 的分布律为

X	0	1	2	3
P	$\frac{35}{120}$	$\frac{63}{120}$	$\frac{21}{120}$	$\frac{1}{120}$

2. 几种常见的离散型随机变量的概率分布

（1）两点分布（0-1 分布）

定义 3　若随机变量 X 的可能取值只有 0 和 1 两个,其分布律为

X	0	1
P	$1-p$	p

则称随机变量 X 服从**两点分布**或 **0-1 分布**.

例 2　超市收到 1 000 瓶矿泉水,在运输过程中有 3 瓶破损,从中随机抽取一瓶,令

$$X=\begin{cases}0,&\text{取到破损矿泉水}\\1,&\text{取到完好矿泉水}\end{cases},$$

考察 X 的概率分布.

解　由于 $P\{X=0\}=\dfrac{3}{1\,000}$, $P\{X=1\}=\dfrac{997}{1\,000}$,所以 X 的分布律为

X	0	1
P	$\frac{3}{1\,000}$	$\frac{997}{1\,000}$

一次试验只有两种可能结果的概率分布可以用（0-1）分布来描述. 例如,在射击试验中若只考虑中靶和不中靶两种情况,则可以令随机变量 X 取"1"表示"中靶",取"0"表示"没有中靶";若规定电子元件的寿命大于 1 000 小时为合格品,其余作为不合格品,而只关心产品是否为合格品,则可以规定随机变量 X 取值为"0"与"1"分别表示"不合格品"和"合格品",那么,X 服从（0-1）分布.（0-1）分布是经常遇到的一种分布.

（2）二项分布

例 3　某人进行射击,每次射击的命中率为 0.2,独立射击 3 次,试求他击中 1 次的概率.

解　设 $A=\{$射击击中目标$\}$, $\overline{A}=\{$射击未击中目标$\}$, $P(A)=0.2$, $P(\overline{A})=1-0.2=0.8$,用 $\{X=1\}$ 表示他击中 1 次,则

$$P\{X=1\}=P(A)P(\overline{A})P(\overline{A})+P(\overline{A})P(A)P(\overline{A})+P(\overline{A})P(\overline{A})P(A)$$
$$=0.2\times0.8\times0.8+0.8\times0.2\times0.8+0.8\times0.8\times0.2$$
$$=3\times0.2\times0.8^2=0.384.$$

定义 4　若一个试验只有两个结果:A 或 $\overline{A}$,这样的试验称为**伯努利（Bernoulli）试验**.

在相同的条件下将此试验重复做 n 次,若每次试验的结果互不影响,且有 $P(A)=p(0<p<1)$,则称这一串试验为 **n 重伯努利试验**,这时讨论的问题称为**伯努利概型**.

例如:上例就是在 3 重伯努利试验中,求 A 出现 1 次的概率.

对于伯努利概型,主要讨论在 n 次试验中事件 A 出现 $k(0 \leqslant k \leqslant n)$ 次的概率.

定义 5 若某事件 A 发生的概率为 p,重复试验 n 次,该事件 A 发生 k 次,随机变量 X 取整数值 k 的概率为 $P\{x=k\}=C_n^k P^k (1-P)^{n-k} (k=0,1,2,\cdots,n)$,其中,$0<p<1$,则称随机变量 X 服从参数为 n,p 的**二项分布**,记做 $X \sim B(n,p)$.

伯努利试验是一种很重要的数学模型,它有广泛的应用,是研究最多的模型之一.

其中,$n=1$ 的二项分布就是两点分布,也称 X 服从 0-1 分布.

随机变量 X 的概率为

$$P\{x=0\}=1-P, \quad P\{x=1\}=P.$$

例 4 某车间有 8 台 5.6 千瓦的车床,每台车床由于工艺上的原因,常要停车.设各车床是否停车是相互独立的,每台车床平均每小时停车 12 分钟.

(1) 求在某一指定的时刻车间恰有两台车床停车的概率.

(2) 全部车床用电超过 30 千瓦的可能有多大?

解 (1) 由于每台车床使用是独立的,而且每台车床只有开车与停车两种情况,且停车的概率为 $P=\dfrac{12}{60}=0.2$,因此,这是一个 $n=8$ 的伯努利试验.

若用 X 表示任意时刻同时停车的车床数,$X \sim B(8,0.2)$. 则 X 分布律为

$$P\{X=k\}=C_8^k 0.2^k 0.8^{8-k} (k=0,1,2,\cdots,8).$$

所求概率为

$$P\{X=2\}=C_8^2 0.2^2 0.8^6=0.293\ 6.$$

(2) 由于 30 千瓦的电量只能供 5 台车床同时工作,"用电超过 30 千瓦"意味着有 6 台或 6 台以上的车床同时工作,这一事件的概率为

$$P\{X=0\}+P\{X=1\}+P\{X=2\}=0.796\ 9.$$

例 5 有甲、乙两种味道和颜色都极为相似的名酒各 4 杯,如果从中挑 4 杯,能将甲种酒全部挑出来,算是试验成功一次.

(1) 某人随机地去试,问他试验成功一次的概率是多少?

(2) 某人声称他通过品尝能区分两种酒,他连续试验 10 次,成功 3 次,试推断他是猜对的,还是他确有区分的能力(各次试验是相互独立的).

解 (1) $P\{$试验成功一次$\}=\dfrac{C_4^4}{C_8^4}=\dfrac{1}{70}$.

(2) 设 X 表示品尝试验中成功的次数,则 $X \sim B\left(10,\dfrac{1}{70}\right)$.

$$P\{X=3\}=C_{10}^3 \left(\frac{1}{70}\right)^3 \left(1-\frac{1}{70}\right)^7 \approx 3 \times 10^{-4}=0.000\ 3.$$

因为他猜对的概率仅有万分之三,按实际推断原理,可以断定他有区分能力.

例 6 某单位订购 1 000 只灯泡,在运输途中,灯泡被打破的概率为 0.003,设 X 为收到灯泡时,被打破的灯泡数,试求:$P\{X=2\}$.

解 $X \sim B(1\ 000,0.003)$,$n=1\ 000$,$p=0.003$,取 $\lambda=np=3$,可以用泊松分布近似计算二项分布,即有近似计算公式:

$$P\{X=k\}=C_n^k p^k (1-p)^{n-k} \approx \frac{\lambda^2}{k!} e^{-\lambda}.$$

$$P\{X=2\}=C_{1\,000}^2 0.003^2 (1-0.003)^{998} \approx \frac{3^2}{2!} e^{-3} = \frac{9}{2e^3} \approx 0.224.$$

8.2.3 连续型随机变量及概率密度

1. 连续型随机变量的概率密度

非离散型随机变量 X 的所有可能取值无法像离散型随机变量那样一一列出,因而也就不能用离散型随机变量的分布律来描述它的概率分布.刻画这种随机变量的概率分布可以用分布函数,但在理论上和实践中更常用的方法是用所谓的概率密度.下面研究非离散型随机变量中最重要的一种连续型随机变量.

定义 6 设 X 是随机变量,若存在定义在整个实数轴上的函数 $f(x)$ 满足三个条件:

(1) $f(x) \geqslant 0$;

(2) $\displaystyle\int_{-\infty}^{+\infty} f(x) \mathrm{d}x = 1$;

(3) 对于任意两个实数 a, b, a 可以视为 $-\infty$, b 可以视为 $+\infty$,有

$$P\{a \leqslant x \leqslant b\} = \int_a^b f(x) \mathrm{d}x,$$

则称 X 为**连续型随机变量**,并称函数 $f(x)$ 为 X 的**概率密度函数**,简称**概率密度**.

从几何上看,对于任一连续型随机变量 X,分布密度函数与数轴所围成的面积是 1,如图 8-7 所示.随机变量 X 在实数轴上任意区间 $[a,b]$ 上取值的概率可以通过计算 $f(x)$ 在该区间上的积分得到,$P\{a \leqslant x \leqslant b\} = \displaystyle\int_a^b f(x) \mathrm{d}x$,如图 8-8 所示,$f(x)$ 可以完整描述连续型随机变量 X 的特征.

图 8-7 图 8-8

在上面定义 6 的(3)中,令 $b=a$,得到 $P\{x=a\} = \displaystyle\int_a^a f(x) \mathrm{d}x = 0$,即连续型随机变量在任意特定值 a 处的概率为 0,于是对于连续型随机变量及任意实数 $a, b(a<b)$ 有

$$P\{a<X<b\} = P\{a \leqslant X<b\} = P\{a<X \leqslant b\} = P\{a \leqslant X \leqslant b\}.$$

从而可以得出结论:计算连续型随机变量 X 落在某一区间的概率时,可以不必区分该区间是开区间,还是闭区间,或者是半开半闭区间.

例 7 设连续型随机变量 X 具有概率密度为 $f(x) = \begin{cases} Ax, & 0 \leqslant x \leqslant 1 \\ 0, & \text{其他} \end{cases}$.

(1) 试确定常数 A；(2) 求 $P\{-1 < x \leqslant \frac{3}{4}\}$；(3) 求 $P\{x \geqslant \frac{1}{2}\}$.

解 (1) 由于连续型随机变量 X 的概率密度的性质 $\int_{-\infty}^{+\infty} f(x)\mathrm{d}x = 1$.

$$1 = \int_{-\infty}^{+\infty} f(x)\mathrm{d}x = \int_{-\infty}^{0} 0\mathrm{d}x + \int_{0}^{1} Ax\,\mathrm{d}x + \int_{1}^{+\infty} 0\mathrm{d}x = \frac{A}{2}x^2 \Big|_0^1 = \frac{A}{2},$$

解得 $A = 2$.

(2) $P\left\{-1 < x \leqslant \frac{3}{4}\right\} = \int_{-1}^{0} 0\mathrm{d}x + \int_{0}^{\frac{3}{4}} 2x\mathrm{d}x = x^2 \Big|_0^{\frac{3}{4}} = \frac{9}{16}$.

(3) $P\left\{x \geqslant \frac{1}{2}\right\} = \int_{\frac{1}{2}}^{+\infty} f(x)\mathrm{d}x = \int_{\frac{1}{2}}^{1} 2x\mathrm{d}x + \int_{1}^{+\infty} 0\mathrm{d}x = x^2 \Big|_{\frac{1}{2}}^{1} = \frac{3}{4}$.

2. 几种常见的连续型随机变量的分布

(1) 均匀分布

定义 7 如果随机变量 X 的概率密度为 $f(x) = \begin{cases} \dfrac{1}{b-a}, & a < x < b \\ 0, & \text{其他} \end{cases}$，则称 X 服从 $[a, b]$

上的**均匀分布**，记做 $X \sim U(a, b)$.

对均匀分布而言，随机变量 X 仅在有限区间 $[a, b]$ 上取值，而且落在区间 $[a, b]$ 中任意等长度的部分区间上取值的概率是相等的.

如果 X 服从 $[a, b]$ 上的均匀分布，那么，对于任意 c, d 满足 $a \leqslant c < d \leqslant b$，应有

$$P\{c < x \leqslant d\} = \int_{c}^{d} f(x)\mathrm{d}x = \int_{c}^{d} \frac{1}{b-a}\mathrm{d}x = \frac{d-c}{b-a}.$$

该式说明：X 取值于 $[a, b]$ 中任意小区间 $[c, d]$ 的概率与该小区间的长度成正比，而与该小区间的具体位置无关，这就是均匀分布的概率意义.

例 8 某公共汽车站从 7:00 起，每 15 分钟来一班车，如果某乘客到达此车站的时间是 7:00 到 7:30 之间，试求他候车时间少于 5 分钟的概率.

解 设 X 表示候车时间，$X \sim U(0, 30)$ 则

$$f(x) = \begin{cases} \dfrac{1}{30}, & 0 < x < 30 \\ 0, & \text{其他} \end{cases},$$

$$P\{x < 5\} = P\{10 \leqslant x \leqslant 15\} + P\{25 \leqslant x \leqslant 30\} = \int_{10}^{15} \frac{\mathrm{d}x}{30} + \int_{25}^{30} \frac{\mathrm{d}x}{30} = \frac{1}{3}.$$

(2) 指数分布

定义 8 如果随机变量 X 的概率密度为 $f(x) = \begin{cases} \lambda\mathrm{e}^{-\lambda x}, & x \geqslant 0 \\ 0, & x < 0 \end{cases}$，则称 X 服从**指数分布**

(参数为 λ). 记做 $X \sim e(\lambda)$.

例 9 电子元件的寿命年限 Y 服从 $\lambda = 3$ 的指数分布.(1) 求该电子元件寿命超过 2 年的概率；(2) 该电子元件寿命已经使用 1.5 年，求它还能使用 2 年的概率.

解 $X \sim e(3)$，则

$$f(x) = \begin{cases} 3e^{-3x}, & x \geqslant 0 \\ 0, & x < 0 \end{cases}.$$

(1)
$$P\{x > 2\} = \int_2^{+\infty} 3e^{-3x} \mathrm{d}x = e^{-6}.$$

(2)
$$P\{x > 3.5 \mid x > 1.5\} = \frac{\int_{3.5}^{+\infty} 3e^{-3x} \mathrm{d}x}{\int_{1.5}^{+\infty} 3e^{-3x} \mathrm{d}x} = e^{-6}.$$

指数分布可以用来表示独立随机事件发生的时间间隔,如旅客进机场的时间间隔、中文维基百科新条目出现的时间间隔等.指数分布也被称为寿命分布,如电子元件的寿命、电话通话的时间、随机服务系统的服务时间等都可近似看做是服从指数分布.

8.2.4 正态分布

连续型随机变量的分布,前面已经介绍了均匀分布和指数分布.下面介绍连续型随机变量中最重要的正态分布,着重介绍标准正态分布.

1. 正态分布

每一次考试后,教师在进行成绩分析时总是发现,多数学生的分数是集中在几个分数段上,高分数和低分数的学生是少数,这种中间大两边小的现象可以用柱状图描述,如图 8-9(1) 所示.我们设想,如果观察数据逐渐增多,如图 8-9(2) 所示,直方图顶端的连线就会逐渐形成一条高峰位于中央,两侧逐渐降低且左、右对称,不与横轴相交的光滑曲线如图 8-9(3) 所示.

(1)   (2)   (3)

图 8-9

定义 9 如果随机变量 X 的密度函数为
$$f(x) = \frac{1}{\sqrt{2\pi}\sigma} e^{-\frac{(x-\mu)^2}{2\sigma^2}} \quad (-\infty < x < +\infty).$$

其中,$\sigma > 0$,μ 为任意常数,则称 X 服从参数为 μ,σ^2 的**正态分布**,记为 $X \sim N(\mu, \sigma^2)$.

正态分布密度函数 $f(x)$ 的图像称为正态曲线(或高斯曲线),如图 8-9(3) 所示.

2. 正态曲线的特征

(1) 正态曲线关于直线 $x = \mu$ 对称.

(2) 参数 μ 决定曲线的位置,当 $x = \mu$ 时,$f(x)$ 达到最大值 $\frac{1}{\sigma\sqrt{2\pi}}$,如图 8-10 所示.

(3) 参数 σ 决定曲线的形状,当 μ 不变,σ 越大,曲线越平缓,σ 越小,曲线越陡峭,如图

8-11 所示.

图 8-10

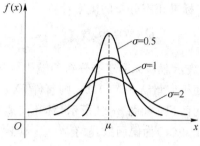

图 8-11

（4）正态曲线以 x 轴为水平渐近线 $y=0$.

（5）正态分布密度函数 $f(x)$ 满足连续型随机变量密度函数的性质：

① $f(x) = \dfrac{1}{\sqrt{2\pi}\sigma} \mathrm{e}^{-\frac{(x-\mu)^2}{2\sigma^2}} > 0 \quad (-\infty < x < +\infty)$；

② $\displaystyle\int_{-\infty}^{+\infty} f(x)\,\mathrm{d}x = 1$.

正态分布是概率论中最重要和最常见的一个分布，许多随机现象（如测量误差，人的身高、体重、智商，一个地区的年降雨量，某城市每日的用水量、用电量和用气量，射击时弹着点与靶心的距离等）都可以用正态分布或近似正态分布来描述.

3. 标准正态分布

定义 10　如果随机变量 X 的密度函数为

$$\varphi(x) = \frac{1}{\sqrt{2\pi}} \mathrm{e}^{-\frac{x^2}{2}} \quad (-\infty < x < +\infty)$$

其中，$\mu=0$，$\sigma=1$ 时，则称 X 服从**标准正态分布**，记做 $X \sim N(0,1)$，如图 8-12 所示.

标准正态分布的密度函数 $\varphi(x)$ 具有下列性质.

（1）密度函数 $\varphi(x)$ 是偶函数，即 $\varphi(-x)=\varphi(x)$，它的图像关于 y 轴对称；

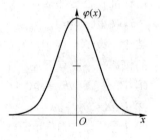

图 8-12

（2）$\varphi(x)$ 在 $(-\infty, 0)$ 内单调增加，在 $(0, +\infty)$ 内单调减少，在 $x=0$ 处取得最大值

$$\varphi(0) = \frac{1}{\sqrt{2\pi}} \approx 0.398\,9.$$

（3）$\varphi(x)$ 的图形在 $x = \pm 1$ 处有拐点，为 $\left(-1, \dfrac{1}{\sqrt{2\pi\mathrm{e}}}\right)$ 和 $\left(1, \dfrac{1}{\sqrt{2\pi\mathrm{e}}}\right)$，其中，$\dfrac{1}{\sqrt{2\pi\mathrm{e}}} \approx 0.242$.

（4）$\varphi(x)$ 的图形以 x 轴为水平渐近线，即

$$y = \lim_{x\to\infty}\varphi(x) = \lim_{x\to\infty}\frac{1}{\sqrt{2\pi}}\mathrm{e}^{-\frac{x^2}{2}} = 0.$$

4. 正态分布的概率计算

（1）标准正态分布的概率计算

若记 $\quad \Phi(x)=P\{X\leqslant x\}=\int_{-\infty}^{x}\dfrac{1}{\sqrt{2\pi}}e^{-\frac{t^2}{2}}\mathrm{d}t\quad(-\infty<x<+\infty),$

则 $\Phi(x)$ 表示服从标准正态分布的随机变量 X 在区间 $(-\infty,x]$ 内取值的概率.

若随机变量 $X\sim N(0,1)$，则事件 $\{X\leqslant x\}$ 的概率是标准正态概率密度曲线下小于 x 的区域下的面积，如图 8-13 所示，其几何意义就是图 8-13 中阴影部分的面积.

由于 $\Phi(x)$ 为偶函数，故有

$$\Phi(-x)=1-\Phi(x)\quad\text{或}\quad\Phi(x)=1-\Phi(-x)$$

成立，如图 8-14 所示.

显然 $\qquad\qquad\qquad\Phi(0)=0.5.$

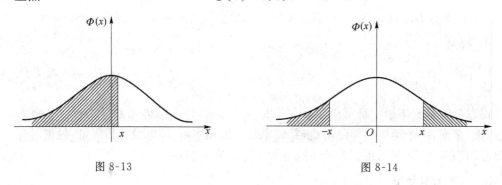

图 8-13   图 8-14

若随机变量 $X\sim N(0,1)$，则求事件 $\{X\leqslant x\}$ 的概率就化为求 $\Phi(x)$ 的值，而 $\Phi(x)$ 的计算较为麻烦，为此编制出了它的近似值表（书中附录 2 中标准正态分布值表）供我们使用（注：表中给出的是 $x\geqslant 0$ 时 $\Phi(x)$ 的值）.

用标准正态分布表时，表中 x 的取值范围为 $[0,5)$，故当 $x\in[0,5)$ 时，可直接查表；而当 $x\geqslant 5$，取 $\Phi(x)\approx 1$.

结论 设 $X\sim N(0,1)$，由附录 2 标准正态分布表，便可计算出随机变量 X 落在任一区间上的概率. 一般有下述三个公式（设 $a\geqslant 0$ 且 $a<b$）：

① $P\{a\leqslant X<b\}=\Phi(b)-\Phi(a)$；

② $P\{X<b\}=\Phi(b)$；

③ $P\{X\geqslant a\}=1-\Phi(a)$.

例 10 设 $X\sim N(0,1)$，求：① $P\{1<X\leqslant 3\}$；② $P\{|X|\leqslant 2\}$.

解 ① $P\{1<X\leqslant 3\}=\Phi(3)-\Phi(1)=0.9987-0.8413=0.1574.$

② $P\{|X|\leqslant 2\}=\Phi(2)-\Phi(-2)=2\Phi(2)-1=0.9545.$

（2）正态分布的概率计算

定理 1 一般地，设 $X\sim N(\mu,\sigma^2)$，则 $\eta=\dfrac{X-\mu}{\sigma}\sim N(0,1)$，则称 $\eta=\dfrac{X-\mu}{\sigma}$ 为服从正态分布的随机变量 X 的**标准化变换**.

由上面定理可知，可将正态分布 $N(\mu,\sigma^2)$ 概率的计算，化为标准正态分布 $N(0,1)$ 概率的计算. 即若 $X\sim N(\mu,\sigma^2)$，则有 $\dfrac{X-\mu}{\sigma}\sim N(0,1)$.

当 $X \sim N(\mu, \sigma^2)$ 时,一般有下述三个公式来计算 X 落在任一区间上的概率(设 $a \geqslant 0$ 且 $a < b$):

① $P\{a < X < b\} = \Phi\left(\dfrac{b-\mu}{\sigma}\right) - \Phi\left(\dfrac{a-\mu}{\sigma}\right)$;

② $P\{X < b\} = \Phi\left(\dfrac{b-\mu}{\sigma}\right)$;

③ $P\{X \geqslant a\} = 1 - \Phi\left(\dfrac{a-\mu}{\sigma}\right)$.

例 11 设 $X \sim N(1,4)$,求:(1) $P\{X < 2\}$;(2) $P\{X > 1\}$;(3) $P\{3 \leqslant X \leqslant 5\}$.

解 $\mu = 1, \sigma = 2$.

(1) $P\{x < 2\} = \Phi\left(\dfrac{2-1}{2}\right) = \Phi\left(\dfrac{1}{2}\right) = 0.691\ 5$.

(2) $P\{x > 1\} = 1 - P\{x \leqslant 1\} = 1 - \Phi\left(\dfrac{1-1}{2}\right) = 1 - \Phi(0) = 1 - 0.5 = 0.5$.

(3) $P\{3 \leqslant x \leqslant 5\} = \Phi\left(\dfrac{5-1}{2}\right) - \Phi\left(\dfrac{3-1}{2}\right)$

$\qquad = \Phi(2) - \Phi(1) = 0.977\ 2 - 0.841\ 3 = 0.135\ 7$.

例 12 某人去火车站乘车,有两条路可以走.第一条路程较短,但交通拥挤,所需时间(单位:分钟)服从正态分布 $N(40,100)$;第二条路程较长,但意外阻塞较少,所需时间(单位:分钟)服从正态分布 $N(50,16)$.求:(1)若动身时离火车开车时间只有 60 分钟,应走哪一条路线?(2)若动身时离火车开车时间只有 45 分钟,应走哪一条路线?

解 设 X, Y 分别表示该人走第一、第二条路线到达火车站所用时间,则
$$X \sim N(40, 10^2), \quad Y \sim N(50, 4^2),$$
哪一条路线在开车前到达火车站的可能性大就走哪一条路线.

(1) $P\{X < 60\} = \Phi\left(\dfrac{60-40}{10}\right) = \Phi(2) = 0.977\ 25$.

$\qquad P\{Y < 60\} = \Phi\left(\dfrac{60-50}{4}\right) = \Phi(2.5) = 0.993\ 79$.

所以只有 60 分钟时应走第二条路线.

(2) $P\{X < 45\} = \Phi\left(\dfrac{45-40}{10}\right) = \Phi(0.5) = 0.691\ 5$.

$\qquad P\{Y < 45\} = \Phi\left(\dfrac{45-50}{4}\right) = \Phi(-1.25) = 1 - \Phi(1.25) = 0.105\ 6$.

所以只有 45 分钟时应走第一条路线.

例 13 某地抽样调查表明,考生的外语成绩(百分制)近似服从正态分布,平均成绩为 72 分,96 分以上的考生占考生总数 2.3%,试求考生的外语成绩在 60~84 分之间的概率.

解 设 X 为考生的外语成绩,由题设知,$X \sim N(72, \sigma^2)$,而
$$0.023 = P\{X \geqslant 96\} = 1 - P\{X < 96\} = 1 - \Phi\left(\dfrac{96-72}{\sigma}\right),$$
$$0.023 = 1 - \Phi\left(\dfrac{24}{\sigma}\right),$$

即
$$\Phi\left(\frac{24}{\sigma}\right)=0.977.$$

由附表 2 可见 $\frac{24}{\sigma}=2$,故 $\sigma=12$,这样,$X\sim N(72,12^2)$,所求概率为

$$P\{60\leqslant X\leqslant 84\}=\Phi\left(\frac{84-72}{12}\right)-\Phi\left(\frac{60-72}{12}\right)=\Phi(1)-\Phi(-1)$$
$$=2\Phi(1)-1=2\times 0.841-1=0.682.$$

例 14 设 $\xi\sim N(\mu,\sigma^2)$,求:(1) $P\{|\xi-\mu|\leqslant\sigma\}$;(2) $P\{|\xi-\mu|\leqslant 2\sigma\}$;(3) $P\{|\xi-\mu|\leqslant 3\sigma\}$.

解 (1) $P\{|\xi-\mu|\leqslant\sigma\}=P\left\{\frac{|\xi-\mu|}{\sigma}\leqslant 1\right\}=\Phi(1)-\Phi(-1)=2\Phi(1)-1=0.682\ 6$;

(2) $P\{|\xi-\mu|\leqslant 2\sigma\}=P\left\{\frac{|\xi-\mu|}{\sigma}\leqslant 2\right\}=2\Phi(2)-1=0.954\ 5$;

(3) $P\{|\xi-\mu|\leqslant 3\sigma\}=P\left\{\frac{|\xi-\mu|}{\sigma}\leqslant 3\right\}=2\Phi(3)-1=0.997\ 3$.

上式表明,服从正态分布的随机变量有 99.7% 的可能性落在 $(\mu-3\sigma,\mu+3\sigma)$ 之间,也就是说,正态随机变量几乎都分布在 $(\mu-3\sigma,\mu+3\sigma)$ 之中,在统计学上称为"3σ 准则".

 习题 8.2

1. 已知 10 件产品中有 3 件"次品",现从中不放回地任取 2 件,用 X 表示取到次品的个数,求 X 的概率分布律.

2. 设一个盒子中有标号为 1,2,3,4,5 的 5 个球,从中等可能地任取 3 个,用 X 表示取出球的最大号码,求随机变量 X 的分布律.

3. 一批零件中有 13 件正品、2 件次品,从中任取 3 个,如果取出次品不再放回,求取到次品数 X 的分布律.

4. 甲、乙两人比赛下棋,甲胜的概率为 0.6,设 X 表示 5 局中甲获胜的次数,求:(1) X 的分布律;(2) $P\{0.5\leqslant X<2\}$;(3) 5 局中甲至少胜 3 局的概率.

5. 设随机变量 X 的分布律为:

X	-2	-1	0	1	2
p	a	0	$2a$	0.2	0.2

求:(1) a 的值;(2) X^2 及 $2X+1$ 的分布律.

6. 设连续型随机变量 X 的概率密度为 $f(x)=\begin{cases}2x, & 0<x<1\\ 0, & 其他\end{cases}$,

求:(1) $P\{X\leqslant 0.5\}$;(2) $P\{X=0.5\}$.

7. 每次从手表上看时间,秒针所处的位置 X 显然是在 $[0,12]$ 上服从均匀分布的随机变量,其概率密度为 $f(x)=\begin{cases}\dfrac{1}{12}, & 0\leqslant x\leqslant 12\\ 0, & 其他\end{cases}$,求:$P\{X\geqslant 4\}$.

8. 设电视机的寿命为 X（以年记），具有以下的概率密度函数：

$$f(x) = \begin{cases} \dfrac{1}{12} e^{-\frac{t}{12}} & t > 0 \\ 0 & t \leqslant 0 \end{cases}.$$

求：(1) 电视机的寿命最多为 6 年的概率；(2) 电视机的寿命在 5 到 10 年之间的概率.

9. 设随机变量 $X \sim N(0,1)$，求：(1) $P(X < 2.2)$；(2) $P(|X-1| \leqslant 1)$.

10. 已知随机变量 $X \sim N(2,9)$，求：(1) $P\{X \leqslant 4\}$；(2) $P\{X > 10\}$；(3) $P\{2 < X \leqslant 6\}$.

8.3　随机变量的数字特征

【教学要求】　理解数学期望与方差的概念，能熟练计算常见随机变量（两点、二项、均匀、正态）的数学期望与方差.

在一些实际问题中，只关心随机变量的某些统计特征. 例如，在检查一批灯管的质量时，只需要注意灯管使用寿命的平均寿命，以及使用寿命与平均寿命的偏离程度. 如果平均寿命较长，偏离程度越小，灯管的质量就越好. 这里平均寿命和偏离程度描述了随机变量在某些方面的重要特征. 这些与随机变量有关的数字，虽然不能完整地描述随机变量，但能概括描述它的基本面貌. 这些能代表随机变量的主要特征的数字称为数字特征. 本节介绍随机变量的常用数字特征：数学期望、方差.

8.3.1　数学期望

1. 离散型随机变量的数学期望

例如：某年级有 100 名学生，17 岁的有 2 人，18 岁的有 2 人，19 岁的有 30 人，20 岁的有 56 人，21 岁的有 10 人，则该年级学生的平均年龄为

$$\bar{g} = \frac{17 \times 2 + 18 \times 2 + 19 \times 30 + 20 \times 56 + 21 \times 10}{100}$$

$$= 17 \times \frac{2}{100} + 18 \times \frac{2}{100} + 19 \times \frac{30}{100} + 20 \times \frac{56}{100} + 21 \times \frac{10}{100} = 19.7.$$

事实上，在计算中是用频率的权重的加权平均. 对于一般的离散型随机变量，其定义如下.

定义 1　离散型随机变量 X 可能的取值 $x_i(i=1,2,3,\cdots,n)$ 与其对应的概率 $p_i(i=1,2,3,\cdots,n)$ 的乘积之和，称为随机变量 X 的**数学期望**，简称为**期望**或**均值**，记为 $E(X)$.

即：若 $P\{X=x_i\}=p_i(i=1,2,\cdots,n)$，则

$$E(X) = \sum_{i=1}^{n} x_i p_i,$$

若 $P\{X=x_i\}=p_i(i=1,2,3,\cdots)$，则

$$E(X) = \sum_{i=1}^{\infty} x_i p_i.$$

数学期望 $E(X)$ 作为随机变量 X 的一个数字特征，是一个确定的常数，它是 X 的所有可能的取值以各自相应概率为权（即占的比重）的加权平均. 在没有掌握随机变量 X 的概率

分布时,数学期望是无法准确求出的,因此,数学期望是随机变量 X 所有可能取值的理论上的平均.

例 1 一批产品有一、二、三等品,等外品及废品 5 种,所占比例分别为 70%,10%,10%,6%,5%,各级产品的出厂价分别为 6 元,5.4 元,4.8 元,4 元,0 元,求产品的平均出厂价.

解 由题意,产品的平均出厂价为

$$E(X)=6\times0.7+5.4\times0.1+4.8\times0.1+4\times0.06+0\times0.05=5.46 \text{ 元}.$$

常见离散型随机变量的数学期望如下.

(1) **二点分布**的数学期望

$$E(X)=p.$$

(2) **二项分布**的数学期望

若随机变量 $X\sim B(n,p)$,其概率分布为 $P\{x=k\}=C_n^k p^k(1-p)^{n-k}(k=1,2,\cdots,n)$,则

$$E(X)=np.$$

由此可知,二项分布的数学期望 $E(X)$ 是其两个参数的乘积.

2. 连续型随机变量的数学期望

对于连续型随机变量 X,若它的概率密度函数为 $f(x)$,由于 $f(x)\mathrm{d}x$ 表示 X 的取值落在小区间 $[x,x+\mathrm{d}x]$ 内的概率,即 $P\{x<X\leqslant x+\mathrm{d}x\}$,因此它的作用相当于离散型随机变量中的 p_k(离散型随机变量 X 取值 x_k 的概率 $P\{X=x_k\}=p_k$,而求和符号换成定积分符号,自然有如下数学期望的定义.

定义 2 设连续型随机变量 X 的分布密度函数为 $f(x)$,积分 $\int_{-\infty}^{+\infty}xf(x)\mathrm{d}x$ 称为随机变量 X 的**数学期望**,简称**期望**或**均值**,记为 $E(X)$,即 $E(X)=\int_{-\infty}^{+\infty}xf(x)\mathrm{d}x$.

例 2 已知随机变量 X 的密度函数为 $f(x)=\begin{cases}2x, & 0\leqslant x\leqslant1 \\ 0, & \text{其他}\end{cases}$,求 X 数学期望 $E(X)$.

解 根据连续型随机变量 X 的数学期望的定义有

$$E(X)=\int_{-\infty}^{+\infty}xf(x)\mathrm{d}x=\int_0^1 x\cdot2x\mathrm{d}x=\frac{2}{3}.$$

例 3 设随机变量 X 服从均匀分布,其概率密度为 $f(x)=\begin{cases}\dfrac{1}{b-a}, & a<x<b \\ 0, & \text{其他}\end{cases}$,求:$E(X)$.

解

$$E(X)=\int_{-\infty}^{+\infty}xf_{(x)}\mathrm{d}x=\int_a^b\frac{x\mathrm{d}x}{b-a}=\frac{1}{2}(a+b).$$

例 4 一种无线电元件的使用寿命 X 是一个随机变量,其概率密度为 $f(x)=\begin{cases}\lambda\mathrm{e}^{-\lambda x}, & x\geqslant0 \\ 0, & x<0\end{cases}$,其中,$\lambda>0$,求这种元件的平均使用寿命.

解 X 服从参数为 λ 的指数分布.

$$E(X)=\int_{-\infty}^{+\infty}xf_{(x)}\mathrm{d}x=\int_0^{+\infty}x\lambda\mathrm{e}^{-\lambda x}\mathrm{d}x=\frac{1}{\lambda}.$$

说明 服从参数为 λ 的指数分布的数学期望是其参数的倒数.

对于正态分布 $X \sim N(\mu, \sigma^2)$ 的密度函数为

$$f(x) = \frac{1}{\sqrt{2\pi}\sigma} e^{-\frac{(x-\mu)^2}{2\sigma^2}} \quad (-\infty < x < +\infty)$$

则 $E(X) = \mu$. 特别地,对于标准正态分布 $X \sim N(0,1)$,则 $E(X) = 0$.

3. 数学期望的性质

设 C 是常数,X 与 Y 是随机变量.

性质 1　常数的数学期望就是这个常数. 即
$$E(C) = C.$$

性质 2　和的数学期望等于数学期望的和. 即
$$E(X+Y) = E(X) + E(Y).$$

性质 3　若 X 与 Y 相互独立,则乘积的数学期望等于数学期望的乘积. 即
$$E(XY) = E(X)E(Y).$$

特别地,
$$E(CX) = CE(X).$$

8.3.2　方差

前面曾提到在检验灯泡的质量时,既要注意灯泡使用寿命的平均长度,还要注意灯泡的使用寿命与平均寿命的偏离程度.那么,用什么样的量能度量这个偏离程度呢?用 $X - E(X)$ 来描述是不行的,因为这时正、负偏差会抵消.用 $|X - E(X)|$ 来描述原则上是可以的,但是绝对值不便计算.因此,通常用 $[X - E(X)]^2$ 的平均值来描述随机变量与均值的偏离程度.

1. 方差的概念

定义 3　设 X 是随机变量,$[X - E(X)]^2$ 的数学期望存在,就称其为随机变量 X 的**方差**,记为 $D(X)$(或 σ^2),即
$$D(X) = E[X - E(X)]^2.$$

方差的算术平方根 $\sqrt{D(X)}$ 称为随机变量 X 的**均方差**或**标准差**.

2. 方差的计算

若 X 是离散型随机变量,其概率分布为
$$P\{X = x_k\} = p_k (k = 1, 2, \cdots),$$
则
$$D(X) = E[X - E(X)]^2 = \sum_k [x_k - E(X)]^2 p_k.$$

若 X 是连续型随机变量,它的分布密度为 $f(x)$,则
$$D(X) = E[X - E(X)]^2 = \int_{-\infty}^{+\infty} [x - E(X)]^2 f(x) \mathrm{d}x.$$

常用计算方差的公式:
$$D(X) = E(X^2) - [E(X)]^2.$$

若 X 是离散型随机变量,其概率分布为

$$P\{X=x_k\}=p_k,$$

则

$$E(X^2)=\sum_k x_k^2 p_k.$$

若 X 是连续型随机变量,它的分布密度为 $f(x)$,则

$$E(X^2)=\int_{-\infty}^{+\infty} x^2 f(x)\mathrm{d}x.$$

例 5 甲、乙两名射手在一次射击中的得分情况分别为随机变量,已知它们的分布律为

X	0	1	2	3
P	0.60	0.15	0.13	0.12

X	0	1	2	3
P	0.50	0.25	0.20	0.05

试比较他们射击水平的高低.

解 计算均值:
$$E(X)=0\times0.6+1\times0.15+2\times0.13+3\times0.12=0.77,$$
$$E(Y)=0\times0.5+1\times0.25+2\times0.20+3\times0.05=0.80.$$

因为 $E(X)<E(Y)$,从均值来看,乙的射击水平较高.

计算方差:
$$E(X^2)=0^2\times0.6+1^2\times0.15+2^2\times0.13+3^2\times0.12=1.75,$$
$$E(Y^2)=0^2\times0.5+1^2\times0.25+2^2\times0.20+3^2\times0.05=1.5,$$
$$D(X)=E(X^2)-[E(X)]^2=1.75-0.77^2=1.157\,1,$$
$$D(Y)=E(Y^2)-[E(Y)]^2=1.5-0.8^2=0.86.$$

$D(X)>D(Y)$,从方差来看,乙的射击技术比甲稳定.

例 6 设随机变量 X 的密度函数为 $f(x)=\begin{cases}2x, & 0\leqslant x\leqslant1 \\ 0, & \text{其他}\end{cases}$,求均值和方差.

解 $E(X)=\dfrac{2}{3},E(X^2)=\int_{-\infty}^{+\infty} x^2 f_{(x)}\mathrm{d}x=\int_0^1 2x^3\mathrm{d}x=\dfrac{1}{2}.$ 故

$$D(X)=E(X^2)-[E(X)]^2=\frac{1}{2}-\left(\frac{2}{3}\right)^2=\frac{1}{18}.$$

可以算出:

(1) 随机变量 X 服从二项分布,$x\sim B(n,p)$,则
$$D(X)=np(1-p).$$

(2) 随机变量 X 均匀分布,密度函数为
$$f(x)=\begin{cases}\dfrac{1}{b-a}, & a\leqslant x\leqslant b, \\ 0, & \text{其他}\end{cases}$$

则

$$D(X)=\frac{1}{12}(b-a)^2.$$

(3) 随机变量 X 服从指数分布,密度函数为

$$f(x) = \begin{cases} \lambda e^{-\lambda x}, & x \geqslant 0, \\ 0, & x < 0 \end{cases}$$

则

$$D(X) = \frac{1}{\lambda^2}.$$

（4）随机变量 X 服从正态分布 $X \sim N(\mu, \sigma^2)$，密度函数为

$$f(x) = \frac{1}{\sqrt{2\pi}\sigma} e^{-\frac{(x-\mu)^2}{2\sigma^2}} \quad (-\infty < x < +\infty),$$

则

$$D(X) = \sigma^2.$$

为使用方便，表 8-4 给出了几个常用分布的数学期望和方差.

表 8-4

名　称	分布表达式	$E(X)$	$D(X)$
两点分布	$\begin{array}{c\|cc} X & 0 & 1 \\ \hline P & 1-p & p \end{array}$	p	$p(1-p)$
二项分布	$P\{X=k\} = C_n^k p^k (1-p)^{n-k} \quad (k=0,1,2,\cdots,n)$	np	$np(1-p)$
均匀分布	$f(x) = \begin{cases} \dfrac{1}{b-a}, & a < x < b \\ 0, & \text{其他} \end{cases}$	$\dfrac{a+b}{2}$	$\dfrac{(b-a)^2}{12}$
正态分布	$f(x) = \dfrac{1}{\sqrt{2\pi}\sigma} e^{-\frac{(x-\mu)^2}{2\sigma^2}}$	μ	σ^2

3. 方差的性质

设 C 是常数，X, Y 是随机变量.

性质 1　常数的方差为零. 即 $D(C) = 0$.

性质 2　CX 的方差等于 C^2 与 X 的方差的乘积. 即 $D(CX) = C^2 D(X)$.

性质 3　若 X 与 Y 相互独立，则 $D(X+Y) = D(X) + D(Y)$.

特别地，$D(X+C) = D(X)$.

例 7　已知 $X \sim N(2,9)$，求：$E(2X-1), D(3X+2)$.

解　由已知条件可以知道：

$$E(X) = 2, \quad D(X) = 9,$$
$$E(2X-1) = 2E(X) - 1 = 2 \times 2 - 1 = 3.$$
$$D(3X+2) = 9D(X) = 9 \times 9 = 81.$$

 习题 8.3

1. 已知随机变量 X 的概率分布为

X	-2	-1	1	2
P_i	$2a$	$\dfrac{3}{8}$	a	$\dfrac{2}{8}$

求:(1) a;(2) $P\{-1\leqslant X<2\}$;(3) $E(X)$;(4) $D(X)$.

2.已知离散型随机变量 X 的分布律如下:

X	-2	0	1	2
P	0.2	0.4	0.1	0.3

求:(1) $P\{X\leqslant 1\}$,$P\{X>0\}$,$P\{-2<X<2\}$;(2) X 的数学期望 $E(X)$ 和方差 $D(X)$.

3.甲、乙两人打靶,得分分别用随机变量 X,Y 表示,其概率分布分别是:

X	0	1	2
P	0.30	0.45	0.25

Y	0	1	2
P	0.15	0.80	0.05

其中,脱靶得 0 分,1 环至 5 环得 1 分,6 环至 10 环得 2 分,试问谁的射击水平好些?

4.设随机变量 X 的密度函数为 $f(x)=\begin{cases}\dfrac{x}{2},0\leqslant x\leqslant 2\\[2mm]0,\quad 其他\end{cases}$,求:$E(X)$;$D(X)$.

5.设随机变量 X 的密度函数为 $f(x)=\begin{cases}1+x,&-1\leqslant x\leqslant 0\\1-x,&0<x\leqslant 1\\0,&其他\end{cases}$,求:$E(X)$;$E(2X+1)$;

$D(X)$;$D(1-2X)$.

综合练习题八

1.填空题

(1)设 A,B 为两个随机事件,则事件 $A+B$ 的对立事件是_____.

(2)设 $P(A)=\dfrac{1}{2}$,$P(B)=\dfrac{1}{3}$.①A 与 B 互斥时,$P(A+B)=$_____,$P(AB)=$_____;②A 与 B 相互独立时,$P(A+B)=$_____,$P(AB)=$_____;③当 $B\subset A$ 时,$P(A+B)=$_____,$P(AB)=$_____.

(3)确定函数 $f(x)$ 中的常数 a,使之成为连续型随机变量的密度函数.若 $f(x)=\dfrac{a}{1+x^2}$,$x\in(-\infty,+\infty)$,则 $a=$_____.

(4)袋子中装有零件,其中 10 件正品,2 件次品,每次取 1 件,写出下列情况抽取次数 X 的概率分布表达式:若有放回地抽取,直到取到次品为止,则 $P\{X=3\}=$_____;无放回地抽取,直到取到次品为止,则 $P\{X=3\}=$_____.

(5)设离散型随机变量 $X\sim B(2,p)$,且 $P\{X\geqslant 1\}=\dfrac{5}{9}$,则 $P(X=2)=$_____.

(6)设离散型随机变量 $X\sim B(4,0.6)$,则 $P(X\geqslant 3)=$_____.

(7)设连续型随机变量 X 在区间 $[1,4]$ 上服从均匀分布,其密度函数为 $f(x)=$_____,则 $\displaystyle\int_{-\infty}^{+\infty}xf(x)\mathrm{d}x=$_____.

(8) 设随机变量 $X \sim U(2,6)$，则 $E(X) = $ _____，$D(X) = $ _____．$E(-3X+2) = $ _____，$D(5-3X) = $ _____．

(9) 设连续型随机变量 X 密度函数为 $f(x) = \dfrac{1}{2\sqrt{2\pi}}e^{-\frac{(x-1)^2}{8}}$，若 $\displaystyle\int_{-\infty}^{a} f(x)\mathrm{d}x = \int_{a}^{+\infty} f(x)\mathrm{d}x$，则 $a = $ _____．

(10) 设随机变量 X 密度函数为 $f(x) = \dfrac{1}{\sqrt{8\pi}}e^{-\frac{x^2-6x+9}{8}}$，则 $E(X) = $ _____，$D(X) = $ _____．

2. 单项选择题

(1) 有事件 A,B，若 $A \subset B$，则正确的是（　　）．

A. B 发生，A 必发生　　　　　　　B. $B = \overline{A} + AB$

C. $B = A + A\overline{B}$　　　　　　　D. $B = A + \overline{A}B$

(2) 若 A,B 为两事件，则 $AB \cup A\overline{B} = $（　　）．

A. Ω（必然事件）　　　　　　　B. $\varnothing$（不可能事件）

C. A　　　　　　　　　　　　　D. $A \cup B$

(3) 若事件 A 与 B 互斥，则 $P[A|(A+B)] = $（　　）．

A. $\dfrac{P(A)}{1-P(\overline{A}\,\overline{B})}$　　　　　　　B. $\dfrac{P(B)}{P(A)+P(B)}$

C. $\dfrac{P(A)}{1-P(\overline{A})P(\overline{B})}$　　　　　　D. $\dfrac{P(B)}{1-P(\overline{A}\,\overline{B})}$

(4) 若 $P(A)>0$，$P(B|A)=P(B)$，则正确的是（　　）．

A. $AB = \varnothing$　　　　　　　　B. $P(\overline{A}\,\overline{B}) = P(\overline{A})P(\overline{B})$

C. A 与 B 对立　　　　　　　　D. $P(\overline{A}B) \neq P(\overline{A})P(B)$

(5) 设离散型随机变量 X 的概率分布为 $P\{X=k\}=ak(k=1,2,\cdots,5)$，则（　　）．

A. $a=15$　　　　B. $a=\dfrac{1}{15}$　　　　C. $a=\dfrac{3}{5}$　　　　D. $a=1$

(6) 设 X 是离散型随机变量，则它的分布律是（　　）．

A.

X	0	1	2
P	-0.5	1	0.5

B.

X	0	1	2
P	$\frac{1}{6}$	$\frac{1}{3}$	$\frac{1}{2}$

C.

X	0	1	2
P	$\frac{1}{4}$	$\frac{1}{4}$	$\frac{2}{3}$

X	0	1	2
P	$\dfrac{1}{3}$	$\dfrac{1}{3}$	$\dfrac{1}{4}$

D.

(7) 设每次试验的成功率为 0.7,重复试验 5 次,若失败次数记为 X,则下列描述错误的是( ).

A. $X \sim B(5, 0.7)$ B. $X \sim B(5, 0.3)$

C. $P\{X=0\} = 0.7^5$ D. $P\{X=5\} = 0.3^5$

(8) 设 $X \sim N(0,1)$,密度函数为 $\varphi(x)$,$\Phi(x) = \int_{-\infty}^{x} \varphi(t)\mathrm{d}t, x \in (-\infty, +\infty)$,则不正确的是( ).

A. 若 $X \neq 0$,则 $\varphi(0) > \varphi(x)$ B. $\varphi(-x) = \varphi(x)$

C. $\Phi(-x) = \Phi(x)$ D. $\Phi(x) = 1 - \Phi(-x)$

(9) 设随机变量 X, Y 服从区间 $[0,2]$ 上的均匀分布,则 $E(X+Y) = ($).

A. 0.5   B. 1   C. 1.5   D. 2

(10) 设有随机变量 X,则下列各式中正确的是(   ).

A. $E[X - E(X)] = 0$ B. $E[X - E(X)] < 0$

C. $D[X - E(X)] > D(X)$ D. $D[X - E(X)] < D(X)$

3. 一批有一等品 4 件、二等品 6 件、三等品 5 件的产品中,从中任取 3 件,求下列事件的概率:(1) 一等品、二等品、三等品各一件;(2) 有两件一等品;(3) 至少有两件二等品.

4. 已知盒子中装有 10 只电子元件,其中 6 只正品,从其中不放回地任取两次,每次取一只,问两次都取到正品的概率是多少?

5. 设盒中装有 6 只球,其中 4 只白球、2 只红球,从盒中任意取球两次,每次取一球,考虑两种情况:(1) 第一次取一球观察颜色后放回盒中,第二次再取一球,这种情况叫做放回抽样;(2) 第一次取一球不放回盒中,第二次再取一球,这种情况叫做不放回抽样.试分别就上面两种情况求:

① 取到两只球都是白球的概率;

② 取到两只球颜色相同的概率;

③ 取到两只球至少有一只是白球的概率.

6. 10 把钥匙中有 3 把能打开门,现任取两把,求能打开门的概率.

7. 从一副扑克牌(52 张)中任取 3 张(不重复),计算取出的 3 张牌中至少有 2 张花色相同的概率.

8. 制造一种零件可采用两种工艺.第一种工艺有三道工序,每道工序的废品率分别是 0.1,0.2 和 0.3;第二种工艺有两道工序,每道工序的废品率都是 0.3.若用第一种工艺,在合格品的零件中,一级品率为 0.9;而用第二种工艺,在合格品的零件中,一级品率为 0.8.试问哪一种工艺保证得到一级品率较高?

9. 某种产品的次品率为 5%,现从一大批该产品中抽出 20 个进行检验,问 20 个该产品中恰有 2 个次品的概率是多少?

10. 电灯泡使用时数在 1 000 小时以上的概率为 0.2,求三个灯泡在使用 1 000 小时以后最多只有一个损坏的概率.

11. 设每次试验成功率为 0.7,进行重复试验,求直到第 10 次试验才取得 4 次成功的概率.

12. 甲、乙两人射击,甲击中的概率是 0.8,乙击中的概率是 0.7.两人同时射击,并假设两人是否打中靶是相互独立的.求:(1) 两人都中靶的概率;(2) 甲中乙不中的概率.

13. 某地区气象台统计,该地区下雨的概率是 $\frac{4}{15}$,刮三级以上风的概率是 $\frac{2}{15}$,既刮风又下雨的概率是 $\frac{1}{10}$,设 $A=\{$下雨$\}$,$B=\{$刮三级以上风$\}$.求:(1) $P(A\bigcup B)$;(2) $P(A|B)$;(3) $P(B|A)$.

14. 某单位有 50 名职工,其中会英语的有 35 名,会日语的有 25 名,既会英语又会日语的有 18 名,现从单位任选一名职工,求他既不会英语,也不会日语的概率.

15. 某地区位于甲、乙两河汇合处,当任一河流泛滥时,该地区遭受水灾.设某一时期甲河流泛滥的概率为 0.1,乙河流泛滥的概率为 0.2,当甲河流泛滥时乙河流泛滥的概率为 0.3.求下列事件的概率:(1) 该时期内这一地区遭受水灾;(2) 当乙河流泛滥时甲河流泛滥.

16. 设随机变量 X 的分布律为 $P\{x=k\}=\frac{k}{21}(k=1,2,\cdots,6)$,求:(1) $P\{3\leqslant x\leqslant 6\}$;(2) $P\{\frac{1}{3}<x\leqslant\frac{11}{2}\}$.

17. 在一个汽车站上,某路公共汽车每 5 分钟有一辆汽车到达,乘客在 5 分钟内任一时刻到达车站是等可能的.求:(1) 乘客候车时间超过 4 分钟的概率;(2) 乘客每次等车时间超过 4 分钟就离开,5 位乘客只有一人等车时间超过 4 分钟的概率.

18. 设随机变量 X 概率密度为 $f(x)=\begin{cases}ax(1-x),0\leqslant x\leqslant 1\\0,\qquad 其他\end{cases}$,求:(1) 常数 a;(2) $P\{X\leqslant 0.5\}$.

19. 设随机变量 X 概率密度为 $f(x)=\begin{cases}ax^2,\quad 0<x<3\\0,\qquad 其他\end{cases}$,求:(1) 常数 a;(2) $P\{1\leqslant x<2\}$;(3) $P\{X\geqslant 2\}$;(4) $P\{X=2\}$.

20. 设随机变量 X 概率密度为 $f(x)=\begin{cases}0.003x^2,\quad 0<x<10\\0,\qquad 其他\end{cases}$,求 t 的方程 $t^2+2Xt+5X-4=0$ 有实根的概率.

21. 设 $X\sim N(0,1)$.求:(1) $P\{x<2.4\}$;(2) $P\{1.06<x\leqslant 2.38\}$;(3) $P\{|x|>2\}$.

22. 设 $X\sim N(2,9)$,求:(1) $P\{-5<x\leqslant 2\}$;(2) $P\{x\leqslant -2.8\}$;(3) $P\{|x|\leqslant 3\}$;(4) $P\{|x-1|<1\}$.

23. 已知随机变量 Y 的分布列为

Y	0	1	2	3	4
P	$\frac{1}{10}$	$\frac{1}{5}$	$\frac{2}{5}$	$\frac{1}{10}$	$\frac{1}{5}$

试求解 $E(Y),D(Y)$.

24. 已知随机变量 X 的分布列为

X	0	1	2
P	$\frac{2}{c}$	$\frac{1}{c}$	$\frac{3}{c}$

求:(1) 常数 c;(2) $P\{0\leqslant x<2\}$;(3) $E(X)$;(4) $D(X)$.

25. 已知离散型随机变量 X 的分布列为

X	1	2	3	4
P	$\frac{1}{6}$	$\frac{1}{3}$	$\frac{1}{6}$	$\frac{4}{a}$

(1) 求常数 a;(2) 求 $E(X)$;

(3) 若 $Y = 2X + 3$, 求 $E(Y)$.

26. 随机变量 X 的概率密度函数为 $f(x) = \begin{cases} \dfrac{1}{2a}, & -a \leqslant X \leqslant a \\ 0, & 其他 \end{cases}$, 试确定满足下列关系式

中的常数 a: (1) $P\{X > 1\} = \dfrac{1}{3}$; (2) $P\{|X| > 1\} = P\{|X| < 1\}$.

27. 已知 $X \sim B\left(8, \dfrac{1}{4}\right)$, (1) 求 $E(X)$, $D(X)$; (2) 若 $Y = 6X$, 求 $E(Y)$.

28. 已知随机变量 X 的概率密度函数为 $f(x) = \begin{cases} x, & 0 \leqslant x < 1 \\ 2 - x, & 1 \leqslant x \leqslant 2 \\ 0, & x < 0 \text{ 或 } x > 2 \end{cases}$, 求: (1) $E(X)$;

(2) $E(3X + 1)$; (3) $E(X^2)$; (4) $D(X)$.

29. 设 $X \sim N(2, 9)$, 求: (1) $E(3X + 2)$; (2) $D(2X - 1)$.

30. 某年某地区高等学校入学考试的数学成绩 X 近似地服从正态分布 $N(65, 100)$, 若 85 分以上为优秀, 问数学成绩为优秀的考生大致占考生总数的比例?

31. 一门高射炮对敌机连发三发炮弹, 第一发击中敌军的概率是 0.5, 第二发击中敌军的概率是 0.7, 第三发击中敌军的概率是 0.8, 设射击是相互独立的, 若用 X 表示击中敌机的炮弹数, 求 X 的分布律及数学期望.

32. 测量到某一目标的距离发生的误差 X(单位: 米)的概率密度为

$$f(x) = \frac{1}{40\sqrt{2\pi}} e^{-\frac{(x-20)^2}{3200}},$$

求在一次测量中误差的绝对值不超过 30 米的概率.

第9章 数学软件的使用及数学实验举例

【导学】 数学实验是随着人类思维、数学理论和计算机等现代科学技术发展而形成的独特的研究方法.引入数学实验教学的重要意义在于:它把"讲授＋记忆＋测验"的传统学习模式,变成"直觉＋试探＋出错＋思考＋猜想＋证明"的现代教学模式,将信息的单向交流变成多向交流,有利于培养学生的创新能力和实践能力;它将数学直观、形象思维与逻辑思维结合起来,有利于培养学生运用数学知识、借助计算机手段来解决实际问题的综合能力和素质.本章中主要选择本书前8章的一些基本问题作为实验内容,并采用数学软件Mathematica 作为实验平台.

9.1 数学软件 Mathematica 的使用

【教学要求】 本节要求了解数学软件 Mathematica 的界面和基本使用方法,掌握常用命令.

Mathematica 是由美国的 Wolfram 公司开发的一个功能强大的计算机数学系统,以符号演算见长,也具有高精度的数值计算功能和强大的绘图功能.数学实验的大部分计算和绘图作业都需要使用 Mathematica 辅助完成.本章介绍的命令可以适用于 Windows 操作系统下的 Mathematica 5.0～7.0 版本,本书均以 Mathematica 5.0 为例.

9.1.1 Mathematica 软件的操作指南

1. Mathematica 5.0 的进入与退出

如果计算机已经安装了 Mathematica 5.0,系统会在 Windows"开始"菜单的"程序"子菜单中加入启动 Mathematica 5.0 的菜单项,用鼠标单击它就可以启动 Mathematica 5.0,进入 Mathematica 5.0 的系统工作界面.

Mathematica 5.0 系统工作界面是 Mathematica 5.0 与用户的接口,是 Mathematica 5.0 的工作屏幕.界面上方的主菜单类似于 Windows 中的 Word 软件,其中的空白位置称为 Notebook 用户区,在这里可以输入文本、命令和程序等来达到使用 Mathematica 5.0 的目的.在用户区输入的内容被 Mathematica 5.0 用一个扩展名为".nb"的文件来记录,该文件名是退出 Mathematica 5.0 时保存用户区输入内容的默认文件名,一般是"Untitled-1.nb".

退出 Mathematica 5.0 系统像关闭 Word 软件一样,只要用鼠标单击 Mathematica 5.0 系统集成界面右上角的"关闭"按钮即可.关闭前,屏幕会出现一个对话框,询问是否保存用户区的内容,如果单击对话框中的"Save"按钮,则出现"另存为"对话框,在对话框中填上合适的路径及文件名后,单击"保存"按钮,用户区中的内容便以给定文件名存盘并退出 Mathematica 5.0 系统;如果单击对话框中的"Don't Save"按钮,则不保存用户区的内容,直接退出 Mathematica 5.0 系统.

2. 表达式的输入和计算

向 Notebook 用户区写入文字和数学表达式的方式是用键盘直接输入,同时按下 Shift 键与 Enter 键即可执行命令.若要终止正在执行的命令,需同时按下 Alt 键与 . 键.

例1 计算 18! 和 66＋88.

解 在工作窗口中输入

18!

66 + 88

同时按下 Shift 键和 Enter 键进行计算.

系统完成计算后,会输出结果并自动在输入行加入显示标记"In[1]：＝",在输出行加入显示标记"Out[1]＝"、"Out[2]＝".如：

In[1]：= 18!

　　　66 + 88

Out[1] = 6402373705728000

Out[2] = 154

9.1.2 常量、变量与函数

1. Mathematica 5.0 中的数据类型

整数型:可以表示任意长度的精确整数,如 31558;

有理数型:可以表示任意的既约分数,如 2/3;

实数型:可以表示任意精度的近似实数,如 E;

复数型:可以表示复数,如 2-3I.

2. 四则运算

四则运算符号与函数如表 9-1 所示,运算的优先级为:乘方＞乘、除＞加、减,括号的优先级最高.

表 9-1　四则运算符号

运　算	符　号	对应函数
加	＋	Plus
减	－	Minus
乘	＊	Times
除	/	Divide
乘方	^	Power

例2 计算 $3 \times (5-2) + 4^{\frac{6-3}{2}}$.

解 In[1]：= 3 * (5 - 2) + 4^(6 - 3)/2

Out[1] = 41

在 Mathematica 软件中,若输入的数据是精确的,计算结果保留精确数字.若要计算近似值,可用命令 N[x]表示 x 的近似值,默认保留 6 位有效数字;N[x,n]给出 x 的 n 位有效数字.

例 3 计算 $3^{\frac{1}{3}}$,分别保留 6 位和 8 位有效数字.

解 In[1]: =   N[3^(1/3)]

Out[1] =   1.44225

In[2]: =   N[3^(1/3),8]

Out[2] =   1.4422496

若采用浮点数输入,则计算结果为近似值,见例 4.

例 4 In[1]: =   1./3 + 2/5

Out[1] =   0.733333

3. 系统中的数学常数

系统中的数学常数见表 9-2.

表 9-2 系统中的数学常数

符　号	功　能	符　号	功　能
Pi	圆周率 π	Infinity	无穷大 ∞
E	自然对数的底 e	-Infinity	负无穷大 $-\infty$
Degree	度	I	虚数单位 i

例 5 计算圆周率 π,保留 30 位有效数字.

解 In[1]: =   N[Pi,30]

Out[1]: =   3.14159265358979323846264338328

4. Mathematica 5.0 常用数学函数

Mathematica 软件提供许多数学函数,表 9-3 给出了一些常用的函数,具体的使用方法见例 6.

表 9-3 Mathematica 5.0 常用数学函数表

函　数	功　能
Sqrt[x]	x 的算术平方根
Log[x]	x 的自然对数 $\ln x$
Log[b,x]	以 b 为底 x 的对数 $\log_b x$
Sin[x]	x 的正弦 $\sin x$
Cos[x]	x 的余弦 $\cos x$
Tan[x]	x 的正切 $\tan x$
Cot[x]	x 的余切 $\cot x$
Sec[x]	x 的正割 $\sec x$
Csc[x]	x 的余割 $\csc x$

函 数	功 能
ArcSin[x]	x 的反正弦 $\arcsin x$
ArcCos[x]	x 的反余弦 $\arccos x$
ArcTan[x]	x 的反正切 $\arctan x$
ArcCot[x]	x 的反余切 $\operatorname{arccot} x$
Abs[x]	x 的绝对值 $|x|$
Exp[x]	以 e 为底的指数函数 e^x
Sign[x]	符号函数 $\operatorname{sgn} x$
Round[x]	接近 x 的整数（四舍五入）
Max[x₁,x₂,x₃,…]	$x_1,x_2,x_3,\cdots$ 中的最大值
Min[x₁,x₂,x₃,…]	$x_1,x_2,x_3,\cdots$ 中的最小值
GCD[n₁,n₂,n₃,…]	$n_1,n_2,n_3,\cdots$ 的最大公约数
LCM[n₁,n₂,n₃,…]	$n_1,n_2,n_3,\cdots$ 的最小公倍数
n!	n 的阶乘
n!!	n 的双阶乘
Mod[m,n]	m 被 n 整除的余数，余数与 n 的符号相同
Quotient[m,n]	m/n 的整数部分
Random[]	产生 0～1 之间的随机数
Random[Real,x]	产生 0～x 之间的随机数
Random[Real,{x₁,x₂}]	产生 x_1～x_2 之间的随机数
Floor[x]	不大于 x 的最大整数
Ceiling[x]	不小于 x 的最小整数

例 6 In[1]:= Sin[Pi/6]

Out[1]:= $\dfrac{1}{2}$

In[2]:= Sqrt[3.3 + 1.51]

Out[2]:= 1.86077 + 0.4030591

In[3]:= Log[10,2.0]

Out[3]:= 0.30103

5. 变量与函数的命名规则

（1）变量名与函数名不能以数字开头，可以是任意长度的字符串或数字串，但其中不能有空格及其他的运算符号.

（2）系统区分大小写，在变量名中，字母大小写的意义不同，一般规定系统变量名和系统函数名以大写字母开头,复合词的每个字头都大写.为与系统变量和系统函数相区别,自定义的变量与函数名一般用小写字母开头.

（3）变量名与函数名一般采用完整的英文单词.

一个变量在参与表达式运算或输出之前,必须先获得确定的值,可通过变量赋值或变量替换来实现,如表 9-4 所示.

表 9-4　变量赋值与变量替换实例

格　式	功　能
x＝6	赋值（将数值 6 赋予变量 x）
x＝表达式	赋值（将表达式的值赋予变量 x）
x＝	取消赋值
表达式/x－>6	变量替换（计算时暂时用 6 替换表达式中的 x）
Clear[x]	清除 x 的定义及其赋值

9.2　数学实验举例

【教学要求】　本节要求掌握利用数学软件 Mathematica 绘制函数图形,观察函数的相关性质,并会用软件进行极限、微积分、矩阵及线性方程组有关计算.

9.2.1　用 Mathematica 绘制函数图形

【实验目的】通过图形加深对函数及其性质的认识与理解,掌握运用函数的图形来观察和分析函数的有关特性与变化趋势,建立数形结合的思想;掌握用 Mathematica 的基本运算及绘制平面曲线图形的方法.

1. Plot 命令

在平面直角坐标系中作一元函数图形的命令 Plot:

Plot[f[x],{x,min,max},选项]

例 1　画出函数 $f(x)=\mathrm{e}^{\sin x}$ 在区间 $[-1,1]$ 上的图形.

解　输入如下语句:

Plot[Exp[Sin[x]],{x,-1,1}]

运行结果如图 9-1 所示.

Plot 有很多选项（Options）,可满足作图时的种种需要.

（1）AspectRatio 用来改变图形的高与宽之比.如果不输入这个选项,则命令默认图形的高与宽比为黄金分割值,即 0.618:1.若指定其参数为 Automatic,则显示图形的真实比例.

（2）Frame 用来指定图形是否加边框,默认值为 False.如果要加边框,可指定其参数为 True.

（3）PlotRange 用于指定图形在纵坐标方向上的范围，可取的值为 All——显示全部图形；Automatic——自动控制；{ymin,ymax}用于指定显示范围；默认为 All.

（4）PlotStyle->RGBColor[1,0,0]使曲线采用某种颜色. 方括号内的三个数分别代表红、绿、蓝三原色，取值在 0 与 1 之间.

（5）PlotPoints 用于说明采样点的基本点数，系统默认为 12.增加采样点会使图形更加精细.

例 2　请输出 $y=x^2$ 在区间$-1\leqslant x\leqslant 1$ 上的图形，练习上述各参数的使用.

解　输入如下语句：

Plot[x^2,{x,-1,1},AspectRatio->0.5,Frame->True,PlotRange->All,PlotStyle->RGBColor[1,0,0],PlotPoints->30]

运行结果如图 9-2 所示.

图 9-1

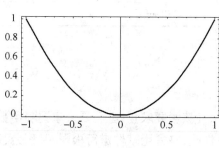

图 9-2

Plot 命令也可在同一个坐标系内作出几个函数的图形：

Plot[{f1[x],f2[x],…},{x,min,max},选项]

例 3　作出函数 $y=\sin x$ 和 $y=\csc x$ 的图形，观察其周期性和变化趋势.

解　为了比较，把它们的图形放在一个坐标系中.

输入如下语句：

Plot[{Sin[x],Csc[x]},{x,-2 Pi,2 Pi},PlotRange->{-2 Pi,2 Pi},AspectRatio->1]

运行结果如图 9-3 所示.

2. Show[…]命令

Show[…]命令可以把多个图形组合起来一起显示.

例 4　将函数 $y=\sin x,y=x,y=\arcsin x$ 的图形作在同一坐标系内，观察直接函数和反函数的图形间关系.

解　输入命令

p1 = Plot[ArcSin[x],{x,-1,1}];

p2 = Plot[Sin[x],{x,-Pi/2,Pi/2}];

px = Plot[x,{x,-Pi/2,Pi/2},PlotStyle->Dashing[{0.01}]];

Show[p1,p2,px,PlotRange->{{-Pi/2,Pi/2},{-Pi/2,Pi/2}},AspectRatio->1]

运行结果如图 9-4 所示.

图 9-3　　　　　　　　　　　　　　　　　图 9-4

结果分析:可以看到函数和它的反函数在同一个坐标系中的图形是关于直线 $y=x$ 对称的.

注意　选项 PlotStyle－＞Dashing[{0.01}]使曲线的线型是虚线.

3. 平面曲线的参数方程作图

已知某一平面曲线的参数方程为 $\begin{cases} x=x(t) \\ y=y(t) \end{cases}$ $(t_1 \leqslant t \leqslant t_2)$,则 Mathematica 系统的绘图命令格式为:

ParametricPlot[{x[t],y[t]},{t,t1,t2},选项]

例 5　定义一个函数,画出以原点为圆心,r 为半径的圆.

解　输入如下语句:

myPlot[r_]: = ParametricPlot[{r * Cos[t],r * Sin[t]},{t,0,2 * Pi}, AspectRatio－＞Automatic]

Map[myPlot,{1,2,3,4,5}]

Show[%]

运行结果如图 9-5 所示.

注意　Map 命令表示将函数 myPlot 用于后面的表.

图 9-5

9.2.2　一元函数微积分学实验

实验目的　通过计算与作图,从直观上揭示极限的本质,加深对极限概念的理解,掌握用 Mathematica 计算极限的方法;深入理解导数与微分的概念,导数的几何意义;掌握用 Mathematica 求导数与高阶导数的方法;深入理解和掌握求隐函数的导数,以及求由参数方程定义的函数的导数的方法;掌握用 Mathematica 计算不定积分与定积分的方法;通过作图和观察,深入理解定积分的概念和思想方法;初步了解定积分的近似计算方法;提高应用定积分解决各种问题的能力.

1. 求极限的命令 Limit

其基本格式为

Limit[f[x],x->a]

其中,f(x)是数列或者函数的表达式,x->a 是自变量的变化趋势. 如果自变量趋向于无穷,用 x->Infinity.

对于单侧极限,通过命令 Limit 的选项 Direction 表示自变量的变化方向.

- 求右极限,$x \to a+0$ 时,用 Limit[f[x],x->a,Direction->-1];
- 求左极限,$x \to a-0$ 时,用 Limit[f[x],x->a,Direction->+1];
- 求 $x \to +\infty$ 时的极限,用 Limit[f[x],x->Infinity,Direction->+1];
- 求 $x \to -\infty$ 时的极限,用 Limit[f[x],x->Infinity,Direction->-1].

注意 右极限用减号,表示自变量减少并趋于 a,同理,左极限用加号,表示自变量增加并趋于 a.

例 6 在区间 $[-4,4]$ 上作出函数 $f(x) = \dfrac{x^3 - 9x}{x^3 - x}$ 的图形,并研究 $\lim\limits_{x \to 1} f(x)$.

解 输入命令

Clear[f];f[x_] := (x^3 - 9x)/(x^3 - x)

Plot[f[x],{x, -4,4}]

则输出 $f(x)$ 的图形. 通过图形可判断 $\lim\limits_{x \to 1} f(x)$ 不存在.

2. 求导数的命令 D 与求微分的命令 Dt

求函数 $f(x)$ 对变量 x 的导数:

D[f[x],x]

求函数 $f(x)$ 对变量 x 的 n 阶导数:

D[f[x],{x,n}]

求函数 $f(x)$ 对变量 x 的微分:

Dt[f[x]]

例 7 定义函数 $f(x) = \sin 2x \cos 3x$,并求 $f'(x), \mathrm{d}f(x), f'\left(\dfrac{1}{a+b}\right)$.

解 输入

Clear[f]

f[x_] := Sin[2x] * Cos[3x]

D[f[x],x]

Dt[f[x]]

D[f[x],x]/.x->1/(a + b)

运行结果为

2Cos[2x]Cos[3x] - 3Sin[2x]Sin[3x];

2Cos[2x]Cos[3x]Dt[x] - 3Dt[x]Sin[2x]Sin[3x];

$2\cos\left[\dfrac{2}{a+b}\right]\cos\left[\dfrac{3}{a+b}\right] - 3\sin\left[\dfrac{2}{a+b}\right]\sin\left[\dfrac{3}{a+b}\right]$.

例 8 求函数 $f(x) = \arctan x$ 的二阶导数.

解　输入

D[ArcTan[x],{x,2}]

运行结果为

$$-\frac{2x}{(1-x^2)^2}.$$

例 9　求由方程 $2x^2-2xy+y^2+x+2y+1=0$ 确定的隐函数的导数.

解　输入语句

fun = D[2 x^2 - 2 x * y[x] + y[x]^2 + x + 2 y[x] + 1 == 0,x]

这里输入 y[x] 以表示 y 是 x 的函数,输出为对原方程两边求导数后的方程 fun:

1 + 4x - 2y[x] + 2y′[x] - 2xy′[x] + 2y[x]y′[x] == 0.

再解方程,输入语句

Solve[fun,y'[x]]

则输出所求结果

$$\left\{\left\{y'[x]->-\frac{-1-4x+2y[x]}{2(-1+x-y[x])}\right\}\right\}.$$

3. 计算积分的命令 Integrate 与 NIntegrate

求函数 $f(x)$ 的不定积分:

Integrate[f[x],x]

求函数 $f(x)$ 在区间 $[a,b]$ 上的定积分:

Integrate[f[x],{x,a,b}]

求函数 $f(x)$ 在区间 $[a,b]$ 上的定积分——数值结果:

NIntegrate[f[x],{x,a,b}]

例 10　求 $\int x^2(1-x^3)^5\mathrm{d}x.$

解　输入

Integrate[x^2 * (1-x^3)^5,x]

运行结果为

$$\frac{x^3}{3}-\frac{5x^6}{6}+\frac{10x^9}{9}-\frac{5x^{12}}{6}+\frac{x^{15}}{3}-\frac{x^{18}}{18}.$$

例 11　求 $\int_1^2\sqrt{4-x^2}\mathrm{d}x.$

解　输入

Integrate[Sqrt[4-x^2],{x,1,2}]

运行结果为

$$\frac{1}{6}(-3\sqrt{3}-2\pi)+\pi.$$

例 12　求 $\int_0^1\mathrm{e}^{-x^2}\mathrm{d}x.$

解　输入

Integrate[Exp[-x^2],{x,0,1}]

运行结果为

$$\frac{1}{2}\sqrt{\pi}\mathrm{Erf}[1].$$

其中,Erf 是误差函数,它不是初等函数.改为求数值积分,输入

$$\mathrm{NIntegrate}[\mathrm{Exp}[-x^2],\{x,0,1\}]$$

则运行结果为数值解:

0.746824.

9.2.3 矩阵运算与方程组求解试验

实验目的 掌握矩阵的输入方法;掌握利用 Mathematica(5.0 以上版本)对矩阵进行转置、加、减、数乘、相乘、乘方等运算,并能求矩阵的逆矩阵;熟悉求解线性方程组的常用命令,能利用 Mathematica 命令求线性方程组的解,理解计算机求解的实用意义.

1. 矩阵的输入

构造矩阵 A:

A = {{a11,a12,…,a1n},{a21,a22,…,a2n},…,{am1,am2,…,amn}}

以矩阵形式显示 A:

MatrixForm[A]或 A//MatrixForm

例 13 输入矩阵 $A=\begin{bmatrix} 1 & 2 & 3 \\ 4 & 5 & 6 \\ 7 & 8 & 9 \end{bmatrix}$.

解 输入

A = {{1,2,3},{4,5,6},{7,8,9}}

MatrixForm[A]

运行结果为

$$\begin{bmatrix} 1 & 2 & 3 \\ 4 & 5 & 6 \\ 7 & 8 & 9 \end{bmatrix}.$$

2. 提取和修改矩阵中的元素

提取矩阵 A 中第 i 行、第 j 列的元素 a_{ij}:

A[[i,j]]

提取矩阵 A 中第 i 行的元素:

A[[i]]

修改矩阵 A 的元素 a_{ij} 为 n:

A[[i,j]] = n

例 14 (1)显示例 13 中矩阵 A 的第 2 行的元素;(2)显示例 13 中矩阵 A 的第 2 行、第 3 列的元素;(3)将第 2 行、第 2 列的元素修改为 0.

解 (1)输入

A[[2]].

运行结果为

{4,5,6}.

（2）输入

A[[2,3]].

运行结果为

6.

（3）输入

A[[2,3]] = 0

MatrixForm[A]

运行结果为

$$\begin{bmatrix} 1 & 2 & 3 \\ 4 & 5 & 0 \\ 7 & 8 & 9 \end{bmatrix}.$$

3. 几种特殊矩阵

构造一个以 a_{ij} 为元素的 $m \times n$ 矩阵：

Array[a,[m,n]]

构造一个 n 阶单位矩阵：

IdentityMatrix[n]

例 15　（1）构造矩阵 **B**，它是一个以 b_{ij} 为元素的 3×3 矩阵；（2）构造一个 4 阶单位矩阵.

解　（1）输入

B = Array[b,{3,4}]

MatrixForm[B]

运行结果为

$$\begin{bmatrix} b[1,1] & b[1,2] & b[1,3] \\ b[2,1] & b[2,2] & b[2,3] \\ b[3,1] & b[3,2] & b[3,3] \end{bmatrix}.$$

（2）输入

E4 = IdentityMatrix[4]

MatrixForm[E4]

运行结果为

$$\begin{bmatrix} 1 & 0 & 0 & 0 \\ 0 & 1 & 0 & 0 \\ 0 & 0 & 1 & 0 \\ 0 & 0 & 0 & 1 \end{bmatrix}.$$

4. 矩阵的基本运算

矩阵的加、减法：

A + B/A − B

矩阵的数乘：

K * A

矩阵的乘法：

A.B

矩阵 A 的转置矩阵：

Transpose[A]

例 16 设 $A=\begin{bmatrix} -1 & 1 & 1 \\ 1 & -1 & 1 \\ 1 & 2 & 3 \end{bmatrix}, B=\begin{bmatrix} 3 & 2 & 1 \\ 0 & 4 & 1 \\ -1 & 2 & -4 \end{bmatrix}$，求 $3AB-2A$ 及 $A^{\mathrm{T}}B$.

解 输入语句

A = {{ - 1,1,1},{1, - 1,1},{1,2,3}}

MatrixForm[A]

B = {{3,2,1},{0,4,1},{ - 1,2, - 4}}

MatrixForm[B]

3A.B - 2A//MatrixForm

Transpose[A].B//MatrixForm

输出 $3AB-2A$ 及 $A^{\mathrm{T}}B$ 的运算结果分别为

$$\begin{bmatrix} -10 & 10 & -14 \\ 4 & 2 & -14 \\ -2 & 44 & -33 \end{bmatrix}, \begin{bmatrix} -4 & 4 & -4 \\ 1 & 2 & -8 \\ 0 & 12 & -10 \end{bmatrix}.$$

5. 矩阵的初等行变换

将矩阵中第 i 行的 k 倍，加到第 j 行上：

A[[j]] = k * A[[i]] + A[[j]]

将矩阵中第 i 行，乘非零常数 k：

k * A[[i]]

例 17 已知 $A=\begin{bmatrix} -1 & 0 & 1 & 2 \\ 3 & 1 & 0 & -1 \\ 0 & 2 & 1 & 4 \end{bmatrix}$，求 $r(A)$.

解 输入

A = {{ - 1,0,1,2},{3,1,0, - 1},{0,2,1,4}}

A[[2]] = A[[2]] + 3 * A[[1]]

A[[3]] = - 2 * A[[2]] + A[[3]]

MatrixForm[A]

输出为

$$\begin{bmatrix} -1 & 0 & 1 & 2 \\ 0 & 1 & 3 & 5 \\ 0 & 0 & -5 & -6 \end{bmatrix}.$$

从阶梯型矩阵中可以看出 $r(A)=3$.

6. 方阵的逆

将矩阵 A 化为行最简阶梯型矩阵：

RowReduce[A]

求矩阵 A 的逆矩阵：

Inverse[A]

例 18　分别用 RowReduce 和 Inverse 命令求 $A = \begin{bmatrix} 1 & 2 & 3 \\ 2 & 2 & 1 \\ 3 & 4 & 3 \end{bmatrix}$ 的逆矩阵.

解　(1) 输入

A = {{1,2,3},{2,2,1},{3,4,3}}

MatrixForm[A]

AE = Transpose[Join[Transpose[A],IdentityMatrix[3]]]

RowReduce[AE]//MatrixForm

输出为

$$\begin{bmatrix} 1 & 0 & 0 & 1 & 3 & -2 \\ 0 & 1 & 0 & -\dfrac{3}{2} & -3 & \dfrac{5}{2} \\ 0 & 0 & 1 & 1 & 1 & -1 \end{bmatrix}.$$

从而得知 $A^{-1} = \begin{bmatrix} 1 & 3 & -2 \\ -3/2 & -3 & 5/2 \\ 1 & 1 & -1 \end{bmatrix}.$

(2) 输入

A = {{1,2,3},{2,2,1},{3,4,3}}

Inverse[A]//MatrixForm

输出为

$$\begin{bmatrix} 1 & 3 & -2 \\ -\dfrac{3}{2} & -3 & \dfrac{5}{2} \\ 1 & 1 & -1 \end{bmatrix}.$$

7. 求解线性方程组

对于一般的线性方程组 $\begin{cases} a_{11}x_1 + a_{12}x_2 + \cdots + a_{1n}x_n = b_1 \\ a_{21}x_1 + a_{22}x_2 + \cdots + a_{2n}x_n = b_2 \\ \qquad\qquad\vdots \\ a_{m1}x_1 + a_{m2}x_2 + \cdots + a_{mn}x_n = b_m \end{cases}$，若这 m 个方程分别记为 f_1，

$f_2, \cdots, f_m$，则输入

- Solve[{f1,f2,···,fm},{x1,x2,···,xn}] 求解一般方程组；
- Reduce 命令解带有参数的线性方程组.

例 19　求解线性方程组 $\begin{cases} x_1 + 5x_2 - x_3 - x_4 = -1 \\ x_1 - 2x_2 + x_3 + 3x_4 = 3 \\ 3x_1 + 8x_2 - x_3 + x_4 = 1 \end{cases}.$

解　输入

Solve$[\{x1 + 5x2 - x3 - x4 == 1, x1 - 2x2 + x3 + 4x4 == 3, 3x1 + 8x2 - x3 + x4 == 1\}, \{x1, x3, x3, x4\}]$

输出为

$$\left\{\left\{x1 \rightarrow -\frac{1}{2}(8 + 3x2), x3 \rightarrow -\frac{1}{2}(18 - 7x2), x4 \rightarrow 4\right\}\right\}.$$

例 20 a 为何值时, 线性方程组 $\begin{cases} ax_1 + x_2 + x_3 = 1 \\ x_1 + ax_2 + x_3 = a \\ x_1 + x_2 + ax_3 = a^2 \end{cases}$ 有解、无解、有唯一解、有无穷多解.

解 输入

Reduce$[\{a * x1 + x2 + x3 == 1, x1 + a * x2 + x3 == a, x1 + x2 + a * x3 == a^2\}, \{x1, x2, x3\}]$

输出为

a == 1&&x3 == 1 - x1 - x2 ||

$(-1 + a)(2 + a) \neq 0$&&x1 == $\dfrac{-1 - a}{2 + a}$&&x2 == 1 + x1&&x3 == 1 - ax1 - x2.

输出结果分析: 当 $a = 1$ 时, 线性方程组有无穷多解, $x_3 = 1 - x_1 - x_2$; 当 $(a-1)(a+2) \neq 0$ 时, 线性方程组有唯一解.

综合练习题九

1. 在 Mathematica 中输入以下命令, 运行并理解选项的含义:

Plot$[\{Sin[x], Sin[2x], Sin[3x]\}, \{x, 0, 2\ Pi\}, PlotStyle - > \{RGBColor[1, 0, 0],$
$RGBColor[0, 1, 0], RGBColor[0, 0, 1]\}]$

2. 试选择合适的区间及可选项画出下列函数的图形(至少使用一种选项):

(1) $y = \cot x$;　　　　　　　　　　(2) $y = \arctan x$;

(3) $y = 1 + \ln(x + 2)$;　　　　　　　(4) $y = \cos x + e^x$;

(5) $y = \sin(\tan x) - \tan(\sin x)$;　　　(6) $y = \sqrt{x} + \sqrt[3]{x} + \sqrt[4]{x}$.

3. 在一张图上画出函数 $\sin x, \dfrac{1}{2}\sin 2x + \dfrac{1}{3}\sin 3x, \sin x + \dfrac{1}{2}\sin 2x + \dfrac{1}{3}\sin 3x$ 的图形, 并用不同的线型和颜色表示不同曲线, 说明它们的周期.

4. 画出函数 $y = x\left(\sqrt{1 - \dfrac{1}{x}} - 1\right)$ 在区间 $(0, 100\ 00)$ 上的图形, 并研究这个函数在 $x \rightarrow \infty$ 时的极限.

5. 已知四叶玫瑰线的参数方程为 $\begin{cases} x = 2\cos 2t\cos t \\ y = 2\cos 2t\sin t \end{cases}$ $(0 \leqslant t \leqslant 2\pi)$, 画出其图形.

6. 用 Mathematica 计算下列极限:

(1) $\lim\limits_{x \to 0}\left(x\sin\dfrac{1}{x} + \dfrac{1}{x}\sin x\right)$;　　(2) $\lim\limits_{x \to +\infty}\dfrac{x^2}{e^x}$;

(3) $\lim\limits_{x \to 0}\dfrac{\tan x - \sin x}{x^3}$;　　　　(4) $\lim\limits_{x \to 0^+}x^x$;

(5) $\lim\limits_{x \to 0^+}\dfrac{\ln\cot x}{\ln x}$;　　　　　(6) $\lim\limits_{x \to 0^-}x^2\ln x$;

7. 用 Mathematica 计算下列导数与积分:

(1) $y=\dfrac{1}{2}\cot^2 x+\ln\sin x$, 求 y';

(2) $y=\ln\left[\tan\left(\dfrac{x}{2}+\dfrac{\pi}{4}\right)\right]$, 求 y';

(3) $y=x\sin x$, 求 $y^{(100)}$;

(4) $y=x^2\cos x$, 求 $y^{(10)}$;

(5) 计算 $\displaystyle\int\dfrac{\cos x}{a^2+\sin^2 x}\mathrm{d}x$;

(6) 计算 $\displaystyle\int \mathrm{e}^{-2x}\sin\dfrac{x}{2}\mathrm{d}x$;

(7) 计算 $\displaystyle\int_0^{\frac{\pi}{2}}(1-\cos\theta)\sin^2\theta\mathrm{d}\theta$;

(8) 计算 $\displaystyle\int_0^1 x(2-x^2)^{12}\mathrm{d}x$.

8. 设 $\boldsymbol{A}=\begin{pmatrix}1 & 1 & 1\\1 & 1 & -1\\1 & -1 & 1\end{pmatrix}$, $\boldsymbol{B}=\begin{pmatrix}1 & 2 & 3\\-1 & -2 & 4\\0 & 5 & 1\end{pmatrix}$, 求 $3\boldsymbol{AB}-2\boldsymbol{A}$ 及 $\boldsymbol{A}^{\mathrm{T}}\boldsymbol{B}$.

9. 求矩阵 $\boldsymbol{A}=\begin{pmatrix}1 & -1 & 2 & 1 & 0\\2 & -2 & 4 & -2 & 0\\3 & 0 & 6 & -1 & 1\\2 & 1 & 4 & 2 & 1\end{pmatrix}$ 的秩.

10. 判断下列矩阵是否可逆,如可逆,求其逆矩阵.

(1) $\boldsymbol{A}=\begin{pmatrix}1 & 2 & -1\\3 & -1 & 0\\2 & -3 & 1\end{pmatrix}$;

(2) $\boldsymbol{A}=\begin{pmatrix}2 & 2 & -1\\1 & -2 & 4\\5 & 8 & 2\end{pmatrix}$.

11. 设 $\boldsymbol{A}=\begin{pmatrix}4 & 2 & 3\\1 & 1 & 0\\-1 & 2 & 3\end{pmatrix}$, 且 $\boldsymbol{AB}=\boldsymbol{A}+2\boldsymbol{E}$, 求 $\boldsymbol{B}$.

12. 解方程组 $\begin{cases}x_1+2x_2+x_3-x_4=2\\x_1+x_2+2x_3+x_4=3\\x_1-x_2+4x_3+5x_4=2\end{cases}$.

13. 解方程组 $\begin{cases}2x_1-4x_2+5x_3+3x_4=0\\3x_1-6x_2+4x_3+2x_4=0\\4x_1-8x_2+17x_3+11x_4=0\end{cases}$.

14. 当 a,b 为何值时,方程组 $\begin{cases}x_1+x_2+x_3+x_4=0\\x_2+2x_3+2x_4=1\\-x_2+(a-3)x_3-2x_4=b\\3x_1+2x_2+x_3+ax_4=-1\end{cases}$ 有唯一解、无解、有无穷多解.

附录1 初等数学基本公式

一、乘法与因式分解公式

1. $(x+a)(x+b)=x^2+(a+b)x+ab$;

2. $(a+b)(a-b)=a^2-b^2$;

3. $(a\pm b)^2=a^2\pm 2ab+b^2$;

4. $(a\pm b)^3=a^3\pm 3a^2b+3ab^2\pm b^3$;

5. $a^2-b^2=(a+b)(a-b)$;

6. $a^3+b^3=(a+b)(a^2-ab+b^2)$;

7. $a^3-b^3=(a-b)(a^2+ab+b^2)$.

二、一元二次方程

$ax^2+bx+c=0(a\neq 0)$根的判别式 $\Delta=b^2-4ac$,当 $\Delta\geqslant 0$,方程有实根,求根公式为

$$x_{1,2}=\frac{-b\pm\sqrt{b^2-4ac}}{2a};$$

当 $\Delta<0$,方程有一对共轭复根,求根公式为

$$x_{1,2}=\frac{-b\pm\mathrm{i}\sqrt{4ac-b^2}}{2a}.$$

三、指数公式(设 a,b 是正实数,m,n 是任意实数)

1. $a^m \cdot a^n=a^{m+n}$;

2. $\dfrac{a^m}{a^n}=a^{m-n}$;

3. $(ab)^{mn}=a^{mn} \cdot b^{mn}$;

4. $\left(\dfrac{a}{b}\right)^n=\dfrac{a^n}{b^n}$;

5. $(ab)^m=a^m b^m$;

6. $a^{\frac{m}{n}}=\sqrt[n]{a^m}$;

7. $a^{-m}=\dfrac{1}{a^m}$;

8. $a^0=1$;

9. $a^{mn}=(a^m)^n=(a^n)^m$.

四、对数公式($a>0,a\neq 1,b>0,b\neq 1,M>0,N>0$)

1. 恒等式

$a^{\log_a N}=N$.

2. 运算法则

(1) $\log_a(MN)=\log_a M+\log_a N$;

(2) $\log_a\dfrac{M}{N}=\log_a M-\log_a N$;

(3) $\log_a M^p = p\log_a M$.

3. 换底公式

$$\log_a M = \frac{\log_b M}{\log_b a}.$$

五、绝对值和不等式

1. $|a| = \begin{cases} a, a \geqslant 0 \\ -a, a < 0 \end{cases}$;

2. $|ab| = |a|\,|b|$;

3. $\left|\dfrac{a}{b}\right| = \dfrac{|a|}{|b|}$;

4. $|x| < a \Leftrightarrow -a < x < a$;

5. $|x| > a \Leftrightarrow x < -a$ 或 $x > a$;

6. $|x+y| \leqslant |x| + |y|$;

7. $|a| = \sqrt{a^2}$.

六、三角公式

1. 平方关系

(1) $\sin^2 x + \cos^2 x = 1$;

(2) $1 + \tan^2 x = \sec^2 x$;

(3) $1 + \cot^2 x = \csc^2 x$.

2. 倒数关系

(1) $\csc x = \dfrac{1}{\sin x}$;

(2) $\sec x = \dfrac{1}{\cos x}$;

(3) $\cot x = \dfrac{1}{\tan x}$.

3. 商的关系

(1) $\tan x = \dfrac{\sin x}{\cos x}$;

(2) $\cot x = \dfrac{\cos x}{\sin x}$.

4. 倍角公式

(1) $\sin 2x = 2\sin x\cos x$;

(2) $\tan 2x = \dfrac{2\tan x}{1 - \tan^2 x}$.

(3) $\cos 2x = \cos^2 x - \sin^2 x = 1 - 2\sin^2 x = 2\cos^2 x - 1$.

5. 降幂公式

(1) $\sin^2 x = \dfrac{1 - \cos 2x}{2}$;

(2) $\cos^2 x = \dfrac{1 + \cos 2x}{2}$.

6. 加法与减法公式

(1) $\sin(x \pm y) = \sin x\cos y \pm \cos x\sin y$;

(2) $\tan(x \pm y) = \dfrac{\tan x \pm \tan y}{1 \mp \tan x\tan y}$;

(3) $\cos(x \pm y) = \cos x\cos y \mp \sin x\sin y$.

7. 和差化积公式

(1) $\sin x + \sin y = 2\sin\dfrac{x+y}{2}\cos\dfrac{x-y}{2}$;

(2) $\sin x - \sin y = 2\cos\dfrac{x+y}{2}\sin\dfrac{x-y}{2}$;

(3) $\cos x + \cos y = 2\cos\dfrac{x+y}{2}\cos\dfrac{x-y}{2}$;

(4) $\cos x - \cos y = -2\sin\dfrac{x+y}{2}\sin\dfrac{x-y}{2}$.

8. 积化和差公式

(1) $\sin x\sin y = -\dfrac{1}{2}[\cos(x+y)-\cos(x-y)]$;

(2) $\sin x\cos y = \dfrac{1}{2}[\sin(x+y)+\sin(x-y)]$;

(3) $\cos x\cos y = \dfrac{1}{2}[\cos(x+y)+\cos(x-y)]$.

9. 特殊角的三角函数值

x	0	$\dfrac{\pi}{6}$	$\dfrac{\pi}{4}$	$\dfrac{\pi}{3}$	$\dfrac{\pi}{2}$	π	$\dfrac{3\pi}{2}$	2π
$\sin x$	0	$\dfrac{1}{2}$	$\dfrac{\sqrt{2}}{2}$	$\dfrac{\sqrt{3}}{2}$	1	0	-1	0
$\cos x$	1	$\dfrac{\sqrt{3}}{2}$	$\dfrac{\sqrt{2}}{2}$	$\dfrac{1}{2}$	0	-1	0	1
$\tan x$	0	$\dfrac{\sqrt{3}}{3}$	1	$\sqrt{3}$	∞	0	∞	0
$\cot x$	∞	$\sqrt{3}$	1	$\dfrac{\sqrt{3}}{3}$	0	∞	0	∞

10. 诱导公式

(1) $\sin\left(\dfrac{\pi}{2}-x\right)=\cos x$;

(2) $\cos\left(\dfrac{\pi}{2}-x\right)=\sin x$;

(3) $\tan\left(\dfrac{\pi}{2}-x\right)=\cot x$;

(4) $\cot\left(\dfrac{\pi}{2}-x\right)=\tan x$;

(5) $\sin\left(\dfrac{\pi}{2}+x\right)=\cos x$;

(6) $\cos\left(\dfrac{\pi}{2}+x\right)=-\sin x$;

(7) $\tan\left(\dfrac{\pi}{2}+x\right)=-\cot x$;

(8) $\cot\left(\dfrac{\pi}{2}+x\right)=-\tan x$;

(9) $\sin(\pi-x)=\sin x$;

(10) $\cos(\pi-x)=-\cos x$;

(11) $\tan(\pi-x)=-\tan x$;

(12) $\cot(\pi-x)=-\cot x$;

(13) $\sin(\pi+x)=-\sin x$;

(14) $\cos(\pi+x)=-\cos x$;

(15) $\tan(\pi+x)=\tan x$;

(16) $\cot(\pi+x)=\cot x$;

(17) $\sin(2\pi+x)=\sin x$;

(18) $\cos(2\pi+x)=\cos x$;

(19) $\tan(2\pi+x)=\tan x$;

(20) $\cot(2\pi+x)=\cot x$;

(21) $\sin(-x)=-\sin x$;

(22) $\cos(-x)=\cos x$;

(23) $\tan(-x)=-\tan x$;

(24) $\cot(-x)=-\cot x$.

七、数列的前 n 项和公式

1. 首项为 a_1，末项为 a_n，公差为 d 的等差数列的前 n 项和公式：

$$S_n = \frac{n(a_1 + a_n)}{2} = na_1 + \frac{n(n-1)}{2}d.$$

2. 首项为 a_1，公差为 q 的等比数列的前 n 项和公式：

$$S_n = \frac{a_1(1 - q^n)}{1 - q} \qquad (|q| \neq 1).$$

3. $1 + 2 + 3 + \cdots + n = \dfrac{n(n+1)}{2}.$

4. $1^2 + 2^2 + \cdots + n^2 = \dfrac{n(n+1)(n+2)}{6}.$

八、排列数和组合数公式、二项式定理

1. 排列数公式

(1) $A_n^m = n(n-1)(n-2)\cdots(n-m+1);$

(2) $n! = A_n^n = n(n-1)(n-2)\cdots 3 \cdot 2 \cdot 1;$

(3) $0! = 1.$

2. 组合数公式

(1) $C_n^m = \dfrac{A_n^m}{A_m^m};$　　　　(2) $C_n^m = C_n^{n-m};$　　　　(3) $C_n^0 = 1.$

3. 二项式定理

$$(a+b)^n = C_n^0 a^n + C_n^1 a^{n-1}b + C_n^2 a^{n-2}b^2 + \cdots + C_n^{n-1}ab^{n-1} + C_n^n b^n.$$

附录 2　常见分布的数值表

附表 1　标准正态分布表

$$\Phi(x) = P\{X \leqslant x\} = \int_{-\infty}^{x} \frac{1}{\sqrt{2\pi}} e^{-\frac{t^2}{2}} dt \quad (-\infty < x < +\infty)$$

$$\Phi(-x) = 1 - \Phi(x)$$

x	0	0.01	0.02	0.03	0.04	0.05	0.06	0.07	0.08	0.09
0	0.500 0	0.504 0	0.508 0	0.512 0	0.516 0	0.519 9	0.523 9	0.527 9	0.531 9	0.535 9
0.1	0.539 8	0.543 8	0.547 8	0.551 7	0.555 7	0.559 6	0.563 6	0.567 5	0.571 4	0.575 3
0.2	0.579 3	0.583 2	0.587 1	0.591 0	0.594 8	0.598 7	0.602 6	0.606 4	0.610 3	0.614 1
0.3	0.617 9	0.621 7	0.625 5	0.629 3	0.633 1	0.636 8	0.640 4	0.644 3	0.648 0	0.651 7
0.4	0.655 4	0.659 1	0.662 8	0.666 4	0.670 0	0.673 6	0.677 2	0.680 8	0.684 4	0.687 9
0.5	0.691 5	0.695 0	0.698 5	0.701 9	0.705 4	0.708 8	0.712 3	0.715 7	0.719 0	0.722 4
0.6	0.725 7	0.729 1	0.732 4	0.735 7	0.738 9	0.742 2	0.745 4	0.748 6	0.751 7	0.754 9
0.7	0.758 0	0.761 1	0.764 2	0.767 3	0.770 3	0.773 4	0.776 4	0.779 4	0.782 3	0.785 2
0.8	0.788 1	0.791 0	0.793 9	0.796 7	0.799 5	0.802 3	0.805 1	0.807 8	0.810 6	0.813 3
0.9	0.815 9	0.818 6	0.821 2	0.823 8	0.826 4	0.828 9	0.835 5	0.834 0	0.836 5	0.838 9
1	0.841 3	0.843 8	0.846 1	0.848 5	0.850 8	0.853 1	0.855 4	0.857 7	0.859 9	0.862 1
1.1	0.864 3	0.866 5	0.868 6	0.870 8	0.872 9	0.874 9	0.877 0	0.879 0	0.881 0	0.883 0
1.2	0.884 9	0.886 9	0.888 8	0.890 7	0.892 5	0.894 4	0.896 2	0.898 0	0.899 7	0.901 5
1.3	0.903 2	0.904 9	0.906 6	0.908 2	0.909 9	0.911 5	0.913 1	0.914 7	0.916 2	0.917 7
1.4	0.919 2	0.920 7	0.922 2	0.923 6	0.925 1	0.926 5	0.927 9	0.929 2	0.930 6	0.931 9
1.5	0.933 2	0.934 5	0.935 7	0.937 0	0.938 2	0.939 4	0.940 6	0.941 8	0.943 0	0.944 1
1.6	0.945 2	0.946 3	0.947 4	0.948 4	0.949 5	0.950 5	0.951 5	0.952 5	0.953 5	0.953 5

1.7	0.955 4	0.956 4	0.957 3	0.958 2	0.959 1	0.959 9	0.960 8	0.961 6	0.962 5	0.963 3
1.8	0.964 1	0.964 8	0.965 6	0.966 4	0.967 2	0.967 8	0.968 6	0.969 3	0.970 0	0.970 6
1.9	0.971 3	0.971 9	0.972 6	0.973 2	0.973 8	0.974 4	0.975 0	0.975 6	0.976 2	0.976 7
2	0.977 2	0.977 8	0.978 3	0.978 8	0.979 3	0.979 8	0.980 3	0.980 8	0.981 2	0.981 7
2.1	0.982 1	0.982 6	0.983 0	0.983 4	0.983 8	0.984 2	0.984 6	0.985 0	0.985 4	0.985 7
2.2	0.986 1	0.986 4	0.986 8	0.987 1	0.987 4	0.987 8	0.988 1	0.988 4	0.988 7	0.989 0
2.3	0.989 3	0.989 6	0.989 8	0.990 1	0.990 4	0.990 6	0.990 9	0.991 1	0.991 3	0.991 6
2.4	0.991 8	0.992 0	0.992 2	0.992 5	0.992 7	0.992 9	0.993 1	0.993 2	0.993 4	0.993 6
2.5	0.993 8	0.994 0	0.994 1	0.994 3	0.994 5	0.994 6	0.994 8	0.994 9	0.995 1	0.995 2
2.6	0.995 3	0.995 5	0.995 6	0.995 7	0.995 9	0.996 0	0.996 1	0.996 2	0.996 3	0.996 4
2.7	0.996 5	0.996 6	0.996 7	0.996 8	0.996 9	0.997 0	0.997 1	0.997 2	0.997 3	0.997 4
2.8	0.997 4	0.997 5	0.997 6	0.997 7	0.997 7	0.997 8	0.997 9	0.997 9	0.998 0	0.998 1
2.9	0.998 1	0.998 2	0.998 2	0.998 3	0.998 4	0.998 4	0.998 5	0.998 5	0.998 6	0.998 6
x	0	0.1	0.2	0.3	0.4	0.5	0.6	0.7	0.8	0.9
3	0.998 7	0.999 0	0.999 3	0.999 5	0.999 7	0.999 8	0.999 8	0.999 9	0.999 9	1.000 0

附表 2　泊松分布数值表

$$P(X=m)=\frac{\lambda^m}{m!}e^{-\lambda}$$

m \ λ	0.1	0.2	0.3	0.4	0.5	0.6	0.7	0.8
0	0.904 837	0.818 731	0.740 818	0.670 320	0.606 531	0.548 812	0.496 585	0.449 329
1	0.090 484	0.163 746	0.222 245	0.268 128	0.303 265	0.329 287	0.347 610	0.359 463
2	0.004 524	0.016 375	0.033 337	0.053 626	0.075 816	0.098 786	0.121 663	0.143 785
3	0.000 151	0.001 092	0.003 334	0.007 150	0.012 636	0.019 757	0.028 388	0.038 343
4	0.000 004	0.000 055	0.000 250	0.000 715	0.001 580	0.002 964	0.004 968	0.007 669
5		0.000 002	0.000 015	0.000 057	0.000 158	0.000 356	0.000 696	0.001 227
6			0.000 001	0.000 004	0.000 013	0.000 036	0.000 081	0.000 164
7					0.000 001	0.000 003	0.000 008	0.000 019
8							0.000 001	0.000 002

m \ λ	0.9	1.0	1.5	2.0	2.5	3.0	3.5	4.0
0	0.406 570	0.367 879	0.223 130	0.135 335	0.082 085	0.049 787	0.030 197	0.018 316
1	0.365 913	0.367 879	0.334 695	0.270 671	0.205 212	0.149 361	0.105 691	0.073 263
2	0.164 661	0.183 940	0.251 021	0.270 671	0.256 516	0.224 042	0.184 959	0.146 525
3	0.049 398	0.061 313	0.125 511	0.180 447	0.213 763	0.224 042	0.215 785	0.195 367
4	0.011 115	0.015 328	0.047 067	0.090 224	0.133 602	0.168 031	0.188 812	0.195 367
5	0.002 001	0.003 066	0.014 120	0.036 089	0.066 801	0.100 819	0.132 169	0.156 293
6	0.000 300	0.000 511	0.003 530	0.012 030	0.027 834	0.050 409	0.077 098	0.104 196
7	0.000 039	0.000 073	0.000 756	0.003 437	0.009 941	0.021 604	0.038 549	0.059 540
8	0.000 004	0.000 009	0.000 142	0.000 859	0.003 106	0.008 102	0.016 865	0.029 770
9		0.000 001	0.000 024	0.000 191	0.000 863	0.002 701	0.006 559	0.013 231
10			0.000 004	0.000 038	0.000 216	0.000 810	0.002 296	0.005 292
11				0.000 007	0.000 049	0.000 221	0.000 730	0.001 925
12				0.000 001	0.000 010	0.000 055	0.000 213	0.000 642
13					0.000 002	0.000 013	0.000 057	0.000 197
14						0.000 003	0.000 014	0.000 056
15						0.000 001	0.000 003	0.000 015
16							0.000 001	0.000 004
17								0.000 001

m \ λ	4.5	5.0	5.5	6.0	6.5	7.0	7.5	8.0
0	0.011 109	0.006 738	0.004 087	0.002 479	0.001 503	0.000 912	0.000 553	0.000 335
1	0.049 990	0.033 690	0.022 477	0.014 873	0.009 772	0.006 383	0.004 148	0.002 684
2	0.112 479	0.084 224	0.061 812	0.044 618	0.031 760	0.022 341	0.015 555	0.010 735
3	0.168 718	0.140 374	0.113 323	0.089 235	0.068 814	0.052 129	0.038 889	0.028 626
4	0.189 808	0.175 467	0.155 819	0.133 853	0.111 822	0.091 226	0.072 916	0.057 252
5	0.170 827	0.175 467	0.171 401	0.160 623	0.145 369	0.127 717	0.109 375	0.091 604
6	0.128 120	0.146 223	0.157 117	0.160 623	0.157 483	0.149 003	0.136 718	0.122 138
7	0.082 363	0.104 445	0.123 449	0.137 677	0.146 234	0.149 003	0.146 484	0.139 587
8	0.046 329	0.065 278	0.084 871	0.103 258	0.118 815	0.130 377	0.137 329	0.139 587
9	0.023 165	0.036 266	0.051 866	0.068 838	0.085 811	0.101 405	0.114 440	0.124 077
10	0.010 424	0.018 133	0.028 526	0.041 303	0.055 777	0.070 983	0.085 830	0.099 262
11	0.004 264	0.008 242	0.014 263	0.022 529	0.032 959	0.045 171	0.058 521	0.072 190
12	0.001 599	0.003 434	0.006 537	0.011 264	0.017 853	0.026 350	0.036 575	0.048 127
13	0.000 554	0.001 321	0.002 766	0.005 199	0.008 926	0.014 188	0.021 101	0.029 616
14	0.000 178	0.000 472	0.001 087	0.002 228	0.004 144	0.007 094	0.011 304	0.016 924

m \ λ	4.5	5.0	5.5	6.0	6.5	7.0	7.5	8.0
15	0.000 053	0.000 157	0.000 398	0.000 891	0.001 796	0.003 311	0.005 652	0.009 026
16	0.000 015	0.000 049	0.000 137	0.000 334	0.000 730	0.001 448	0.002 649	0.004 513
17	0.000 004	0.000 014	0.000 044	0.000 118	0.000 279	0.000 596	0.001 169	0.002 124
18	0.000 001	0.000 004	0.000 014	0.000 039	0.000 101	0.000 232	0.000 487	0.000 944
19		0.000 001	0.000 004	0.000 012	0.000 034	0.000 085	0.000 192	0.000 397
20			0.000 001	0.000 004	0.000 011	0.000 030	0.000 072	0.000 159
21				0.000 001	0.000 003	0.000 010	0.000 026	0.000 061
22					0.000 001	0.000 003	0.000 009	0.000 022
23						0.000 001	0.000 003	0.000 008
24							0.000 001	0.000 003
25								0.000 001

m \ λ	8.5	9.0	9.5	10	12	15	18	20
0	0.000 203	0.000 123	0.000 075	0.000 045	0.000 006	0.000 000	0.000 000	0.000 000
1	0.001 729	0.001 111	0.000 711	0.000 454	0.000 074	0.000 005	0.000 000	0.000 000
2	0.007 350	0.004 998	0.003 378	0.002 270	0.000 442	0.000 034	0.000 002	0.000 000
3	0.020 826	0.014 994	0.010 696	0.007 567	0.001 770	0.000 172	0.000 015	0.000 003
4	0.044 255	0.033 737	0.025 403	0.018 917	0.005 309	0.000 645	0.000 067	0.000 014
5	0.075 233	0.060 727	0.048 266	0.037 833	0.012 741	0.001 936	0.000 240	0.000 055
6	0.106 581	0.091 090	0.076 421	0.063 055	0.025 481	0.004 839	0.000 719	0.000 183
7	0.129 419	0.117 116	0.103 714	0.090 079	0.043 682	0.010 370	0.001 850	0.000 523
8	0.137 508	0.131 756	0.123 160	0.112 599	0.065 523	0.019 444	0.004 163	0.001 309
9	0.129 869	0.131 756	0.130 003	0.125 110	0.087 364	0.032 407	0.008 325	0.002 908
10	0.110 388	0.118 580	0.123 502	0.125 110	0.104 837	0.048 611	0.014 985	0.005 816
11	0.085 300	0.097 020	0.106 661	0.113 736	0.114 368	0.066 287	0.024 521	0.010 575
12	0.060 421	0.072 765	0.084 440	0.094 780	0.114 368	0.082 859	0.036 782	0.017 625
13	0.039 506	0.050 376	0.061 706	0.072 908	0.105 570	0.095 607	0.050 929	0.027 116
14	0.023 986	0.032 384	0.041 872	0.052 077	0.090 489	0.102 436	0.065 480	0.038 737
15	0.013 592	0.019 431	0.026 519	0.034 718	0.072 391	0.102 436	0.078 576	0.051 649
16	0.007 221	0.010 930	0.015 746	0.021 699	0.054 293	0.096 034	0.088 397	0.064 561
17	0.003 610	0.005 786	0.008 799	0.012 764	0.038 325	0.084 736	0.093 597	0.075 954
18	0.001 705	0.002 893	0.004 644	0.007 091	0.025 550	0.070 613	0.093 597	0.084 394
19	0.000 763	0.001 370	0.002 322	0.003 732	0.016 137	0.055 747	0.088 671	0.088 835
20	0.000 324	0.000 617	0.001 103	0.001 866	0.009 682	0.041 810	0.079 804	0.088 835

m \ λ	8.5	9.0	9.5	10	12	15	18	20
21	0.000 131	0.000 264	0.000 499	0.000 889	0.005 533	0.029 865	0.068 403	0.084 605
22	0.000 051	0.000 108	0.000 215	0.000 404	0.003 018	0.020 362	0.055 966	0.076 914
23	0.000 019	0.000 042	0.000 089	0.000 176	0.001 574	0.013 280	0.043 800	0.066 881
24	0.000 007	0.000 016	0.000 035	0.000 073	0.000 787	0.008 300	0.032 850	0.055 735
25	0.000 002	0.000 006	0.000 013	0.000 029	0.000 378	0.004 980	0.023 652	0.044 588
26	0.000 001	0.000 002	0.000 005	0.000 011	0.000 174	0.002 873	0.016 374	0.034 298
27		0.000 001	0.000 002	0.000 004	0.000 078	0.001 596	0.010 916	0.025 406
28			0.000 001	0.000 001	0.000 033	0.000 855	0.007 018	0.018 147
29				0.000 001	0.000 014	0.000 442	0.004 356	0.012 515
30					0.000 005	0.000 221	0.002 613	0.008 344
31					0.000 002	0.000 107	0.001 517	0.005 383
32					0.000 001	0.000 050	0.000 854	0.003 364
33						0.000 023	0.000 466	0.002 039
34						0.000 010	0.000 246	0.001 199
35						0.000 004	0.000 127	0.000 685
36						0.000 002	0.000 063	0.000 381
37						0.000 001	0.000 031	0.000 206
38							0.000 015	0.000 108
39							0.000 007	0.000 056

习 题 答 案

第 1 章

习题 1.1

1. (1) $\{x \mid x \geqslant 3 \text{ 或 } x \leqslant -3\}$；　　(2) $\{x \mid x \neq 4 \text{ 且 } x \neq -1\}$；　　(3) $\{x \mid x > -1\}$.

2. (1) 定义域相同，对应法则不同，故两个函数不相同；

　(2) 定义域不相同，故两个函数不相同；

　(3) 定义域相同，对应法则相同，两个函数相同.

3. (1) $f(2) = 2$，$f(-2) = \dfrac{-1}{128}$，$f(x^2) = \dfrac{x^2}{16} \cdot 4^{x^2}$，$f\left(\dfrac{1}{x}\right) = \dfrac{1}{16x} \cdot 4^{\frac{1}{x}}$；

　(2) $f(0) = 1$，$f(1) = 5$，$f(-1) = -1$，$f(-x) = x^2 - 3x + 1$，$f\left(\dfrac{1}{x}\right) = \dfrac{1}{x^2} + \dfrac{3}{x} + 1$.

4. $y = \begin{cases} 1, & x > 0 \\ -1, & x < 0 \end{cases}$，定义域为 $(-\infty, 0) \cup (0, +\infty)$，$f(1) = 1$，$f(-1) = -1$.

5. (1) 非奇非偶；　　(2) 奇函数；　　(3) 偶函数；　　(4) 奇函数.

6. (1) $y = \ln(e^{\tan x} + 1)$；　　　　　　(2) $y = \sqrt{\sin^2 x - 1}$.

7. $f(f(x)) = e^{e^x}$，$f(g(x)) = e^{\ln x} = x$，$g(f(x)) = \ln e^x = x$.

8. (1) $y = \cos u$，$u = \dfrac{1}{x^2}$；　　　　　　(2) $y = 3^u$，$u = x^{-1/2}$；

　(3) $y = \ln u$，$u = \sin v$，$v = x^3$；　　　(4) $y = u^2$，$u = \arctan v$，$v = 2^x$.

9. (1) $y = e^u$，$u = \sin x - \cos x$；　　　　(2) $y = \ln u$，$u = 1 - x^2$；

　(3) $y = u^3$，$u = \arctan v$，$v = \dfrac{1+x^2}{1-x^2}$；　　(4) $y = \cos u$，$u = e^v$，$v = x^2 - 2x + 2$.

10. $V = x(a - 2x)^2 \left(0 < x < \dfrac{a}{2}\right)$.

11. $A = 2\pi r^2 + \dfrac{2V}{r} (r > 0)$.

12. $m = \begin{cases} ks, & 0 < x \leqslant a \\ ka + \dfrac{4}{5}k(s-a), & a < s \end{cases}$.

13. $P = 170 - \dfrac{x}{50}$；当 $x = 800$ 时，$P = 154$ 元/台.

习题 1.2

1. (1) $\dfrac{1}{3}, \dfrac{2}{5}, \dfrac{3}{7}, \dfrac{4}{9}, \cdots, \dfrac{n}{2n+1}, \cdots$ 收敛于 $\dfrac{1}{2}$；

   (2) $\dfrac{1}{3}, \dfrac{1}{3^2}, \dfrac{1}{3^3}, \dfrac{1}{3^4}, \cdots, \dfrac{1}{3^n}, \cdots$ 收敛于 0；

   (3) $1, -\dfrac{1}{2}, \dfrac{1}{3}, -\dfrac{1}{4}, \cdots, (-1)^{n+1} \cdot \dfrac{1}{n}, \cdots$ 收敛于 0；

   (4) $-3, 3, -1, \cdots, (-1)^n \cdot 3, \cdots$ 发散.

2. $\lim\limits_{x \to -\infty} f(x) = \pi$, $\lim\limits_{x \to +\infty} f(x) = 0$, $\lim\limits_{x \to \infty} f(x)$ 不存在.

3. (1) 6;　(2) -5;　(3) ∞;　(4) $\dfrac{2}{3}$;　(5) $\dfrac{2}{3}$;　(6) $\dfrac{1}{4}$;

   (7) $\dfrac{3}{2}$;　(8) 0;　(9) $\left(\dfrac{2}{3}\right)^{20}$;　(10) ∞;　(11) 0;　(12) 0.

4. (1) 5;　(2) $\dfrac{a}{b}$;　(3) $\dfrac{2}{3}$;　(4) 1;　(5) 2;　(6) 2;

   (7) e^2;　(8) e^{-1};　(9) e^{-1};　(10) e^{-1};　(11) e;　(12) e^2.

5. (1) $x \to 2$; (2) $x \to 0$; 　(3) $x \to -\infty$; 　　　(4) $x \to 2$ 或 $x \to 3$.

6. (1) 当 $x \to 2^-$ 时，为负无穷大；当 $x \to -\infty$ 时，为正无穷大；(2) $x \to -\infty$.

7. (1) 低阶；(2) 同阶；　(3) 高阶；　(4) 等价.

习题 1.3

1. (1) 不连续；　　　　　(2) 连续.
2. (1) $k = 1$;　　　　　(2) $k = e^2$.
3. (1) $x = 0$;　　　　　(2) $x = 0$.
4. (1) $(-2, +\infty), \ln 2$;　(2) $(-\infty, +\infty), \sqrt{2}$.
5. 略.

综合练习题一

1. (1) $\Delta x^2 + 2x\Delta x - 3\Delta x$;　　(2) $f(u) = \sqrt{u}, u = x^2 - 1$;　　(3) $\ln \sin x, \sin \ln x$;
   (4) $\to 0$;　　　　　(5) $(1, +\infty)$;　　　　　(6) $x = 0$.

2. (1) B;　(2) B;　(3) C;　(4) C;
   (5) D;　(6) D;　(7) B;　(8) A.

3. (1) $\dfrac{7}{4}$;　　(2) ∞;　　(3) $\dfrac{1}{2\sqrt{x}}$;　(4) $-\dfrac{1}{2}$;　(5) $\dfrac{5}{3}$;

   (6) 1;　　(7) e^{-6};　　(8) $-\dfrac{1}{2}$;　(9) 0;　　(10) -2.

4. (1) 1;　　(2) 略;　　(3) $S = (a - 2x)^2 + 4x(a - 2x) \left(0 < x < \dfrac{a}{2}\right)$.

第 2 章

习题 2.1

1. (1) $10-g-\dfrac{1}{2}g\Delta t$; (2) $10-g$;

(3) $10-gt_0-\dfrac{1}{2}g\Delta t$; (4) $10-gt_0$.

2. (1) 若 $f'(t)>0$, 则 $f(t)$ 是增函数, 所以, 随着时间的推移, 甘薯温度不断升高.

(2) $f'(20)$ 的单位是 ℃/min, $f'(20)=2$ 表示, 在第 20 min 时, 甘薯温度升高的瞬时速率为 2 ℃/min.

3. 0.

4. $3x^2$.

5. (1) $x+y-2=0$; (2) $y=2x-1$.

习题 2.2

1. (1) $20x^3-6x+1$; (2) $(a+b)x^{a+b-1}$;

(3) $\dfrac{1}{2\sqrt{x}}+\dfrac{1}{x^2}$; (4) $-\dfrac{1}{2}\dfrac{1}{\sqrt{x^3}}-\dfrac{3}{2}\sqrt{x}$;

(5) $\dfrac{1-x}{2\sqrt{x^3}}$; (6) $x-\dfrac{4}{x^3}$;

(7) $2x\ln x+x$; (8) $-\dfrac{2}{(x-1)^2}$;

(9) $-\sin x+2x\sin x+x^2\cos x$; (10) $3^x\mathrm{e}^x(\ln 3+1)$;

(11) $\dfrac{\sec x(x\tan x-1)}{x^2}+\dfrac{\tan x-x\sec^2 x}{\tan^2 x}$; (12) $\dfrac{\cot x}{2\sqrt{x}}-\sqrt{x}\csc^2 x$;

(13) $(\ln 10)10^x\sin x+10^x\cos x-\dfrac{1}{x\ln 10}$; (14) $5x^4+5^x\ln 5$;

(15) $4\cos x-\dfrac{1}{x}+\dfrac{1}{\sqrt{x}}$; (16) $-\dfrac{1+2x}{(1+x+x^2)^2}$;

(17) $2x\mathrm{e}^x+x^2\mathrm{e}^x+\dfrac{(\sin x+x\cos x)(1+\tan x)-x\sin x\sec^2 x}{(1+\tan x)^2}$;

(18) $\cot x-x\csc^2 x+2\csc x\cot x$.

2. (1) $3\mathrm{e}$; (2) $\dfrac{1-\ln 2}{2}$.

习题 2.3

1. (1) $f'(x)=\dfrac{2}{x\ln(\ln 3x)\ln 3x}$; $f'(\mathrm{e})=\dfrac{2}{\mathrm{e}\ln 3\mathrm{e}\ln(\ln 3\mathrm{e})}$.

(2) $f'(x)=-\dfrac{1}{x^2}\mathrm{e}^{\tan\frac{1}{x}}\left(\sec^2\dfrac{1}{x}\sin\dfrac{1}{x}+\cos\dfrac{1}{x}\right)$; $f'\left(\dfrac{1}{\pi}\right)=\pi^2$.

2. (1) $15(3x+1)^4$;

(2) $\dfrac{1}{x\ln x}$;

(3) $3x^2\cos(x^3)$;

(4) $\dfrac{1}{x^2}\csc^2\left(\dfrac{1}{x}\right)$;

(5) $\sin 2x$;

(6) $-\dfrac{1}{2\sqrt{1-x^2}}$;

(7) $-2xe^{-x^2}$;

(8) $4x\sec x^2\tan x^2$;

(9) $\dfrac{1}{\sqrt{2x}}\cot\dfrac{1}{x}+\sqrt{2x}\dfrac{1}{x^2}\csc^2\left(\dfrac{1}{x}\right)$;

(10) $\dfrac{\sqrt{x^2-a^2}-\dfrac{x}{\sqrt{x^2-a^2}}}{x^2-a^2}$.

习题 2.4

1. (1) $y'=\dfrac{2}{2-\cos y}$;

(2) $y'=\dfrac{-y}{x+e^y}$.

2. (1) $4-\dfrac{1}{x^2}$;

(2) $-2e^{-x}\cos x$;

(3) $\left(\dfrac{1}{4x}-\dfrac{1}{4}x^{-\frac{3}{2}}\right)e^{\sqrt{x}}$.

3. $y=-\dfrac{3}{4}\sqrt{3}x+2\sqrt{3}$.

习题 2.5

1. (1) $dy=(20x^3+1)dx$;

(2) $dy=(x+2)e^x dx$;

(3) $dy=(-\sin x+2x\sin x+x^2\cos x)dx$;

(4) $dy=-\dfrac{2}{(x-1)^2}dx$;

(5) $dy=\dfrac{1}{x\ln x}dx$;

(6) $dy=3^x e^x(\ln 3+1)dx$;

(7) $dy=\dfrac{\sec^2\sqrt{x}}{2\sqrt{x}}dx$;

(8) $dy=-\tan x dx$;

(9) $dy=(-\csc x\cot x+\sin(2^x)+(\ln 2)x2^x\cos(2^x))dx$;

(10) $dy=\dfrac{(\sin x+x\cos x)(1+\tan x)-x\sin x\sec^2 x}{(1+\tan x)^2}dx$.

2. (1) $\dfrac{3}{2}x^2+C$;

(2) $4\sqrt{x}+C$;

(3) $-\dfrac{1}{x}+C$;

(4) e^x+C;

(5) $\cos x+C$;

(6) $\tan x+C$.

3. (1) 1;

(2) 0.874 7.

习题 2.6

1. 略.

2. $(0,+\infty)$ 上单调增加.

3. (1) 单增区间 $(-\infty, -1), (3, +\infty)$，单减区间 $(-1, 3)$，极大值 $f(-1) = 15$，极小值 $f(3) = -49$；

(2) 单增区间 $\left(\dfrac{1}{2}, +\infty\right)$，单减区间 $\left(0, \dfrac{1}{2}\right)$，极小值 $f\left(\dfrac{1}{2}\right) = \dfrac{1}{2} + \ln 2$；

(3) 单增区间 $(-\infty, -2), (2, +\infty)$，单减区间 $(-2, 0), (0, 2)$，极大值 $f(-2) = -8$，极小值 $f(2) = 8$；

(4) 单增区间 $\left(-\infty, \dfrac{1}{5}\right), (1, +\infty)$，单减区间 $\left(\dfrac{1}{5}, 1\right)$，极大值 $f\left(\dfrac{1}{5}\right) = \dfrac{4^2 \times 6^3}{5^5}$，极小值 $f(1) = 0$.

4. (1) 凸区间 $\left(-\infty, \dfrac{5}{3}\right)$，凹区间 $\left(\dfrac{5}{3}, +\infty\right)$，拐点 $\left(\dfrac{5}{3}, -\dfrac{250}{27}\right)$；

(2) 凸区间 $(-\infty, -1), (1, +\infty)$，凹区间 $(-1, 1)$，拐点 $(-1, \ln 2)$ 和 $(1, \ln 2)$；

(3) 凸区间 $(-\infty, 1)$，凹区间 $(1, +\infty)$，拐点 $(1, -17)$；

(4) 凸区间 $\left(-\infty, -\dfrac{\sqrt{3}}{3}\right), \left(\dfrac{\sqrt{3}}{3}, +\infty\right)$，凹区间 $\left(-\dfrac{\sqrt{3}}{3}, \dfrac{\sqrt{3}}{3}\right)$，拐点 $\left(-\dfrac{\sqrt{3}}{3}, \dfrac{1}{3}\right)$ 和 $\left(\dfrac{\sqrt{3}}{3}, \dfrac{1}{3}\right)$；

(5) 凸区间 $(0, 1)$，凹区间 $(-\infty, 0), (1, +\infty)$，拐点 $(0, 1)$ 和 $(1, 0)$；

(6) 凹区间 $(-\infty, +\infty)$，无拐点.

5. (1) 2； (2) 1； (3) 2； (4) $\dfrac{4}{e^x}$.

6. 略.

综合练习题二

1. (1) $y' = 3x^2 - 2$； (2) $\left(-\infty, -\dfrac{\sqrt{3}}{3}\right), \left(-\dfrac{\sqrt{3}}{3}, \dfrac{\sqrt{3}}{3}\right), \left(\dfrac{\sqrt{3}}{3}, +\infty\right)$； (3) $f'(0)$；

(4) 0； (5) $(1, 0)$； (6) $(0, 0)$； (7) $\dfrac{1}{(x-1)^2}$.

2. (1) A；   (2) B；   (3) A；   (4) B；   (5) C.

3. (1) $\dfrac{3}{2}\sqrt{x} - \dfrac{2}{x^3} - 10x$；

(2) $2x \ln \sqrt[3]{x} + \dfrac{x^2 + 1}{3x}$；

(3) $\dfrac{2^x e^x (1 + \ln 2) \tan x - 2^x e^x \sec^2 x}{\tan^2 x}$；

(4) $e^x \log_2 \sqrt{x} + e^x \dfrac{1}{2x \ln 2}$；

(5) $\dfrac{e^x + \ln x + 1}{e^x + x \ln x}$；

(6) $\dfrac{1}{x^2} e^{\frac{1}{x}} \csc^2 e^{\frac{1}{x}}$；

(7) $-\dfrac{\cos(\cos \sqrt{x}) \sin \sqrt{x}}{2\sqrt{x}}$；

(8) $\dfrac{x \sec^2 x - \tan x}{x^2}$；

(9) $-\dfrac{2^{x-1} [\sin(2^x)] \ln 2}{\sqrt{\cos(2^x)}}$；

(10) $-\dfrac{4 \sin 2x}{(1 - \cos 2x)^2}$；

(11) $\dfrac{3}{2}\sqrt{x} - \dfrac{\cot x}{2\sqrt{x}} + \sqrt{x} \csc^2 x$；

(12) $\dfrac{1 - 2x^2}{2\sqrt{1 - x^2}} + 2x \cos(x^2)$. (微分略)

4. $-\dfrac{1}{27}, 0, 1, 4$.

5. $-\dfrac{3}{2}, \dfrac{9}{2}$.

第3章

习题 3.1

1. 略.

2. $F(x)=x^3-2x^2$.

3. (1) $-\dfrac{1}{x}+C$;　　(2) $\dfrac{2}{7}x^{\frac{7}{2}}+C$; (3) $3e^x+C$;　　(4) $\dfrac{1}{12}x^3+3x-\dfrac{9}{x}+C$.

4. (1) $\dfrac{\sqrt[3]{2+\ln x}}{x}$;　　(2) $e^{2x}\cos x^2+C$.

5. $y=-\cos x+2$.

6. $y=\sqrt{x}+1$.

7. $y=\ln|x|+1$.

习题 3.2

1. (1) $3x+\dfrac{1}{2}x^4-\dfrac{1}{2x^2}+C$;　　　　(2) $-\dfrac{1}{x}-\arctan x+C$;

(3) $4\sqrt{x}+\dfrac{1}{3}x^{\frac{3}{2}}+C$.

2. (1) $x-\dfrac{1}{2x}+C$;　　　　(2) $\dfrac{3}{\ln 2-\ln 3}\cdot\left(\dfrac{2}{3}\right)^x-4x+C$;

(3) $\dfrac{x}{2}-\dfrac{\sin x}{2}+C$;　　　　(4) $-\cot x-x+C$;

(5) $\dfrac{1}{3}x^3-\dfrac{3}{2}x^2+9x+C$;　　　　(6) $\dfrac{1}{2}x^2-\sqrt{2}x+C$;

(7) e^x+x+C;　　　　(8) $e^x+\dfrac{1}{x}+C$;

(9) $\sin x-\cos x+C$;　　　　(10) $\dfrac{1}{2}\tan x+\dfrac{1}{2}x+C$.

3. $-\dfrac{1}{x\sqrt{1-x^2}}$.

4. $y=\dfrac{7}{3}x^3$.

5. (1) 27 米;　　　　(2) $\sqrt[3]{360}$ 秒.

习题 3.3

1. (1) $\dfrac{1}{63}(3x+2)^{21}+C$;　　　　(2) $-\dfrac{1}{32}(3-2x)^{16}+C$;

(3) $e^x+e^{-x}+C$;　　　　(4) $\ln|e^x+2|+C$;

(5) $\sin e^x+C$;　　　　(6) $-2\cos\sqrt{x}+C$;

(7) $-\sin\dfrac{1}{x}+C$;　　　　(8) $-2\ln\left|\cos\dfrac{x}{2}\right|+C$;

(9) $\dfrac{1}{3}\ln^3 x+C$；　　　　　　　　(10) $\dfrac{1}{2}\arctan^2 x+C.$

2. (1) $-2\sqrt{2-x}+2\ln\left|1+\sqrt{2-x}\right|+C$；　(2) $2\sqrt{x-1}-2\arctan\sqrt{x-1}+C$；

 (3) $\dfrac{3}{4}(x-1)^{\frac{4}{3}}+C$；　　　　　(4) $x+2\sqrt{x}-2\ln\left|\sqrt{x}-1\right|+C$；

 (5) $\dfrac{1}{3}\arcsin\left(\dfrac{3}{2}x\right)+C$；　　　(6) $\dfrac{1}{6}\arctan\left(\dfrac{3}{2}x\right)+C.$

3. (1) $-\mathrm{e}^{-x}(x+1)+C$；　　　　　(2) $-x\cos x+\sin x+C$；

 (3) $x^2\sin x-2x\cos x+2\sin x+C$；　(4) $\dfrac{2}{3}x^{\frac{3}{2}}\ln x-\dfrac{4}{9}x^{\frac{3}{2}}+C$；

 (5) $x\arctan x-\dfrac{1}{2}\ln\left|1+x^2\right|+C$；　(6) $x\ln(1+x^2)-2x+2\arctan x+C$；

 (7) $x\arcsin x+\sqrt{1-x^2}+C$；　　(8) $\dfrac{1}{3}x^3\ln x-\dfrac{1}{9}x^3+C$；

 (9) $\dfrac{1}{2}x^2\arccos x-\dfrac{1}{4}\arcsin x+\dfrac{x\sqrt{1-x^2}}{4}+C$；

 (10) $\dfrac{1}{2}\mathrm{e}^x(\sin x+\cos x)+C.$

综合练习题三

1. (1) 相差常数 C；　　(2) $-\sin x$；　　(3) 2^x+x^2+C；　　(4) $\ln x$；
 (5) $F(\ln 3x)+C$；　　(6) $\mathrm{e}^{-x}+C,-\mathrm{e}^{-x}+C,x+C.$

2. (1) B；　(2) C；　(3) D；　(4) A；　(5) A.

3. (1) $-\sin\dfrac{1}{x}+C$；　　　　　　(2) $-\dfrac{1}{3}\sqrt{2-3x^2}+C$；

 (3) $\arctan \mathrm{e}^x+C$；　　　　　(4) $-\ln\left|\mathrm{e}^{-x}-1\right|+C$；

 (5) $\sin x-\dfrac{1}{3}\sin^3 x+C$；　　　(6) $-\dfrac{1}{10}\cos 5x+\dfrac{1}{2}\cos x+C$；

 (7) $\dfrac{3}{2}\sqrt[3]{(1+x)^2}-3\sqrt[3]{1+x}+3\ln\left|\sqrt[3]{1+x}+1\right|+C$；

 (8) $2\sqrt{x}-4\sqrt[4]{x}+4\ln(1+\sqrt[4]{x})+C$；

 (9) $x\ln(1+x^2)-2x+2\arctan x+C$；　(10) $x\tan x+\ln\left|\cos x\right|-\dfrac{1}{2}x^2+C.$

4. (1) $2\sqrt{x}\sin\sqrt{x}+2\cos\sqrt{x}+C$；　　(2) $2\sqrt{x}\mathrm{e}^{\sqrt{x}}-2\mathrm{e}^{\sqrt{x}}+C$
 (3) $2\arctan\sqrt{x}+C$；　　　　　(4) $x\arctan\sqrt{x}-\sqrt{x}+\arctan\sqrt{x}+C.$

5. $-\dfrac{1}{3}\sqrt{(1-x^2)^3}+C.$

6. $\ln x+1.$

7. $\cos x-\dfrac{2}{x}\sin x+C.$

8. $s=\dfrac{3}{2}t^2+2t+5.$

9. (1) $y=\sqrt{x}+2$；　(2) $y=-x^4+7.$

第 4 章

习题 4.1

1. (1) 正;　　(2) 负.
2. (1) 错;　　(2) 对.
3. (1) 0;　　(2) 1.

习题 4.2

1. (1) $\dfrac{b^{n+1}-a^{n+1}}{n+1}$;　　(2) 5;　　(3) $\dfrac{\pi}{4}$;　　(4) $\dfrac{\pi}{6}$;

(5) $1-\dfrac{\pi}{4}$;　　(6) $13\dfrac{1}{3}$.

2. (1) 2;　　(2) 1;　　(3) 1.

3. $e+\dfrac{4}{3}$.

4. (1) $\sqrt{x^2+2}$;　　(2) $-\sin x^2$.

5. $-\cos(3x+1)$.

6. 0.

习题 4.3

1. (1) $a^3-\dfrac{a}{2}+a$;　　(2) $4-2\sqrt{2}$;　　(3) $\dfrac{17}{4}$;　　(4) $-\dfrac{20}{3}$.

2. (1) 0;　　(2) 2;　　(3) $\dfrac{1}{2}\left(1-\dfrac{1}{e}\right)$;　　(4) 2;

(5) $\dfrac{3}{2}$;　　(6) $\sin e-\sin 1$;　　(7) $2-\sqrt[4]{8}$;　　(8) -1.

3. (1) 1;　　(2) $1-\dfrac{2}{e}$;　　(3) $\dfrac{1}{4}(3e^4+1)$;　　(4) $\dfrac{1}{9}(2e^3+1)$;

(5) $\ln 2-\dfrac{1}{2}$;　　(6) $\dfrac{1}{2}(1+e^{\frac{\pi}{2}})$.

4. (1) $\dfrac{1}{2}$;　　(2) 1;　　(3) $\dfrac{1}{2}\ln 2$;$\left(提示:\dfrac{1}{x(1+x^2)}=\dfrac{1}{x}-\dfrac{x}{1+x^2}\right)$

(4) π. $\left(提示:\dfrac{1}{x^2+2x+2}=\dfrac{1}{(x+1)^2+1}\right)$

5. (1) 发散;　　(2) 发散.

习题 4.4

1. (1) $20\dfrac{5}{6}$;　　(2) 1;　　(3) $\dfrac{1}{2}$;　　(4) $\dfrac{32}{3}$.

2. (1) $\dfrac{3}{10}\pi$;　　(2) $\dfrac{13}{16}\pi$;　　(3) $\dfrac{4}{3}\pi a^2 b$;　　(4) 2π.

3. $\dfrac{1}{3}$.

4. $\dfrac{e}{2}-1$.

5. $\dfrac{8}{3}\pi$.

6. $\dfrac{1}{3}\pi R^2 h$.

7. 7 659.38 元.

8. 293.43 元.（提示：需要把年利率折算成月利率）

综合练习题四

1. (1) $3a^{3x}$；　　　　 (2) $\sin x^2$；　 (3) $-xe^{-x}$；　 (4) $q-p$.

2. (1) A；　　　　 (2) B；　　 (3) C；　　 (4) D；　　　 (5) C.

3. (1) $\dfrac{3^{\sin x}}{\ln 3}+C$；　　　　　　　 (2) $\dfrac{1}{2}(\arctan x)^2+C$；

　 (3) $\dfrac{x^3}{3}-x+\arctan x+C$；　　　　 (4) $2\arctan\sqrt{x}+C$；

　 (5) $\arctan(e^x)+C$；　　　　　　 (6) $\ln|\ln x|+C$；

　 (7) $-\dfrac{1}{2}(\arccos x)^2+C$；　　　 (8) $\dfrac{1}{2}(\ln x+2)^2+C$；

　 (9) $-\dfrac{1}{2}e^{-x}(\sin x+\cos x)+C$；　　 (10) $\dfrac{1}{3}\cos^3 x-\cos x+C$.

4. (1) $\dfrac{2}{3}-\dfrac{\pi}{4}+\arctan 3$；　 (2) -1；　 (3) $1-\dfrac{\pi}{4}$；　 (4) $2\sqrt{2}-2$；

　 (5) $\dfrac{8}{3}$；　　　　 (6) 1；　　　 (7) $e^2-e^{\frac{3}{2}}$；　 (8) $2-\sqrt{2}$；

　 (9) $\arctan e-\dfrac{\pi}{4}$；　　 (10) $\dfrac{1}{2}(e\sin 1+e\cos 1-1)$.

5. (1) $\dfrac{7}{3}$；　　　　 (2) $\sqrt{2}-1$；　 (3) 2；　　 (4) $2(e-1)$；

　 (5) $\dfrac{1}{4}(e^2+1)$；　 (6) $\dfrac{\pi}{4}-\dfrac{1}{2}\ln 2$； (7) $2-\dfrac{1}{e}$；　 (8) $2\ln 3$.

6. (1) $\dfrac{4}{e}$；　　　　 (2) π；　　　 (3) -1；　 (4) $\dfrac{\pi^2}{8}$.

7. (1) $\dfrac{32}{3}$；　　　　 (2) 1；　　　 (3) 1；　　 (4) $\dfrac{9\pi^2}{8}+1$.

8. $e+e^{-1}-2$.

9. $\dfrac{32\sqrt{2}}{3}$.

10. $\dfrac{32}{5}\pi$.

11. 12π.

12. $\dfrac{1}{2}\pi^2$.

13. 0.686 J.

14. 租用合算. 因全部租金的现值是 32 289 元;而购进相当于每年付出 7 433 元.

第 5 章

习题 5.1

1. (1) 一阶;　　(2) 一阶;　　(3) 二阶;　　(4) 二阶.

2. (1) 不是.

　(2) $y=\sin x$(不是),$y=c\mathrm{e}^{2x}$(通解),$y=\mathrm{e}^x$(不是),$y=\mathrm{e}^{2x}$(特解);

　(3) 通解;

　(4) $y=\mathrm{e}^x$(特解),$y=(c_1+c_2 x)\mathrm{e}^x$(通解),$y=x^2\mathrm{e}^x$(不是).

3. 验证(略),特解是 $y=2x^3$.

习题 5.2

1. (1) $y=C\mathrm{e}^{\sqrt{1-x^2}}$;

　(2) $\mathrm{e}^x+\mathrm{e}^{-y}=C$;

　(3) $\ln|1-\mathrm{e}^y|=-\mathrm{e}^x+C$;

　(4) $y=1+Cx$;

　(5) $3x^4+4(y+1)^3=C$;

　(6) $(x+1)(2-\mathrm{e}^y)=C$;

　(7) $y=C\cos x-2\cos^2 x$;

　(8) $y=(1+x^2)(x+C)$;

　(9) $y=(x+C)\sec x$;

　(10) $y=\dfrac{x^2}{3}+\dfrac{3x}{2}+2+\dfrac{C}{x}$;

　(11) $y=\dfrac{x\ln x+C}{\ln x}$;

　(12) $y=\dfrac{C-\cos x}{x}$;

　(13) $y^2=2x^2(\ln|x|+C)$;

　(14) $y=x\mathrm{e}^{Cx+1}$.

2. (1) $(1+x^2)(1+y^2)=4$;

　(2) $2(x^3-y^3)+3(x^2-y^2)+5=0$;

　(3) $y^2=2x^2(\ln|x|+2)$;

　(4) $\mathrm{e}^{\frac{y}{x}}=\ln|x|+\mathrm{e}$;

　(5) $\left(\dfrac{y}{x}\right)^2=2(\ln|x|+1)$;

　(6) $y=\dfrac{1}{x}(\pi-1-\cos x)$.

习题 5.3

1. 略.

2. 略.

3. $x=0.04+0.08\mathrm{e}^{-\frac{t}{10}}$,$t=10$,$x=0.07$.

4. 200.

5. (1) $y=200-180\mathrm{e}^{-kt}$;　　(2) $k=-\dfrac{1}{15}\ln\dfrac{2}{3}$.

6. $\dfrac{\mathrm{d}x}{\mathrm{d}t}=-\dfrac{2x}{100+t}$.

综合练习题五

1. (1) 常微分； (2) 三阶； (3) $\dfrac{\mathrm{d}y}{\mathrm{d}x}=f\left(\dfrac{y}{x}\right)$； (4) $y=C\mathrm{e}^{-\int P(x)\mathrm{d}x}$；

(5) $y=C\mathrm{e}^{-\int P(x)\mathrm{d}x}+\mathrm{e}^{-\int P(x)\mathrm{d}x}\displaystyle\int Q(x)\mathrm{e}^{\int P(x)\mathrm{d}x}\mathrm{d}x.$

2. (1) A； (2) C； (3) D； (4) D； (5) B.

3. (1) $x=y(\ln|y|+C)$ (2) $\ln|\sec y-\tan y|=-2\cos x+C$；

   (3) $x=\dfrac{-\ln y+C}{y}$；   (4) $(y+\sin x+1)(x+C)+1=0.$

4. (1) $x\left(1-\sqrt{\dfrac{y}{x}}\right)=1$；   (2) $y=Y+y^{*}=c\mathrm{e}^{-\frac{3}{2}x}+\dfrac{5}{3}$；

   (3) $y=\cos x$ 或 $y=2-\cos x.$

5. $y=\mathrm{e}^{x}-\mathrm{e}^{-x+x-\frac{1}{2}}.$

6. $y=\dfrac{4}{x}.$

7. $f(x)=\dfrac{1}{2}\mathrm{e}^{-2x}+x-\dfrac{1}{2}.$

8. $y(x)=2-2\mathrm{e}^{\frac{1}{2}x^{2}}.$

9. (1) $C(A-x)\mathrm{d}x$；   (2) $\displaystyle\int_{0}^{T}C(A-x)\mathrm{d}x$；   (3) 1 829.59 元.

第 6 章

习题 6.1

1. 略.

2. $A=B=\begin{bmatrix} 2 & 4 \\ -1 & -4 \end{bmatrix}.$

3. (1) $\begin{bmatrix} 0 & 0 & 0 \\ 0 & 0 & 0 \\ 0 & 0 & 0 \end{bmatrix}$；   (2) $\begin{bmatrix} 1 & 0 & 0 & 0 \\ 0 & 1 & 0 & 0 \\ 0 & 0 & 1 & 0 \\ 0 & 0 & 0 & 1 \end{bmatrix}$；   (3) $\begin{bmatrix} 2 & 3 & 4 \\ 3 & 4 & 5 \end{bmatrix}.$

4. (1) $A=\begin{bmatrix} 31 & 42 & 18 \\ 22 & 25 & 18 \end{bmatrix}\begin{matrix} 城里 \\ 城外 \end{matrix}$；（高 中 低）   (2) $M=\begin{bmatrix} 28 & 29 & 20 \\ 20 & 18 & 9 \end{bmatrix}.$

习题 6.2

1. (1) $\begin{bmatrix} 2 & \frac{5}{2} & 5 & 9 \\ 0 & \frac{3}{2} & 0 & 1 \\ 1 & 0 & \frac{7}{2} & 4 \end{bmatrix}$;　(2) $\begin{bmatrix} 1 & 3 \\ -\sqrt{2}-2 & 0 \end{bmatrix}$;　(3) $\begin{bmatrix} 35 \\ 6 \\ 49 \end{bmatrix}$;

(4) $\begin{bmatrix} a^3 & & \\ & b^3 & \\ & & c^3 \end{bmatrix}$;　(5) $\begin{bmatrix} 7 & -2 & 0 \\ 3 & 4 & -1 \\ -8 & 0 & 5 \\ 1 & 1 & 2 \end{bmatrix}$.

2. $AB=(10)$; $BA=\begin{bmatrix} 3 & 6 & 9 \\ 2 & 4 & 6 \\ 1 & 2 & 3 \end{bmatrix}$.

3. (1) $\begin{bmatrix} 7 & 4 & 3 & 0 \\ -6 & 1 & -6 & 1 \\ -1 & -4 & -3 & -6 \end{bmatrix}$;　(2) $\frac{1}{3}\begin{bmatrix} 10 & 10 & 6 & 6 \\ 0 & 4 & 0 & 4 \\ 2 & 2 & 6 & 6 \end{bmatrix}$.

4. (1) PS 有意义;

(2) $PS=(2\,810,2\,920)$,两个店销售总利润分别是 $2\,810$ 万元和 $2\,920$ 万元.

习题 6.3

1. (1) $\begin{bmatrix} 2 & 3 \\ 0 & 0 \end{bmatrix}$;　(2) $\begin{bmatrix} 1 & 1 & 2 \\ 0 & 1 & -3 \\ 0 & 0 & 7 \end{bmatrix}$;　(3) $\begin{bmatrix} 2 & -4 & 1 & 3 \\ 0 & -1 & 3 & 2 \\ 0 & 0 & 0 & 0 \end{bmatrix}$.

2. (1) $\begin{bmatrix} 1 & 0 \\ 0 & 1 \end{bmatrix}$;　(2) $\begin{bmatrix} 1 & 0 & 0 & 2 \\ 0 & 1 & 0 & 1 \\ 0 & 0 & 1 & 1 \end{bmatrix}$;　(3) $\begin{bmatrix} 1 & 0 & 0 & 1 \\ 0 & 1 & 0 & -2 \\ 0 & 0 & 1 & \frac{5}{3} \\ 0 & 0 & 0 & 0 \end{bmatrix}$.

3. (1) 3;　(2) 3;　(3) 2.

4. $\begin{bmatrix} 1 & 0 & 0 & -1 \\ 0 & 1 & 0 & -2 \\ 0 & 0 & 1 & 2 \\ 0 & 0 & 0 & 0 \end{bmatrix}$; $r(A)=3$.

习题 6.4

1. (1) $\begin{bmatrix} 1 & -4 & -3 \\ 1 & -5 & -3 \\ -1 & 6 & 4 \end{bmatrix}$;　　(2) $\begin{bmatrix} \dfrac{2}{3} & \dfrac{2}{9} & -\dfrac{1}{9} \\ -\dfrac{1}{3} & -\dfrac{1}{6} & \dfrac{1}{6} \\ -\dfrac{1}{3} & \dfrac{1}{9} & \dfrac{1}{9} \end{bmatrix}$;

(3) $\begin{bmatrix} 22 & -6 & -26 & 17 \\ -17 & 5 & 20 & -13 \\ -1 & 0 & 2 & -1 \\ 4 & -1 & -5 & 3 \end{bmatrix}$;　　(4) $\dfrac{1}{4} \begin{bmatrix} 1 & 1 & 1 & 1 \\ 1 & 1 & -1 & -1 \\ 1 & -1 & 1 & -1 \\ 1 & -1 & -1 & 1 \end{bmatrix}$.

2. $(\boldsymbol{A}^{-1})^{\mathrm{T}} = (\boldsymbol{A}^{\mathrm{T}})^{-1} = \begin{pmatrix} 2 & -1 \\ -5 & 3 \end{pmatrix}$.

3. (1) $\begin{bmatrix} -17 & -28 \\ -4 & -6 \end{bmatrix}$;　　(2) $\begin{bmatrix} -5 & 4 & -2 \\ -4 & 5 & -2 \\ -9 & 7 & -4 \end{bmatrix}$.

综合练习题六

1. (1) $a=1$;　　(2) $a=0$;　　(3) $\begin{pmatrix} -1 & -6 \\ 2 & -3 \end{pmatrix}$;　　(4) $\begin{pmatrix} x+y & x \\ 0 & y \end{pmatrix}$;

(5) n;　　(6) n 阶;　　(7) $\lambda=0$.

2. (1) C;　(2) B;　(3) C;　(4) B;　(5) A;　(6) A;　(7) D;　(8) B.

3. (1) $\boldsymbol{AB} = \begin{pmatrix} -1 & -6 \\ 7 & 15 \end{pmatrix}$.　　(2) $\boldsymbol{A}^{\mathrm{T}} + \boldsymbol{B} = \begin{bmatrix} 4 & 8 \\ -2 & 4 \\ 3 & -3 \end{bmatrix}$.

4. 行阶梯形矩阵 $\begin{bmatrix} 1 & 1 & -1 & -1 \\ 0 & 1 & 1 & \dfrac{1}{2} \\ 0 & 0 & 5 & \dfrac{9}{2} \end{bmatrix}$.

5. $\begin{bmatrix} 1 & 0 & \dfrac{1}{2} & 1 \\ 0 & 1 & 1 & 1 \\ 0 & 0 & 0 & 0 \end{bmatrix}$.

6. (1) $r(\boldsymbol{A})=3$;　　(2) $r(\boldsymbol{A})=3$.

7. $(\boldsymbol{BA})^{\mathrm{T}} = \begin{bmatrix} 7 & -7 \\ -12 & -4 \\ -1 & 6 \end{bmatrix}$; $r((\boldsymbol{BA})^{\mathrm{T}})=2$.

8. $\begin{pmatrix} -3 & -5 & -3 \\ 2 & 3 & 3 \end{pmatrix}$.

9. $(E-A)^{-1} = \begin{pmatrix} 0 & \dfrac{3}{2} & -\dfrac{1}{2} \\ -1 & \dfrac{3}{2} & -\dfrac{1}{2} \\ 0 & \dfrac{1}{2} & -\dfrac{1}{2} \end{pmatrix}$;

10. $(BA)^{-1} = \begin{pmatrix} \dfrac{1}{5} & \dfrac{1}{2} \\ \dfrac{2}{5} & \dfrac{1}{2} \end{pmatrix}$.

第7章

习题 7.1

1. (1) 行阶梯形矩阵 $\begin{pmatrix} 1 & 1 & 1 & 1 & 1 & 7 \\ 0 & -1 & -2 & -2 & -6 & -23 \\ 0 & 0 & 0 & 0 & 0 & 0 \\ 0 & 0 & 0 & 0 & 0 & 0 \end{pmatrix}$;

行最简阶梯矩阵 $\begin{pmatrix} 1 & 0 & -1 & -1 & -5 & -16 \\ 0 & 1 & 2 & 2 & 6 & 23 \\ 0 & 0 & 0 & 0 & 0 & 0 \\ 0 & 0 & 0 & 0 & 0 & 0 \end{pmatrix}$;

(2) 行阶梯形矩阵 $\begin{pmatrix} 1 & -2 & 1 & 1 & 1 \\ 0 & 0 & 0 & 1 & 1 \\ 0 & 0 & 0 & 0 & 1 \end{pmatrix}$;

行最简阶梯矩阵 $\begin{pmatrix} 1 & -2 & 1 & 0 & 0 \\ 0 & 0 & 0 & 1 & 0 \\ 0 & 0 & 0 & 0 & 1 \end{pmatrix}$.

2. (1) $r(A) = r(\overline{A}) = 3$; (2) $r(A) = r(\overline{A}) = 3$; (3) $r(A) = 2$; $r(\overline{A}) = 3$.

习题 7.2

1. (1) 无解; (2) $\begin{cases} x_1 = \dfrac{1}{7}c_1 + \dfrac{1}{7}c_2 + \dfrac{6}{7} \\ x_2 = \dfrac{5}{7}c_1 - \dfrac{9}{7}c_2 - \dfrac{5}{7} \\ x_3 = c_1 \\ x_4 = c_2 \end{cases}$ (c_1 与 c_2 为任意常数);

(3) $\begin{cases} x_1 = -\dfrac{1}{2}c_1 + \dfrac{1}{2}c_2 + \dfrac{1}{2} \\ x_2 = c_1 \\ x_3 = c_2 \\ x_4 = 0 \end{cases}$ （c_1 与 c_2 为任意常数）；　(4) $\begin{cases} x_1 = 0 \\ x_2 = 1. \\ x_3 = 1 \end{cases}$

2. (1) 当 $\lambda \neq 1, -2$ 时，有唯一解；当 $\lambda = -2$ 时，无解；

当 $\lambda = 1$ 时，有无穷多解，全部解为 $\begin{cases} x_1 = -c_1 - c_2 + 1 \\ x_2 = c_1 \\ x_3 = c_2 \end{cases}$ （c_1 与 c_2 为任意常数）.

(2) 当 $\lambda = 1$ 时，解为 $\begin{cases} x_1 = c+1 \\ x_2 = c \\ x_3 = c \end{cases}$ （c 为任意常数）；

当 $\lambda = -2$ 时，解为 $\begin{cases} x_1 = c+2 \\ x_2 = c+2 \\ x_3 = c \end{cases}$ （c 为任意常数）；

当 $\lambda \neq 1$ 且 $\lambda \neq -2$ 时，方程组无解；方程组不存在有唯一解的情况.

(3) 当 $\lambda \neq 1$ 且 $\lambda \neq 3$ 时有唯一解；

当 $\lambda = 1$ 时，方程组有无穷多解，其全部解为 $\begin{cases} x_1 = c+3 \\ x_2 = -2c+2. \\ x_3 = c \end{cases}$

当 $\lambda = 3$ 时，$r(\mathbf{A}) = 2 < 3 = r(\overline{\mathbf{A}})$，方程组无解.

习题 7.3

1. (1) 全部解为 $\begin{cases} x_1 = -c_1 - c_2 \\ x_2 = c_1 \\ x_3 = c_2 \\ x_4 = 0 \\ x_5 = c_2 \end{cases}$ （c_1 和 c_2 为任意常数）；

(2) 只有零解；

(3) $\begin{cases} x_1 = -\dfrac{5}{14}c_1 + \dfrac{1}{2}c_2 \\ x_2 = \dfrac{3}{14}c_1 - \dfrac{1}{2}c_2 \\ x_3 = c_1 \\ x_4 = c_2 \end{cases}$ （c_1 和 c_2 为任意常数）；

(4) 只有零解.

2. $k = -1$ 或 $k = 4$ 时有非零解，$k \neq -1$ 及 $k \neq 4$ 时仅有零解.

综合练习题七

1. (1) $r(\overline{\boldsymbol{A}})=r(\boldsymbol{A})=n$；$r(\overline{\boldsymbol{A}})\neq r(\boldsymbol{A})$；$r(\overline{\boldsymbol{A}})=r(\boldsymbol{A})<n$.   (2) $r(\boldsymbol{A})=n$；$r(\boldsymbol{A})<n$.
   (3) $r(\boldsymbol{A})=1$.   (4) 2.   (5) $\lambda=1$.

2. (1) C;   (2) B;   (3) A;   (4) B;   (5) D; (6) A;   (7) A;   (8) C.

3. 全部解为 $\begin{cases} x_1=-4+7c_1+10c_2 \\ x_2=3-3c_1-7c_2 \\ x_3=c_1 \\ x_4=c_2 \end{cases}$ （c_1,c_2 为任意常数）.

4. (1) 当 $a=-2,b\neq-3$ 时，$R(\boldsymbol{A})\neq R(\overline{\boldsymbol{A}})$，非齐次线性方程组无解；
   (2) 当 $a\neq-2$ 时，$R(\boldsymbol{A})=R(\overline{\boldsymbol{A}})=3$，非齐次线性方程组有唯一解；
   (3) 当 $a=-2,b=-3$ 时，$R(\boldsymbol{A})=R(\overline{\boldsymbol{A}})<3$，非齐次线性方程组有无穷多解.

   全部解为 $\begin{cases} x_1=c-1 \\ x_2=-1 \\ x_3=c \end{cases}$（$c$ 为任意常数）.

5. 非零解为 $\begin{cases} x_1=-3c_1-c_2 \\ x_2=7c_1-2c_2 \\ x_3=2c_1 \\ x_4=c_2 \end{cases}$ （c_1,c_2 为任意常数）.

6. $\lambda=1$.

第8章

习题 8.1

1. (1) {红红,白白,红白,白红};   (2) {HH,TT,HT,TH}.

2. (1) $AB=\{4,7\}$;   (2) $A\overline{B}=\{2\}$;   (3) $\overline{BC}=\{2,3,4,5,6,8,9\}$;
   (4) $A\cup B=\{1,2,4,7,8\}$;   (5) $\overline{A(B\cup C)}=\{1,2,3,5,6,8,9\}$.

3. (1) $A\cup B\cup C$;   (2) $\overline{A}\,\overline{B}\,\overline{C}=\overline{A\cup B\cup C}$;   (3) $A\overline{B}\,\overline{C}\cup\overline{A}B\overline{C}\cup\overline{A}\,\overline{B}C$;
   (4) $(A\overline{B}C\cup AB\overline{C}\cup\overline{A}BC)\cup(\overline{A}\,\overline{B}C\cup\overline{A}B\overline{C}\cup A\overline{B}\,\overline{C})\cup(\overline{A}\,\overline{B}\,\overline{C})=\overline{ABC}=\overline{A}\cup\overline{B}\cup\overline{C}$;
   (5) $AB\overline{C}\cup A\overline{B}C\cup\overline{A}BC\cup ABC=AB\cup BC\cup CA$.

4. $P(A)=\dfrac{2}{15}$.

5. (1) $\dfrac{893}{990}$;   (2) $\dfrac{1}{495}$;   (3) $\dfrac{19}{198}$;   (4) 0.997 9;   (5) 0.007.

6. (1) 0.007 125;   (2) 0.005 875.

7. 0.96.

8. 0.006 4.

9. (1) $\dfrac{1}{5}$;   (2) $\dfrac{2}{5}$;   (3) $\dfrac{5}{7}$.

10. (1) 0.3； (2) 0.5.

习题 8.2

1.

X	0	1	2
P	$\frac{7}{15}$	$\frac{7}{15}$	$\frac{1}{15}$

2.

X	3	4	5
P	$\frac{1}{10}$	$\frac{3}{10}$	$\frac{3}{5}$

3.

X	0	1	2
P	$\frac{22}{35}$	$\frac{12}{35}$	$\frac{1}{35}$

4. (1)

X	0	1	2	3	4	5
p_i	0.010 24	0.076 8	0.230 4	0.345 6	0.259 2	0.077 76

(2) 0.076 8；   (3) 0.682 56.

5. (1) $a=0.2$；

(2)

x^2	4	0	1
P	0.4	0.4	0.2

,

$2x+1$	-3	-1	1	3	5
P	0.2	0	0.4	0.2	0.2

.

6. (1) 0.25；   (2) 0.

7. $\frac{2}{3}$.

8. (1) 0.394；   (2) 0.223 2.

9. (1) 0.986 1；   (2) 0.477 2.

10. (1) 0.748 6；   (2) 0.003 9；   (3) 0.408 2.

习题 8.3

1. (1) $a=\frac{1}{8}$；   (2) $\frac{1}{2}$；   (3) $-\frac{1}{4}$；   (4) $\frac{39}{16}$.

2. (1) 0.7,0.4,0.5； (2) 0.3,2.01.

3. 甲好.

4. $\frac{4}{3}$， $\frac{2}{9}$.

5. $0,1,\frac{1}{6}$， $\frac{2}{3}$.

综合练习题八

1. (1) $\overline{A}\cap\overline{B}$；   (2) ① $\frac{5}{6}$,0, ② $\frac{2}{3}$,$\frac{1}{6}$, ③ $\frac{1}{2}$,$\frac{1}{3}$；

(3) $\frac{1}{\pi}$；   (4) $\frac{25}{216}$， $\frac{3}{22}$；

(5) $\dfrac{1}{9}$；

(6) 0.475 2；

(7) ① $f(x)=\begin{cases}\dfrac{1}{3}, & 1<x\leqslant4 \\ 0, & \text{其他}\end{cases}$，② $\dfrac{5}{2}$； (8) $4,\dfrac{4}{3},-10,12$；

(9) 1；

(10) 3,4.

2. (1) D； (2) C； (3) A； (4) B； (5) B；
(6) B； (7) A； (8) C； (9) D； (10) A.

3. 0.264； 0.145； 0.341.

4. $\dfrac{1}{3}$.

5. (1) $\dfrac{4}{9},\dfrac{5}{9},\dfrac{8}{9}$；

(2) $\dfrac{2}{5},\dfrac{19}{45},\dfrac{44}{45}$.

6. 0.53.

7. 0.602.

8. 第一种工艺.

9. $C_{20}^{2}0.05^{2}(1-0.05)^{18}$.

10. 0.104.

11. 0.021.

12. (1) 0.56；

(2) 0.24.

13. (1) 0.3； (2) $\dfrac{3}{4}$； (3) $\dfrac{3}{8}$.

14. 0.16.

15. (1) 0.27；

(2) 0.15.

16. (1) $\dfrac{6}{7}$；

(2) $\dfrac{5}{7}$.

17. (1) 0.2；

(2) 0.409.

18. (1) 6；

(2) 0.5.

19. (1) $\dfrac{1}{9}$；

(2) $\dfrac{7}{27}$；

(3) $\dfrac{19}{27}$；

(4) 0.

20. 0.937.

21. (1) 0.991 842； (2) 0.135 944； (3) 0.045 5.

22. (1) 0.490 097； (2) 0.054 8； (3) 0.580 84； (4) 0.248 6.

23. (1) 0.21； (2) 0.545 9.

24. (1) 6； (2) 0.5； (3) $\dfrac{7}{6}$； (4) $\dfrac{29}{36}$.

25. (1) $\dfrac{1}{3}$； (2) $\dfrac{8}{3}$； (3) $\dfrac{25}{3}$.

26. (1) 3； (2) 2.

27. (1) $2, \dfrac{3}{2}$;　　　　(2) 12.

28. (1) 1;　　　　(2) 4;　　　　(3) $\dfrac{7}{6}$;　　　　(4) $\dfrac{1}{6}$.

29. (1) 8;　　　　(2) 36.

30. 2.3%.

31. (1)

X	0	1	2	3
p	0.03	0.22	0.47	0.28

(2) 2.

32. 0.493 1.

综合练习题九

1. 略

2. (1) Plot[Cot[x],{x,−4Pi,4Pi},Frame−>True]

(2) Plot[ArcTan[x],{x,−25,25},AspectRatio−>0.8]

(3) Plot[1+Log[x+2],{x,−2,100},PlotRange−>All]

(4) Plot[Cos[x]+E^x,{x,−10Pi,10Pi},PlotStyle−>RGBColor[0,1,1]]

(5) Plot[Sin[Tan[x]]−Tan[Sin[x]],{x,−10,10},PlotStyle−>RGBColor[1,0,1]]

(6) Plot[Sqrt[x]+x^(1/3)+x^(1/4),{x,0,100},PlotPoints−>100]

3. p1=Plot[Sin[x],{x,−2Pi,2Pi}];

p2=Plot[Sin[2x]/2+ Sin[3x]/3, {x,−2Pi,2Pi}];

p3=Plot[Sin[x]+Sin[2x]/2+ Sin[3x]/3, {x,−2Pi,2Pi}];

Show[p1,p2,p3,]

4. Plot[x ∗ (Sqrt[1−1/x]−1),{x,0,10000}]

5. ParametricPlot[{2Cos[2t] ∗ Cos[t],2Cos[2t] ∗ Sin[t]},{t,0,2Pi}]

6. (1) Limit[x ∗ Sin[1/x]+(1/x) ∗ Sin[x],x−>0]

(2) Limit[(x^2)/E^x,x−>Infinity]

(3) Limit[(Tan[x]−Sin[x])/x^3,x−>0]

(4) Limit[x^x,x−>0,Direction−>−1]

(5) Limit[Log[Cos[x]]/Log[x],x−>0,Direction−>−1]

(6) Limit[(x^2) ∗ Log[x],x−>0,Direction−>1]

7. (1) D[(((Cot[x])^2)/2+Log[Sin[x]],x]

(2) D[Log[Tan[x/2+Pi/4]],x]

(3) D[x ∗ Sin[x],{x,100}]

(4) D[x^2 ∗ Cos[x],{x,10}]

(5) Integrate[Cos[x]/(a^2+(Sin[x])^2),x]

(6) Integrate[E^−2x ∗ Sin[x/2],x]

（7）Integrate[(1－Cos[x]) * (Sin[x])^2,{x,0,Pi/2}]

（8）Integrate[x * (2－x^2)^12,{x,0,1}]

8. A={{1,1,1},{1,1,－1},{1,－1,1}};

   B={{1,2,3},{－1,－2,4},{0,5,1}};

   3 * A. B－2 * A;

   Transpose[A]. B

9. A={{1,－1,2,1,0},{2,－2,4,－2,0},{3,0,6,－1,1},{2,1,4,2,1}};

   RowReduce[A]

10.（1）A={{1,2,－1},{3,－1,0},{2,－3,1}};

      RowReduce[A];

      Inverse[A]

   （2）A={{2,2,－1},{1,－2,4},{5,8,2}};

      RowReduce[A];

      Inverse[A]

11. A={{4,2,3},{1,1,0},{－1,2,3}};

    B＝Inverse[A]. (A+2 * IdentityMatrix[3])

12. Solve[{x1＋2x2＋x3－x4＝＝2,x1＋x2＋2x3＋x4＝＝3,x1－x4＋x3＋5x4＝＝2},{x1,x2,x3}]

13. Solve[{2x1－4x2＋5x3＋3x4＝＝0,3x1－6x2＋4x3＋2x4＝＝0,4x1－8x4＋17x3＋11x4＝＝0}, {x1,x2,x3}]

14. Reduce[{x1＋x2＋x3＋x4＝＝0,x2＋2x3＋2x4＝＝1;－x2＋(a－3) * x3－2x4＝＝b,3x1＋2x2＋ x3＋a * x4＝＝－1},{x1,x2,x3,x4}].

主要参考文献

[1] 邢春峰. 应用数学基础. 北京:高等教育出版社,2008.

[2] 刘书田. 高等数学(第二版). 北京:北京大学出版社,2004.

[3] 邢春峰. 应用数学基础(理工类). 北京:高等教育出版社,2011.

[4] 邢春峰. 应用数学基础(经济类). 北京:高等教育出版社,2011.

[5] 吴赣昌. 应用数学基础(综合类高职高专版). 北京:中国人民大学出版社,2009.

[6] 吴赣昌. 线性代数与概率统计(经管类·高职高专版). 北京:中国人民大学出版社,2009.

[7] 刘书田. 新编线性代数与概率统计. 北京:北京大学出版社,2009.

[8] 冯翠莲. 微积分(第二版). 北京:北京大学出版社,2004.

[9] 姜启源. 数学模型(第三版). 北京:高等教育出版社,2004.

[10] 徐安农. Mathematica 数学实验. 北京:电子工业出版社,2004.